高等职业教育土木建筑类专业新形态教材

城市燃气运行与维护

主　编　李自立
副主编　罗启龙　温咏兰

北京理工大学出版社
BEIJING INSTITUTE OF TECHNOLOGY PRESS

内 容 提 要

本书内容紧密联系实际，大多是从生产实际中总结的经验，具有较强的可操作性。全书共七章，主要内容包括城镇燃气基本知识，城镇燃气管道概要，城镇燃气管道安装与质量验收，燃气管道安全运行，燃气设施维护，燃气管道的抢修，燃气场站运行、维护的安全技术。

本书可作为高等院校市政工程相关专业的教材，也可作为从事城镇燃气管道运行管理、检验、检测及监督检查人员的参考用书。

图书在版编目（CIP）数据

城市燃气运行与维护 / 李自立主编.––北京：北京理工大学出版社，2022.4（2022.5重印）

ISBN 978–7–5763–0326–1

Ⅰ.①城⋯　Ⅱ.①李⋯　Ⅲ.①城市燃气—供应—系统—运行—中国②城市燃气—供应—系统—管理—中国

Ⅳ.①TU996

中国版本图书馆CIP数据核字（2021）第182039号

出版发行 / 北京理工大学出版社有限责任公司	
社　　址 / 北京市海淀区中关村南大街5号	
邮　　编 / 100081	
电　　话 / （010）68914775（总编室）	
（010）82562903（教材售后服务热线）	
（010）68944723（其他图书服务热线）	
网　　址 / http://www.bitpress.com.cn	
经　　销 / 全国各地新华书店	
印　　刷 / 北京紫瑞利印刷有限公司	
开　　本 / 787毫米×1092毫米　1/16	
印　　张 / 15	责任编辑 / 李　薇
字　　数 / 400千字	文案编辑 / 李　薇
版　　次 / 2022年4月第1版　2022年5月第2次印刷	责任校对 / 周瑞红
定　　价 / 45.00元	责任印制 / 边心超

图书出现印装质量问题，请拨打售后服务热线，本社负责调换

前　言

　　随着我国经济社会的发展和人民生活水平的不断提高，燃气与人们的生活联系得越来越紧密，但随之也出现了一系列安全问题。燃气作为清洁、高效、方便的燃料，是一个新兴发展的行业。近年来，我国城镇燃气事业有了迅猛发展，一方面，燃气的发展促进了经济的增长，改善了居民的生活条件，减少了环境污染；另一方面，由于燃气具有易燃、易爆、易流动和易扩散的特点，稍有疏忽，一旦发生泄漏，极有可能会导致火灾、爆炸事故，给人民的人身财产带来巨大的损失。因此，积极做好燃气安全管理，对保障人民的人身财产安全就显得尤为重要。

　　影响燃气工程质量的因素是多方面的，从实现本质安全的角度来考虑，主要控制设计、监理、施工、验收等重要环节。在项目的不同阶段、不同环节和不同过程，对燃气工程质量进行有效的关键点控制，从而实现工程质量的最优化，提高燃气设施的可靠性和安全性。城镇燃气经营企业持续、稳定、安全地供应符合国家质量标准的燃气，是城镇燃气运行的基本要求，也是燃气经营企业的责任。城镇燃气企业的安全运行管理不仅仅局限在企业内部，而是面向全社会，关系到社会稳定和城镇公共安全。

　　随着我国燃气产业的快速发展，其应用领域也不断扩大，对从事燃气专业的技术人员和高技能人员的需求量也不断增加。本书的编写目的既是为了满足高等院校市政工程类相关专业学校教学上的需要，又要尽量符合燃气行业职工培训的需求。

　　本书根据国家有关规范、标准，对城镇燃气管道的安全运行与维护的相关内容进行全面系统的介绍，其中涵盖城镇燃气专业必备的基础理论知识以及从燃气管道安装质量检验、管道的安装与质量验收，直到燃气管道安全运行、管道的维护管理、抢修的全过程内容。

　　本书由贵州工业职业技术学院李自立担任主编，由贵州工业职业技术学院罗启龙、温咏兰担任副主编。具体编写分工为李自立编写第一、二、三章，罗启龙编写第四、七章，温咏兰编写第五、六章。本书在编写过程中查阅了大量公开的书刊和相关文件，借用了其中部分内容，在此向原作者致以衷心的感谢！由于编写时间仓促，编者的经验和水平有限，书中难免存在不妥和错误之处，恳请广大读者批评指正。

编　者

目 录

第一章　城镇燃气基本知识

第一节　城镇燃气的种类与性质

一、城镇燃气的种类

城镇燃气供应系统的规划设计、设备选取、围护管理措施，以及燃烧设备的设计和选用等都与燃气的种类有关。燃气可以按其来源或生产方式进行分类，也可以从应用方面按燃气的热值或燃气特性进行分类。

燃气按照其来源及生产方式大致可分为天然气、人工燃气、液化石油气和生物气(人工沼气)四大类。其中，天然气、人工燃气和液化石油气可以作为城镇燃气供应系统的气源，而生物气由于热值低、二氧化碳含量高不宜作为城镇气源。

视频：中国
天然气革命

(一)天然气

天然气热值高，容易燃烧且燃烧效率高，是优质的气体燃料。天然气不仅是优质能源，而且是应用广泛的化工原料。只有综合利用天然气，充分有效地发挥天然气资源的作用，才能取得显著的经济效益。

视频：天然气
的历史

一般认为，天然气是古代动、植物的遗体在不同的地质条件下，通过生物化学作用及地质变质作用生成的可燃气体。在一定压力下，天然气经运移，储集在地下适宜的地质构造中，形成矿藏，埋藏在深度不同的地层中。天然气是一种混合气体，其主要成分是低分子量烷烃，还含有少量的二氧化碳、硫化氢和氮气等。天然气可分为以下几种。

视频：天然气
简介

1. 气田气

气田气是指由气田开采出来的纯天然气。其主要成分为甲烷（CH_4），含量为80%～90%，还含有少量的二氧化碳、硫化氢和氮及微量的氦、氖和氩等气体。我国四川的天然气即为气田气，其中甲烷含量一般不少于90%。

2. 凝析气田气

凝析气田气是指含有少量石油轻质馏分（如汽油、煤油成分）的天然气。当凝析气田气由气田开采出来后，经减压降温，可分离为气、液两相。凝析气田气中甲烷含量约为75%。

3. 石油伴生气

石油伴生气是指与石油共生的、伴随石油一起开采出来的天然气。石油伴生气又分为气顶气和溶解气两类。气顶气是不溶于石油的气体，为保持石油开采过程中必要的井压，这种气体一般不随便采出。溶解气是指溶解在石油中，伴随石油开采而得到的气体。石油伴生气的主要成分是甲烷、乙烷、丙烷和丁烷，还有少量的戊烷和重烃。气油比[气体（m³）/原油（t）]一般为20～500。我国大港地区华北油田的石油伴生气中，甲烷含量约为80%，乙烷、丙烷和丁烷等含量约为15%。石油伴生气的成分和气油比，会因油田的构成和开采的季节等条件而产生一定差异。

4. 煤层气

煤层气又称为煤田气，是成煤过程中产生并在一定的地质构造中聚集的可燃气体，其主要成分为甲烷，同时含有二氧化碳等气体。

5. 矿井气

矿井气又称为矿井瓦斯，是成煤过程中的伴生气与空气混合而成的可燃气体。一般在煤层采掘后形成自由空间时，煤的伴生气会移动到该空间，并与其中的空气混合形成矿井气。其主要成分为甲烷30%～55%、氮气30%～55%、氧气及二氧化碳等。

另外，非常规天然气的开发和利用也越来越引起人们的重视，天然气水合物即是其中之一。天然气水合物是天然气与水在一定条件下形成的类似干冰的笼状晶体，俗称"可燃冰"。自然界存在的天然气水合物的主要气体成分为甲烷。每立方米天然气水合物可分解释放出160～180 m³天然气。目前发现的天然气水合物主要存在于北极地区的永久冻土区和世界范围内的海底、陆坡、陆基及海沟中。随着在大陆冻土带和海底沉积层中天然气水合物发现量的不断增加，天然气水合物作为一种诱人的未来能源已经引起了许多国家的重视和研究。有资料报道，现已探明的天然气水合物储量已相当于全球非再生能源（如煤、石油、天然气和油页岩等）总储量的2.84倍。我国石油、天然气部门也经开展了对天然气水合物勘探、开发技术的研究。目前，我国已在南海海底探测到大量天然气水合物。

（二）人工燃气

人工燃气是指由固体或液体燃料加工所得的可燃气体。按制取方法的不同可分为干馏燃气、气化煤气、油制气、高炉煤气。

（1）干馏燃气。利用焦炉、连续式直立炭化炉和立箱炉等将固体燃料在隔绝空气（氧）的条件下加热干馏所得的气体称为干馏燃气。

（2）气化煤气。气化煤气是将固体燃料放在燃气发生炉内进行气化所得到的燃气，一般用于工业企业，而不能成为城市燃气的气源。

压力气化煤气、水煤气、发生炉煤气等均属此类。在2.0～3.0 MPa的压力下，以煤作原料采用纯氧和水蒸气为汽化剂，可获得高压蒸汽氧鼓风煤气，也称为高压气化煤气，其主要组分为氢及含量较高的甲烷。若城市附近有褐煤或长焰煤资源，可采用煤气炉生产煤气，用管道直接将煤气输送至城镇作为城市燃气使用。

水煤气和发生炉煤气的主要组分为一氧化碳和氢。这两种燃气的发热值低，而且毒性大，不可以单独作为城市燃气的气源，但可用来加热焦炉和连续式直立炭化炉，以顶替发热值较高的干馏煤气，增加供应城市的气量，也可以和干馏煤气、重油蓄热裂解气掺混，调节供气量和调整燃气发热值，作为城市燃气的调度气源。

（3）油制气。油制气也称为裂化煤气，是利用重油裂解制取的燃气。生产油制气的装置简单，投资省，占地少，建设速度快，管理人员少，启动、停炉灵活。按制取方法的不同可分为重油蓄热热裂解气和重油蓄热催化裂解气两种；前者的主要成分为甲烷、乙烯和丙烯等；后者的主要成分为氢、甲烷和一氧化碳等，热值较高，既可用作化工原料，又可用作城市燃气。

中、小燃气厂也可以石脑油（粗汽油）作为制气原料，与重油相比，石脑油具有如下优点：含硫少，不生成焦油、烟尘及污水等，公害问题少，气化效率高，而且石脑油催化裂解制气转换一氧化碳也比较简单。

（4）高炉煤气。高炉煤气是冶金工厂炼铁时的副产气，主要成分是一氧化碳和氮气。

高炉煤气可用作炼焦炉的加热煤气，以取代焦炉煤气，供应城市。高炉煤气也常用作锅炉的燃料或与焦炉煤气掺混用于冶金工厂的加热工艺。

（三）液化石油气

液化石油气主要有天然石油气和炼厂石油气。我国城镇燃气供应的液化石油气主要从炼油厂催化裂化法生产和从国外进口。

我国生产的液化石油气是多种组分的混合物，其主要成分是丙烷（C_3H_8）、丁烷（C_4H_{10}），习惯又称 C_3、C_4。在常温、常压下呈气态，当压力升高或温度降低时，很容易转化为液态。从气态转化为液态，其体积缩小 250 倍左右。其气态低热值为 87.8～108.7 MJ/m³。

液化石油气在城镇燃气中的供应主要有瓶装液化石油气和管道液化石油气两种方式。国内外不少城市还用液化石油气作为汽车燃料。

国际上供应的液化石油气主要是商品丙烷、商品丁烷及商品丙烷、丁烷按比例要求的混合气体，且严格控制其他的烷类或烯类含量。目前，我国液化石油气的质量标准为《液化石油气》（GB 11174—2011），有待通过与国际标准接轨得到进一步提高。

视频：LNG
哪里酷？

（四）生物气（人工沼气）

各种有机物质，如蛋白质、纤维素、脂肪、淀粉等，在隔绝空气及适宜温度、含水率和酸碱度条件下，在发酵微生物作用下产生的可燃气体，叫作生物气（人工沼气），主要成分为甲烷。发酵的原料是取之不尽、用之不竭的粪便、垃圾、动植物、叶茎杂草等有机物质。生物制气可以提高生物能的能源品位和利用效率，是可再生能源。沼气的组分中甲烷的含量约为 60%，二氧化碳含量约为 35%，还有少量的氢、氨等气体。其热值一般为 20 900 kJ/m³ 左右。工业化生产的生物制气作为城镇燃气，应符合《城镇燃气分类和基本特性》（GB/T 13611—2018）中 10T 的要求或增热至标准中的某一类。

二、城镇燃气的性质

（一）燃气的组成

燃气一般是由多种可燃与不可燃成分组成的混合物，主要由碳氢化合物（如甲烷、乙烷、乙烯、丙烷、丙烯、丁烷和丁烯等）、氢气、一氧化碳等可燃成分及二氧化碳、氮气和氧气等不可燃成分组成。

氢气是无色无味、质量很轻的气体，可燃、易爆；一氧化碳是无色无味、有剧毒的气体，比空气轻，可燃，其燃烧产物为二氧化碳；甲烷是天然气的主要成分，常温下为气体，无色无味，比空气轻，可燃、易爆；烷烃和烯烃在空气中能完全燃烧，并生成二氧化碳和水。

（二）燃气的热值

燃气的热值是指单位数量的燃气完全燃烧时所释放出的全部热量。

燃气的热值分为高热值和低热值。高热值是指单位数量的燃气完全燃烧后，其燃烧产物与周围环境恢复到燃烧前的原始温度，烟气中的水蒸气凝结成同温度的水后所释放出的全部热量。低热值则是指在上述条件下，烟气中的水蒸气仍以蒸汽状态存在时，所获得的全部热量。

在实际应用中，因为燃烧产物（烟气）中的水蒸气通常是以气体状态排出的，因此，可利用的只是低热值，一般以低热值作为计算依据。

（三）燃气的密度和比重

单位体积的物质所具有的质量，称为这种物质的密度（kg/m^3）。单位体积的燃气所具有的质量称为燃气的平均密度。

气体的密度随温度和压力的变化而改变。压力升高，气体的体积减小，密度增大；温度升高，气体的体积增大，密度减小。

相对密度又称为比重。气体的相对密度是指气体的密度与相同状态的空气密度的比值。液体的相对密度是指液体的密度与水的密度的比值。由于 4 ℃时水的密度为 1 t/m^3，所以，液体的密度与相对密度在数值上相等。

（四）临界参数

当温度不超过某一数值时，对气体进行加压可以使气体液化；而在该温度以上，无论加多大的压力也不能使气体液化，这一温度就称为该气体的临界温度。在临界温度下，使气体液化所需要的压力称为临界压力；此时气体的各项参数称为临界参数。

临界参数是气体的重要物性指标。气体的临界温度越高，越容易液化。例如，液化石油气中的丙烷、丙烯的临界温度较高，所以，只需在常温下加压即可使其液化；而天然气的主要成分甲烷的临界温度低，所以，天然气很难发生液化，在常压下，需将温度降至−163.15 ℃以下，才能使其液化。

（五）黏度

燃气的黏滞性用黏度来表示。一般情况下，气体的黏度随温度的升高而加大，液体的黏度随温度的升高而降低。

（六）气化潜热

单位数量的物质由液态变为与之处于平衡状态的蒸气时所吸收的热量称为该物质的气化潜热。反之，由蒸气变为与之处于平衡状态的液体时所释放出的热量称为该物质的凝结热。同一物质，在同一状态时气化潜热与凝结热是同一数值，其实质为饱和蒸气与饱和液体的焓差。

（七）容积膨胀

大多数物质会具有热胀冷缩的性质。液态液化石油气的体积也会因温度的升高而膨胀。通常将温度每升高 1 ℃，液体体积增加的倍数称为容积膨胀系数。液化石油气的容积膨胀系数很大，比水约大 16 倍。

(八)着火温度

燃气与空气或氧气的混合物可以开始燃烧时的最低温度称为着火温度。不同气体的着火温度是不同的。一般可燃气体在空气中的着火温度比在纯氧中的着火温度高 50 ℃～100 ℃。实际上，着火温度不是一个固定的数值，它与可燃气体在空气中的浓度、与空气的混合程度、燃气压力、燃烧空间的形状及大小等许多因素有关。在工程上，实际的着火温度应由试验确定。

(九)爆炸极限

燃气与空气或氧气混合，当燃气达到一定浓度时，就会形成有爆炸危险的混合气体。这种气体一旦遇到明火即会发生爆炸。在可燃气体与空气的混合物中，可燃气体的含量少到使燃烧不能进行，即不能形成爆炸性混合物时的含量，称为可燃气体的爆炸下限；当可燃气体的含量增加、由于缺氧而无法燃烧，以至于不能形成爆炸性混合物时，可燃气体的含量称为其爆炸上限。可燃气体的爆炸上、下限统称为爆炸极限。

第二节 城镇燃气的质量要求和加臭

一、城镇燃气的质量要求

城镇燃气中常含有硫化氢、焦油灰尘、氨、萘和水分等，如不将这些有害物质控制在一定范围内，会对燃气的应用和环境产生不同程度的影响。国家对供应城市的燃气规定了相应的技术要求，要求供应城镇的燃气应符合相关规定。

1. 天然气

开采出来的天然气中，常伴有一些有害和在应用中不利的物质，如硫化物、二氧化碳和水分等。硫在大气中存在的形式主要有硫氧化物、硫酸盐、硫化氢和硫醇等。硫化物及其燃烧产物是主要的大气污染物之一，硫化物的燃烧产物二氧化硫(SO_2)释放至大气中，经气相或液相氧化反应生成的硫酸是造成酸性降水，即酸雨的主要原因之一。燃气中的硫化氢(H_2S)是一种无色、有臭味的气体，吸入人体进入血液后，可与血红蛋白结合，生成硫化血红蛋白，使人出现中毒症状，甚至死亡。另外，H_2S 会造成运输、储存和蒸发设备及管道的腐蚀，也可使含铅颜料和铜变黑，还会侵蚀混凝土等。

《天然气》(GB 17820—2018)对天然气的质量指标作了如下规定：

天然气发热量、总硫、硫化氢和二氧化碳含量指标应符合表 1-1 的规定。

天然气中不应有固态、液态和胶状物质。

表 1-1　天然气质量要求

项目		一类	二类
高位发热量[a,b]/(MJ·m⁻³)	≥	34.0	31.4
总硫(以硫计)[a]/(mg·m⁻³)	≤	20	100
硫化氢[a]/(mg·m⁻³)	≤	6	20

项目		一类	二类
二氧化碳摩尔分数/%	≤	3.0	4.0

　　a　本标准中使用的标准参比条件是 101.325 kPa，20 ℃。
　　b　高位发热量以干基计。

2. 人工燃气

　　人工燃气中含有的杂质有焦油和灰尘、萘、氨及硫化氢等。焦油和灰尘容易堵塞管道和用气设备，特别是干馏煤气中含萘量较高，当输送燃气温度下降时，过饱和结晶出来的萘将因焦油和灰尘的存在，使堵塞状况加剧。人工燃气中多含一氧化碳(CO)，CO 是一种无色、无味、有剧毒的可燃气体，对于人体的神经系统而言是一种极危险的气体；它与血红蛋白的亲和力比氧与血红蛋白的亲和力大 $200\sim300$ 倍，当 CO 被吸入人体后，会很快与血红蛋白结合成碳氧血红蛋白(COHb)，使血液因失去吸氧能力而中毒致死。另外，CO 的燃烧产物 CO_2 也是造成大气温室效应和酸性降水的主要污染物之一。

　　国家标准《人工煤气》(GB 13612—2006)中，有关人工煤气的技术要求见表 1-2。

表 1-2　人工煤气的技术要求

项目	质量指标	试验方法
低热值[①]/(MJ·m^{-3}) 　一类气[②] 　二类气[②]	 ＞14 ＞10	《城镇燃气值和相对密度测定方法》 (GB/T 12206—2006)
燃烧特性指标[③]波动范围应符合	GB/T 13611	
杂质 　焦油和灰分/(mg·m^{-3}) 　硫化氢/(mg·m^{-3}) 　氨/(mg·m^{-3}) 　萘[④]/(mg·m^{-3})	 ＜10 ＜20 ＜50 ＜50×10^2/P(夏天) ＜100×10^2/P(冬天)	《人工煤气组分与杂质含量测定方法》 (GB/T 12208—2008)
含氧量[⑤](体积分数)/% 　一类气[②] 　二类气[②]	 ＜2 ＜1	《人工煤气和液化石油气常量组分气相色谱分析法》 (GB/T 10410—2008)或化学分析方法
含一氧化碳[⑥](体积分数)/%	＜10	《人工煤气和液化石油气常量组分气相色谱分析法》 (GB/T 10410—2008)或化学分析方法

　　①本标准煤气体积(m^3)指在 101.3 kPa，15 ℃状态下的体积。
　　②一类气为煤干馏气；二类气为煤汽化气、油汽化气(包括液化石油气及天然气改制)。
　　③燃烧特性指数：华白数(W)、燃烧势(CP)。
　　④萘系指萘和它的同系物 α—甲基萘及 β—甲基萘。在确保煤气中萘不析出的前提下，各地区可以根据当地城市燃气管道埋没处的土壤温度规定本地区煤气中含萘指标，并根据标准审批部门批准实施。当管道输气点绝对压力(P)小于 202.6 kPa 时，压力(P)因素可不参加计算。
　　⑤含氧量系指制气厂生产过程中所要求的指标。
　　⑥对二类气或掺有二类气的一类气，其一氧化碳含量应小于 20%(体积分数)。

3. 液化石油气

液化石油气中的主要杂质有硫化物、游离水和 C 及 C 以上的组分。液化石油气对人体是有害的。这是由于吸入的重碳氢化合物溶于人的脂肪肌体内，就会破坏人体的神经系统和血液。吸入的重碳氢化合物的分子量越大，危险性就越大。另外，因 C 和 C 以上的组分沸点较高，在常温下难以汽化，形成的残液将占据一定的容积。液化石油气中若含有水和水蒸气能与液态和气态的 C_2、C_3 和 C_4 生成结晶水化物，将减小管道的过流面积，甚至堵塞管道及安全阀等设备与仪表。

《液化石油气》(GB 11174—2011)规定了液化石油气产品的技术要求(见表 1-3)。该标准还对液化石油气的检验、采样法和加臭、包装、标志、运输、储存、交货验收以及对在生产、储存、使用液化石油气的场所安全等方面也相应地作了明确规定。

表 1-3　液化石油气的技术要求和试验方法

项目		质量指标			试验方法
		商品丙烷	商品丙丁烷混合物	试验方法	
密度(15 ℃)/(kg·m⁻³)		报告			《液化石油气密度或相对密度测定法(压力密度计法)》(SH/T 0221—1992)[a]
蒸气压(37.8 ℃)/kPa	不大于	1 430	1 380	485	《液化石油气蒸气压和相对密度及辛烷值计算法》(GB/T 12576—1997)
组分[b] C₃ 烃类组分(体积分数)/%	不小于	9.5	—	—	《液化石油气组成的测定 气相色谱法》(NB/SH/T 0230—2019)
C₄ 及 C₄ 以上烃类组分(体积分数)/%	不大于	2.5	—	—	
(C₃＋C₄)烃类组分(体积分数)/%	不小于	—	95	95	
C₃ 及 C₄ 以上烃类组分(体积分数)/%	不大于	—	3.0	2.0	
残留物 蒸发残留量(mL/100 mL)	不大于	0.05			《液化石油气残留物的试验方法》(SY/T 7509—2014)
油渍观察		通过[c]			
钢片腐蚀(40 ℃，1 h)/级	不大于	1			《液化石油气铜片腐蚀试验法》(SH/T 0232—1992)
总硫含量/(mg/m³)	不大于	343			《液化石油气总硫含量测定法(电量法)》(SH/T 0222—1992)
硫化氢(需满足下列要求之一) 乙酸铅法		无			《液化石油气硫化氢试验法(乙酸铅法)》(SH/T 0125—1992)
层析法/(mg/m³)	不大于	10			《液化石油气中硫化氢含量测定法(层析法)》(SH/T 0231—1992)
游离水		无			目测[d]

　　a　密度也可用《液化石油气蒸气压和相对密度及辛烷值计算法》(GB/T 12576—1997)方法计算，有争议时以《液化石油气密度或相对密度测定法(压力密度计法)》(SH/T 0221—1992)为仲裁方法。

　　b　液化石油气不允许人为加入除加臭剂以外的非烃类化合物。

　　c　按《液化石油气残留物的试验方法》(SY/T 7509—2014)所述，每次以 0.1 mL 的增量将 0.3 mL 溶剂-残留物混合液滴到滤纸上，2 min 后在日光下观察，无持久不退的油环为通过。

　　d　有争议时，采用《液化石油气密度或相对密度测定法(压力密度计法)》(SH/T 0221—1992)的仪器及试验条件目测是否存在游离水。

二、城镇燃气的加臭

燃气属易燃、易爆的危险品。因此，要求燃气必须具有独特性、可以使人察觉的气味。使用中当燃气发生泄露时，应能通过气味使人发觉；在重要场合，还应设置检漏仪器；对无臭或臭味不足的燃气应加臭。经长输管线输送的天然气，一般在城镇的天然气门站进行加臭处理。

1. 燃气中加臭剂量的标准

为能及时消除因管道漏气引起的中毒、燃爆事故，城镇燃气应具有可以察觉的臭味。根据《城镇燃气设计规范（2020年版）》（GB 50028—2006）规定，燃气中加臭剂的最小量应符合下列规定：

(1)无毒燃气泄漏到空气中，达到爆炸下限的20%时，应能察觉。

(2)有毒燃气泄漏到空气中，达到对人体允许的有害浓度时，应能察觉。

有毒燃气一般指含一氧化碳的可燃气体。若空气中含有0.01%（体积分数）左右的CO，人就会感到头痛、呕吐，出现轻度中毒症状；含量达到0.10%为致命界限。可见，CO泄漏到空气中尚未达到其爆炸下限20%时（CO的爆炸下限为12.4%），人体早已中毒。CO的毒性主要是CO在人体血液中生成的碳氧血红蛋白（COHb），使血液失去吸氧能力。空气中不同的CO含量与血液中最大的碳氧血红蛋白浓度的关系见表1-4。

表1-4　空气中不同的CO含量与血液中最大的碳氧血红蛋白浓度的关系

空气中CO含量（体积分数）/%	0.100	0.050	0.025	0.018	0.010
血液中最大的碳氧血红蛋白浓度/%	67	50	33	25	17
对人的影响	致命界限	严重症状	较大症状	中等症状	轻度症状

CO中毒的影响程度取决于空气中CO的含量、吸气的持续时间和呼吸的强度。人体允许的有害物质的含量，在于空气中CO含量不应升高到足以使人产生严重症状。从表1-4可知，空气中CO含量为0.025%，人体血液中碳氧血红蛋白最高只能到33%，对人一般只能产生头痛、视力模糊、恶心等症状，不会产生严重症状。在实际操作运行中，还应留有安全裕量，因此，规范中对于有毒燃气采用空气中CO含量为0.02%（体积分数）时，应能被人察觉。

当无毒燃气（如天然气）漏出时，尽管使人中毒的可能性较小，但其危险在于管道漏出的燃气逐渐将室内含氧的空气排出，使人因缺氧而窒息。正常的空气含氧量为接近21%（体积分数），如果空气中甲烷含量占19%，相当于氧含量减少到17%，人的呼吸会开始感到困难；当空气中的含氧量小于12%～9%（甲烷为43%～57%），人将难以生存。故规定无毒燃气泄漏到空气中，达到爆炸下限的20%时（甲烷的爆炸下限为5.6%），应能被人察觉。

在确定加臭剂及其用量时，应按国家有关标准并结合当地燃气的具体情况确定。有条件时，宜通过试验确定。

城镇燃气加臭剂应符合下列要求：

(1)加臭剂和燃气混合后应具有特殊的臭味、不易被土壤和家具吸收、漏气消除后不应再有臭味保留。

(2)加臭剂不应对人体、管道或与其接触的材料有害。

(3)加臭剂的燃烧产物不应对人体呼吸有害，并不应腐蚀或伤害与此燃烧产物常接触的材料。

(4)加臭剂溶解于水的程度不应大于2.5%（体积分数）。

（5）加臭剂应有在空气中能察觉的加臭剂含量指标。

（6）加臭剂应便于制造、价格低廉。

目前国内外常用的加臭剂有四氢噻吩（THT）和硫醇（TBH）等。

几种常见的无毒燃气的加臭剂用量见表1-5。

表1-5　几种常见的无毒燃气的加臭剂用量

气体种类	加臭剂用量/$(mg \cdot m^{-3})$
天然气（在空气中的爆炸下限为5%）	20
液化石油气（C_3 和 C_4，各一半）	50
液化石油气和空气的混合气 （液化石油气：空气＝50：50；液化石油气成分 C_3 和 C_4，各一半）	25

2. 加臭方式

（1）直接滴入式。使用滴入式加臭装置是将液态加臭剂的液滴或细液流直接加入燃气管道，加臭剂蒸发后与燃气气流混合。这种装置体积小，结构简单，操作方便，一般可在室外露天或遮阳棚内放置，如图1-1所示。

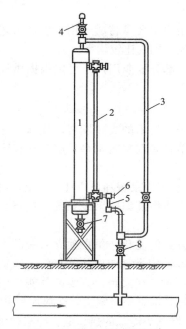

图1-1　滴入式加臭装置

1—加臭剂储槽；2—液位计；3—压力平衡管；4—加臭剂充填管；
5—观察管；6针形阀；7—泄压管；8—阀门

（2）吸收式。吸收式加臭方式是将液态加臭剂在加臭装置中蒸发，然后将部分燃气引至加臭装置中，使燃气被加臭剂蒸气所饱和。加臭后的燃气再返回主管道与主流燃气混合。加臭装置有喷淋式、鼓泡式等。

第三节　城镇燃气的使用范围及用气量指标

一、城镇燃气的使用范围

燃气的使用范围非常广泛，一般城镇燃气主要供应居民生活、商业用户及工业企业生产、采暖通风和空调等方面使用。随着燃气气源的不断开发和利用，燃气用户也在逐渐发展，特别是近年来，燃气采暖及空调和燃气汽车等发展较快。燃气各类用户及其用气特点如下。

1. 城镇居民用户

城镇居民用户用气主要用于炊事和生活用热水的加热。我国目前居民使用的燃具多为民用双眼灶及燃气快速热水器。居民用户的用气特点是单户用气量不大，用气随机性较强。

2. 商业用户

商业用户用气包括居民区配套的公共建筑设施（如宾馆、旅馆、饭店、学校和医院等）、机关、科研机构等的生产及生活用气。商业用户的用气特点是单户用气量不是很大，用气比较有规律。

视频：天然气
商业

3. 工业企业用户

目前，我国城镇的工业企业用户主要是将燃气用于生产工艺的热加工。工业用户的用气特点是用气比较有规律，用气量较大，用气比较均衡。

在供气不能完全满足需要时，部分工业用户还可以根据供气情况在规定的时间内选择停气或用气。

4. 燃气采暖与空调

随着人们生活水平的提高和经济技术的飞速发展，我国大部分地区都要有不同时间长短的采暖期。采暖与空调用气均为季节性负荷。特别是采暖，在我国北方地区，一般采暖用气量比较大，在采暖期内用气相对稳定。

（1）燃气采暖。燃气采暖主要有集中采暖和单户独立采暖两种形式。

1）集中采暖。利用原有的燃煤或燃油集中采暖系统，只将其中的燃煤或燃油锅炉改造或更换为燃气锅炉。

2）单户独立采暖。配合采暖方式的变化，单户独立采暖的方式越来越受到人们重视。根据我国目前的情况，单户独立采暖以使用燃气或电作为能源的可能性比较大。但用电采暖，需要电网等设备的配套和电价的调整；而燃气采暖，只要燃气能送到的地方均可以实现单户独立采暖。用户只需要有一台燃气热水器，即可同时解决生活热水和采暖问题。

（2）燃气空调。燃气空调和以燃气为能源的热、电、冷三联供的全能系统也已经引起了广泛关注，它对缓解夏季用电高峰、减少环境污染（噪声、制冷剂泄漏）、提高燃气管网利用率、保持用气的季节平衡、降低燃气输送成本等都有很大的帮助。特别是热、电、冷三联供的方式具有较高的技术经济价值，是今后燃气空调的发展方向。

5. 交通工具燃气化

发展燃气汽车是降低城镇大气污染的有力措施之一。目前，燃气汽车主要有液化石油气和压缩天然气汽车两大类。这两类汽车的制造及改装技术、燃气灌装技术都比较成熟。大部分燃气汽车属于油气两用车（既可以使用汽油，也可以使用燃气）。从投资方面看，由于这些汽车需要配置双燃料系统，购车时的一次性投资略大于普通燃油汽车。但燃气汽车与燃油汽车相比，燃料价格具有较明显的优势。从目前国内燃气汽车的使用情况看，压缩天然气汽车主要用于公交车，液化石油气汽车主要用于出租车及其他公务用车。

燃气汽车的用气量与城镇燃气汽车的数量及运营情况有关，用气量随季节等外界因素变化比较小。发展燃气汽车不仅有利于减轻城镇大气污染，还可减少对石油及产品的依赖。

6. 农业生产用气

燃气还可用于鲜花和蔬菜的暖棚种植、粮食烘干与储藏、农副产品的深加工等。我国是农业大国，提高农业生产总体水平将有利于发展国民经济。在天然气气源充足时，应考虑发展农业用气。

7. 燃气发电

将直接使用低污染燃烧的燃气转换为无污染物排放的电能来使用，是今后燃气，特别是天然气应用的发展方向。燃气发电用气量大，负荷平稳，一般由天然气长输管线或液化天然气码头直接供气。

8. 化工用气

目前，我国天然气在化工行业主要用作原料气，原料气又以化肥及化工产品用气为主。今后，化工原料用气将逐渐减少其市场份额，天然气在生物、医药、农药等方面的创新应用将有所发展。

另外，燃气燃料电池等也在研究和开发之中。总之，燃气的用途及用户发展随着气源的增加会不断扩大。

二、用气量指标

用气量指标是一种计算燃气需求量的简便的方法，须按不同类型（含不同气量）的用户分类确定。指标的确定需要考虑诸多因素，否则会产生较大的误差。

1. 居民生活用气量指标

居民生活用气量指标是指人均年耗气量。影响居民生活用气量指标的因素有很多，如家庭用气设备的设置、种类、数量、负荷、使用等情况，家庭人数、人员结构、收入、思维习惯、生活习惯、气候条件、燃气价格、节假日、生活服务设施用气设备的应用情况、燃气企业服务水平、社会经济水平和耗能水平，还有其他能源设施情况等对于用气负荷指标都会产生影响。经济社会发展的水平不同，各地发展的特征不同，居民生活用气量指标的影响因素也会不同，用气量指标要结合实际综合各种因素来确定，不可能采用统一的指标。

2. 商业用气量指标

商业用气量指标可以按商业单位的成品或用气设施或服务对象人均年耗气量来计算。影响该指标的因素也很多，同地方政策、城镇功能定位、商业服务水平、商业企业数量和类型、居民生活习惯、燃气具类型、燃气具热效率、地区气候条件等有关。随着第三产业的迅速发展，该类用户燃气使用范围扩大、燃气器具丰富，卫生用热、洗衣消毒用热、洗浴中心用热及娱乐设施用气等燃气配套设施越来越齐全，用气指标发生较大变化。所以，该类用气指标的选用务必要注意结合当地的实际情况。根据当地商业活动耗能统计数据分析确定。行业内一些主要的工程技术手册，收集了北京、上海、南京、成都、哈尔滨、郑州、深圳、武汉等主要城市近年的居民、商业用气指标，可以作为参考。

3. 工业企业用气量指标

工业企业生产用气设备有定型设备和非定型设备，燃烧的热效率有较大差异，单位工业产品的用气指标也有较大出入。随着用气设备工艺的不断改进、保温材料新技术的不断应用，单位工业产品的用气量指标会不断变化。同时，工业用气量指标也与企业类型、产品特征、产业政策、能源政策、环保政策及地方政策密切相关。

4. 采暖和空调用气量指标

由于各地采暖的计算温度不同，采暖和空调用气量的指标也不同，还与当地气候条件密切相关，建筑物的类型、采暖的方式、能源价格等对其也有一定影响。需要结合当地实际，运用科学的方法来确定用气量指标。

5. 交通工具用气量指标

交通工具用气量与交通工具种类、类型、规格、运营里程、运营方式、交通（线路、气候）条件、服务设施布局、地方政策、能源价格等有关，交通工具的用气量指标如果是单燃料发动机，其指标确定较为简单。

第四节　城镇燃气需用量计算

一、年用气量计算

在进行城镇燃气供应系统的规划设计时，首先要确定城镇的年用气量。各类用户的年用气量是进行燃气供应系统设计和运行管理，以及确定气源、管网和设备通过能力的重要依据。

年用气量应根据燃气发展规划和燃气的用户类型、数量及各类用户的用气量指标确定。由于各类用户的用气量指标单位不同，因此，城镇燃气年用气量一般按用户类型分别计算后汇总。

（一）居民生活年用气量

居民生活年用气量与许多因素有关：居民生活习惯、作息及节假日制度、气候条件、户内燃气设备的类型、住宅内有无集中采暖及热水供应、城镇居民气化率等。

城镇居民气化率是指城镇用气人口数占城镇居民总人口数的百分比。一般由于城镇中存在新建住宅、采用其他能源形式的现代化建筑及不适于供气的旧房屋等情况，城镇居民的燃气气化率很难达到 100%。

居民生活的年用气量可根据居民生活用气量指标、居民总数、气化率和燃气的低热值按下列公式计算：

$$Q_a = \frac{Nkq}{H_l} \tag{1-1}$$

式中　Q_a——居民生活年用气量（m³/年）；

　　　N——居民人数（人）；

　　　k——城镇居民气化率（%）；

　　　q——居民生活用气量指标[MJ/(人·年)]；

　　　H_l——燃气低热值（MJ/m³）。

（二）商业用户年用气量

商业用户年用气量的计算有两种方法：一种方法是按商业用户拥有的各类用气设备数量和用气设备的额定热负荷进行计算；另一种方法是按商业用户用气性质、用途、用气指标及服务人数等进行计算。商业用户年用气量与城镇人口数、公共建筑的设施标准、用气量指标等因素有关。在规划设计阶段，商业用户的年用气量可由下式确定：

$$Q_{ya} = \frac{MNq}{H_l} \tag{1-2}$$

式中　Q_{ya}——商业用户的年用气量（m^3/年）；

N——居民人口数（人）；

M——各类用户用气人数占总人口的比例数（%）；

q——各类商业用户的用气量指标[MJ/（人·年）]；

H_l——燃气的低热值（MJ/m^3）。

当商业用户的用气量不能准确计算时，还可在考虑公共建筑设施建设标准的前提下，按城镇居民生活年用气量的某一比例进行估算。例如，在计算出城镇居民生活的年用气量后，可按居民生活年用气量的 10%～30%估算商业用户的年用气量。

（三）工业企业年用气量

工业企业年用气量与其生产规模、用气工艺特点和年工作时数等因素有关。在规划设计阶段，一般可按以下三种方法计算工业用户的年用气量：

(1)参照已使用燃气、生产规模相近的同类企业年耗气量估算。

(2)按工业产品的耗气定额和企业的年产量确定。

(3)在缺乏产品的耗气定额资料的情况下，可按企业消耗其他燃料的热量及设备热效率，在考虑自然增长后，折算出燃气耗量。折算公式为

$$Q_a = \frac{100 G_y H'_i \eta'}{H_l \eta} \tag{1-3}$$

式中　Q_a——工业用户的年用气量（m^3/年）；

G_y——其他燃料年用量（t/年）；

H'_i——其他燃料的低热值（MJ/kg）；

η'——其他燃料燃烧设备的热效率（%）；

η——燃气燃烧设备的热效率（%）；

H_l——燃气的低热值（MJ/m^3）。

（四）建筑物采暖年用气量

建筑物采暖年用气量与使用燃气采暖的建筑物面积、年采暖期长短和采暖耗热指标等因素有关，可由下式确定：

$$Q_a = \frac{F q_H n}{H_l \eta} \tag{1-4}$$

其中　　　　　　　　　　$n = n_1 \cdot \dfrac{t_1 - t_2}{t_1 - t_3}$

式中　Q_a——采暖的年用气量（m^3/年）；

F——使用燃气采暖的建筑面积（m^3）；

q_H——建筑物的耗热指标[MJ/（m^2·h）]；

n——采暖最大负荷利用小时数（h/年）；

η——燃气采暖系统的热效率（%）；

H_l——燃气的低热值（MJ/m^3）；

n_1——采暖期（h）；

t_1——采暖期室内计算温度（℃）；

t_2——采暖期室外平均温度（℃）；

t_3——采暖期室外计算温度(℃)。

由于各地的气候条件不同，冬季采暖计算温度及建筑物耗热指标均存在差异，应根据当地的各项采暖指标进行计算。

(五)其他用户年用气量

其他用户年用气量，可根据其用气设备及其耗气量等进行推算。

(六)未预见量

城镇燃气年用气量计算中应考虑未预见量。未预见量主要是指燃气管网漏损量和规划发展过程中的未预见供气量，一般按年总用气量的5%估算。

在规划设计中，应将未来的燃气用户尽可能地考虑进去，未建成的和暂不供气的用户不能一律划归未预见供气范围。

因此，城镇燃气年用气量应为各类用户年用气量总和的1.05倍，即

$$Q'_y = 1.05 \sum Q_y \tag{1-5}$$

式中　Q'_y——城镇燃气年用气量总和(m³/年)；

　　　Q_y——城镇各类用户的年用气量(m³/年)。

二、用气不均匀情况描述

城镇燃气供应的特点是供气基本均匀，用户的用气是不均匀的。用户用气的不均匀性与许多因素有关，如各类用户的用气工况及其在总用气量中所占的比例、当地的气候条件、居民生活作息制度、工业企业和机关的工作制度、建筑物和工厂车间用气设备的特点等。显然，这些因素对用气不均匀性的影响不能用理论计算方法确定。最可靠的方法是在相当长的时间内收集和系统地整理实际数据，才能得到用气工况的可靠资料。用气不均匀性对燃气供应系统的经济性有很大影响。用气量低于设计负荷时，气源的生产能力和长输管线的输气能力不能被充分发挥和利用，从而提高了燃气的生产和输送成本。

用气不均匀情况可用季节或月不均匀性、日不均匀性和小时不均匀性描述。

(一)月用气工况

影响月用气工况的主要因素是气候条件，一般冬季各类用户的用气量都会增加。居民生活及商业用户加工食物、生活热水的用热会随着气温降低而增加；而工业用户即使生产工艺及产量不变化，由于冬季炉温及材料温度降低，生产用热也会出现一定程度的增加。采暖与空调用气属于季节性负荷，主要在冬季采暖和夏季使用空调的季节才会用气。显然，季节性负荷对城镇燃气的季节或月不均匀性影响最大。北京地区已经出现采暖期用气负荷为夏季用气负荷的5～6倍。

一年中各月的用气不均匀情况可用月不均匀系数表示，K_1是各月的用气量与全年平均月用气量的比值，K_1值是不确切的，因为每个月的天数在28～31 d的范围内变化。因此，月不均匀系数 K_1 值可按下式确定：

$$K_1 = \frac{该月平均日用气量}{全年平均日用气量} \tag{1-6}$$

12个月中平均日用气量最大的月，即月不均匀系数值最大的月，称为计算月；月最大不均匀系数 K_m 称为月高峰系数。

（二）日用气工况

一个月或一周中日用气量的波动主要由居民生活习惯、工业企业的工作和休息制度、室外气温变化等因素决定。

居民生活的炊事和热水日用气量具有很大的随机性，用气工况主要取决于居民生活习惯，平日和节假日用气规律各不相同。即使居民的日常生活有严格的规律，日用气量仍然会随室外温度等因素发生变化。工业企业的工作和休息制度，一般呈现一定的规律性，而室外气温在一周中的变化却没有一定的规律性。一般气温低的日子里，用气量大。采暖用气的日用气量在采暖期内随室外温度变化有较小波动，但相对来讲是比较稳定的。

用日不均匀系数表示一个月（或一周）中日用气量的变化情况，日不均匀系数 K_2 可按下式计算：

$$K_2 = \frac{该月中某日用气量}{该月平均日用气量} \tag{1-7}$$

该月中日不均匀系数 K_2 的最大值 K_d 称为该月的日高峰系数。

（三）小时用气工况

城镇中各类用户在一昼夜中各小时的用气量会出现很大变化，特别是居民用户和商业用户。居民用户的小时不均匀性与居民的生活习惯、供气规模和所用燃具等因素有关。一般会有早、中、晚三个高峰。商业用户的用气与其用气目的、用气方式、用气规模等有关。工业企业用气主要取决于工作班制、工作时数等。一般三班制工作的工业用户，用气工况基本是均匀的。其他班制的工业用户在其工作时间内，用气也是相对稳定的。在采暖期，大型采暖设备的日用气工况相对比较稳定；单户独立采暖的小型采暖炉，多为间歇式工作。

通常用小时不均匀系数表示一日中小时用气量的变化情况，小时不均匀系数 K_3 可按下式计算：

$$K_3 = \frac{该日中某日用气量}{该日平均小时用气量} \tag{1-8}$$

该日小时不均匀系数 K_3 称为该日的小时高峰系数。

三、小时计算流量的确定

燃气供应系统管道及设备的通过能力不能直接用燃气的年用气量确定，而应按小时计算流量来选择。小时计算流量的确定，关系着燃气供应系统的经济性和可靠性，小时计算流量定得过高，将会增加输配系统的基建投资和金属耗量；定得偏低，又会影响对用户的正常供气。

目前，根据《城镇燃气设计规范（2020 年版）》（GB 50028—2006）的规定，城镇燃气管道的小时计算流量可用不均匀系数法和同时工作系数法两种方法确定。

（一）不均匀系数法

在规划设计阶段计算燃气管道直径及设备容量时可使用不均匀系数法。

这种方法适用于各种压力和用途的城镇燃气分配管道的小时流量的计算。一般城镇燃气分配系统的管径及设备，均按计算月的小时最大用气量计算，其计算公式为

$$Q_h = \frac{1}{n} Q_a \tag{1-9}$$

$$n = \frac{365 \times 24}{K_m K_d K_h} \tag{1-10}$$

式中 Q_h——燃气小时计算流量（m³/h）;

　　n——年燃气最大负荷利用小时数(h);

　　K_m——月高峰系数,即计算月的日平均用气量和年的日平均用气量之比;

　　K_d——日高峰系数,即计算月的日最大用气量和该月的日平均用气量之比;

　　K_h——小时高峰系数,即计算月中最大用气量日的小时最大用气量和该日的小时平均用气量之比;

　　Q_a——年用气量(m³/a)。

城镇居民生活及商业用户用气的高峰系数应根据城镇用气的实际统计资料确定。当缺乏统计资料,在给未用气的城镇编制规划或进行设计时,可结合当地的具体情况,参照相似城镇的系数值选取,也可按下列推荐值选取:

$$K_m = 1.1 \sim 1.3, \quad K_d = 1.05 \sim 1.2, \quad K_h = 2.2 \sim 3.2$$

当供气户数多时,小时高峰系数应选取低限值。当总户数少于 1 500 户时,小时高峰系数可取 3.3～4.0。所以,最大负荷利用小时数 n 可在 3 447～1 755 h/年取值。最大负荷利用小时数 n 随着连接在管网上的居民户数和用气工况等因素的变化而变化。显然,户数越多,用气高峰系数越小;燃气的用途越多样(炊事和热水洗涤、沐浴、采暖等)用气高峰系数越小,最大负荷利用小时数 n 越大。用气人口数与最大负荷利用小时数 n 的关系列于表 1-6。

表 1-6 用气人口数与采暖最大负荷利用小时数 n 的关系

名称	用气人口数/万人						
	0.1	0.2	0.3	0.5	1	2	3
$n/(\text{h·年}^{-1})$	1 800	2 000	2 050	2 100	2 200	2 300	·2 400

名称	用气人口数/万人						
	4	5	10	30	50	75	≥100
$n/(\text{h·年}^{-1})$	2 500	2 600	2 800	3 000	3 300	3 500	3 700

不均匀系数法的出发点是考虑居民及商业用户的用气目的(用于炊事,还是用于炊事及供热水等)、用气人口数、人均年用气量(即用气指标)和用气规律,而未考虑每户的人口数(可认为是使用同一燃具的人数)和户内燃具额定负荷的大小等因素。

工业企业和燃气汽车用户的燃气小时计算流量,宜按每个独立用户生产的特点和燃气用量(或燃料用量)的变化情况,编制成月、日、小时用气负荷资料,然后进行分析、确定。

采暖、通风和空调所需的燃气小时计算流量,可按采暖热负荷并参考采暖、空调系统的热负荷进行折算。

(二)同时工作系数法

同时工作系数法适用于居民小区、庭院及室内燃气管道的设计计算。

在用户的用气设备确定以后,可以用这种方法确定燃气管道的小时计算流量。管道的小时计算流量根据燃气设备的额定流量与其同时工作的概率来确定。其计算公式为

$$Q_h = k_t \left(\sum k N Q_n \right) \tag{1-11}$$

式中 Q_h——燃气管道的小时计算流量(m³/h);

　　k_t——不同类型用户的同时工作系数,当缺乏资料时,可取 1;

　　k——同一类型燃具的同时工作系数;

　　N——同一类型燃具的数目;

　　Q_n——同一类型燃具的额定流量(m³/h)。

同时工作系数反映燃气用具集中使用的程度，它与燃气用户的生活规律、燃气用具的种类和数量等因素有关。表1-7为居民生活用燃具的同时工作系数 k 的推荐值。

用户的用气工况本质上是随机的，它不仅受用户类型和燃具类型的影响，还与居民户内用气人口、高峰时燃具开启程度及能源结构等不确定因素有关。也就是说，k 和 k_t 值不可能理论导出，只有在对用气对象进行实际观测后用数理统计及概率分析方法加以确定。

同时工作系数法是考虑一定数量的燃具同时工作的概率和用户燃具的设置情况，确定燃气小时计算流量的方法。显然，这一方法并未考虑使用同一燃具的人数差异。

商业及工业企业生产用气在确定建筑物内或车间燃气小时计算流量时，可按用气设备的额定流量和设备的实际使用情况确定。

表 1-7　居民生活用燃具的同时工作系数 k 的推荐值

同类型燃具数目/N	燃气双眼灶①	燃气双眼灶和快速热水器②	同类型燃具数目/N	燃气双眼灶	燃气双眼灶和快速热水器
1	1.00	1.00	40	0.39	0.18
2	1.00	0.56	50	0.38	0.178
3	0.85	0.44	60	0.37	0.176
4	0.75	0.38	70	0.36	0.174
5	0.68	0.35	80	0.35	0.172
6	0.64	0.31	90	0.345	0.171
7	0.60	0.29	100	0.34	0.17
8	0.58	0.27	200	0.31	0.16
9	0.56	0.26	300	0.30	0.15
10	0.54	0.25	400	0.29	0.14
15	0.48	0.22	500	0.28	0.138
20	0.45	0.21	700	0.26	0.134
25	0.43	0.20	1 000	0.25	0.13
30	0.40	0.19	2 000	0.24	0.12

① 每户居民安装1台双眼灶的同时工作系数；当一户居民装2台单眼灶时，也可参照本表计算。
② 每户居民安装1台双眼灶和1台快速热水器的同时工作系数。

第五节　城镇燃气设施

燃气设施是指人工煤气生产厂、燃气储配站、门站、气化站、混气站、加气站、灌装站、供应站、调压站、市政燃气管网等的总称，包括市政燃气设施、建筑区划内业主专有部分以外的燃气设施及户内燃气设施等。按照燃气工艺流程和设施所处的范围及运行维护流程和燃气经营企业管理的区域特征，燃气设施又可分成燃气场站、燃气管网、用户燃气设施（居民用户和单位用户）三种，加上作为管理统一调度监控的设施和安全保护设施及装置，共有五种。后两种也可结合燃气场站、燃气管网、用户燃气设施一起划分。

一、燃气场站

燃气场站主要包括燃气输配系统场站(门站、储配站、调压计量站)、压缩天然气供应系统场站(CNG汽车加气站、储配站、瓶组供气站)、液化天然气供应系统场站(LNG及L-CNG汽车加气站、灌瓶及气化站、瓶组供气站)、液化石油气供应系统场站(LPG供应基地、气化站、混气站、瓶组气化站等)。

(一)燃气输配系统场站

1. 门站

门站是贸易交接点。负责接收燃气气源(包括人工燃气、天然气、煤层气及工厂余气等),供城镇燃气经营企业配送,进行计量、质量检测,按供气的输配要求,控制并调节向城镇供应的燃气流量与压力,必要时对燃气进行净化、加臭。城镇接收门站多在城镇规划区的外围,也是城镇输配系统的首站。天然气门站应与分输站一体。门站的数量和布局直接影响城镇燃气运行管理的可靠性和供气安全,关系到输配设施的合理性和经济性,必须符合城镇燃气发展规划的要求。

2. 储配站

储配站的主要作用是:储存一定量的燃气以供用气高峰时使用;当上游输气设施发生故障或维修管道时,保证一定程度的供气;对使用的多种燃气进行混合,使其组分均匀;将燃气加压(或降压)以保证输配管网或用户燃具前燃气的压力稳定。

3. 调压计量站

城镇燃气压力级制分为7级,为保证运行平稳和安全,级间需要采用调压设施。调压计量站是燃气输送的关键设备。其负责输出下一级管网或用户所需的流量和压力,并使调节后的燃气压力保持稳定,保护系统免除压力过高或过低的冲击。城镇燃气调压设施的布局,应根据管网布置及调压站的作用半径确定,并承担加臭(按需要加湿)的任务。为保证运行质量,调压多采用一用一备的工艺系统。

根据压力等级、调压精度、附属配置和用户类型需求等不同功能,分为楼栋调压(计量)、专用调压(计量)、区域调压(计量)、高高压调压、高中压调压、中中压调压和中低压调压等。

视频:油气计量与自动化

(二)压缩天然气(CNG)供应系统场站

1. CNG供应站(含瓶组供气站)

城镇燃气的供气方式除了用管道供气外,还可能利用CNG、LPG混空气、LNG等非管输供气。CNG供应站的作用是将槽车运输过来的压缩天然气(公称压力为20 MPa)减压后,经过计量、加臭进入城市管网。CNG通常采用三级减压,对于流量较小的减压装置,若不考虑储气,也可采用二级减压。

主要设备、设施包括CNG瓶组车、站区管系、调压计量撬和加臭、泄漏报警等事故隐患控制、预防、消除装置。

2. CNG加气站

CNG加气站是指以压缩天然气(CNG)形式向天然气汽车和大型CNG子站提供燃气的生产场所。根据站区现场或附近是否有管线天然气及功能定位,可分为常规站、母站和子站。

(1)常规站。建在有天然气管线经过的地方,从管道输送到场站中的天然气经过调压计量、前置净化处理,除去气体中的硫、杂质和水分,再由压缩机组将天然气压缩升压到25 MPa,进入储存。

按照工作压力 20 MPa 由加气机给燃气汽车加气。通常常规加气规模在 600～1 000 Nm³/h。

（2）母站（大型站）。母站从天然气管线直接取气，经过调压计量、脱硫、脱水、除杂质和加臭等工艺，进入压缩机压缩，经加气柱充装的槽车储气瓶，运输到子站给汽车加气，它也可建成兼有常规站的功能。母站多建在城市外沿，交通方便的门（首）站、高高调压站、高中调压站附近，母站的加气量一般为 2 500～4 000 Nm³/h。现在国内大型站规模已达 30 万～60 万 Nm³/d。

（3）子站。子站建在加气站周围没有天然气管线的地方，一般建设在城市内，有的和加油站或液化石油气加气站合建。也可在没有燃气管道敷设的需要燃气供应的区域，充当天然气气源点。子站压缩天然气由母站提供（一般负担五个子站左右），站内建有压缩或储存设施和加气设施，给 CNG 汽车加气。

常规站具有投资较小、安全可靠性较强的特点，要考虑管网的负荷能力，解决在加气时间与用气高峰时间重合的冲突。选择 CNG 的建站类型时，应根据实际情况进行综合技术和经济比较，选择最优的建站形式。

（三）液化天然气（LNG）供应系统场站

液化天然气（LNG）在城镇燃气应用中按照储配调峰功能来区分，可分为起到核心作用的大型 LNG 接收站、作为卫星站的中小型 LNG 气化站、灵活补充型的 LNG 撬装站和 LNG 瓶组站、向燃气汽车供气的 LNG 加气站等。这些场站既有各自的应用特点，又彼此相互关联；分别适用于不同城镇利用 LNG 方式的选择或者同一个城镇在不同发展阶段的需要。应按其设施规模、运行机制和城镇燃气的规模实施燃气应急储备制度，发挥燃气的应急作用。

视频：LNG
是什么？

1. LNG 接收站（储配站）

LNG 接收站用于接收远洋船舶运输来的 LNG，在站内储存、调压、计量后，通过长输管线送到城市门站，来实现区域供气，具有存储量大、影响面宽的特点，由国家统一规划在沿海地区建设。LNG 接收站一般由接收港和场站两部分组成，站内工艺设施可归纳为四类：卸料设施，由卸料臂、卸料管线、气体回流臂、回流气管线和循环管线等组成；储存设施，主要是 LNG 储罐（槽），多采用常压低温储罐，主要为立式平底拱盖双圆筒内、外罐两层结构，夹层填充绝热

视频：液化
天然气简介

材料并注入氮气保护；气化设施，主要有低压泵、高压泵（外输用）、气化器、海水泵站等；闪蒸气处理设施，包括再冷凝器、增压器、压缩机和放散系统。

LNG 接收站作为具有液化工艺设施的储配站，也可以和天然气城市接收站（首站）建在一起。其适用于用气低峰时的多余计划气量的液化储存，用于调峰。

2. LNG 气化站

LNG 气化站的气源来自国内 LNG 液化工厂或 LNG 接收站。典型的 LNG 气化站工艺流程如下：LNG 由低温槽车运至气化站，在卸车台利用槽车自带的增压器对槽车储罐加压，利用压差将 LNG 送入 LNG 储罐储存；气化时通过储罐增压器将 LNG 增压，然后自流进入气化器，LNG 发生相变，气化成为天然气后送入输配管网。气化站通常采用压力式低温储存方式，储存设备为圆筒形低温真空粉末绝热储罐，双层结构；多做成立式，较少使用卧式结构。

视频：油气
计量

3. 撬装式和瓶组式 LNG 气化站

LNG 撬装站是针对在天然气管网暂时不能覆盖到的城镇独立居民小区、中小型工业用户和大、中型公建用户的用气需求，而开发的一种供气形式，是市场开发和解决临时供气的有效手段之一，能降低燃气企业的置换成本和前期投资。它的突出特点是将小型 LNG 气化站的工艺设

备、阀门、仪表、附件及小储量储罐等集中在一个底座上，形成一个可闭环控制的整体设备系统。由于受到运输方式的限制，目前储罐只能做到 50 m³。

LNG 瓶组供气是用 LNG 钢瓶灌装 LNG，运输到瓶组气化站内，根据负荷将存贮在钢瓶中的 LNG 经气化、调压、计量和加臭后，通过管道供给小区居民或工业用户。站内主要设备有 LNG 瓶组、空浴式气化器、加热器、加臭装置、调压器和流量计等。LNG 钢瓶是不锈钢双层结构高真空多层缠绕绝热气瓶，外有防振橡胶来抗冲击，有 175、210 和 410 几种规格。

4. LNG 加气站

LNG 与 CNG 相比，储存效率高，续驶里程长，储存压力低。加气站工艺流程简短，占地面积小（罐可埋地）。主要设备有双层真空绝热低温储罐、罐内低温离心泵、售气机。

LNG 加气站有 LNG、LNG-CNG、LNG 和 LNG-CNG 加气站三种类型。还有陆上和水上建站方式。几乎所有交通工具都可使用 LNG。

视频：加气站

（四）液化石油气(LPG)供应系统场站

1. 储配站

根据储存和充装能力，储配站有大、中、小型之分。小型也可称为气瓶充装或灌装场站。大型液化石油气储配站是城镇燃气的储配基地。储配站从气源厂接收液化石油气储存在站内的固定储罐中，并通过各种形式转售给各类用户。其主要任务如下：

(1)利用卸气设备装置接收液化石油气气源并用储罐储存。

(2)利用罐装设备充装钢瓶、汽车槽车或其他移动式储罐，配送液化石油气。

(3)管理液化石油气气瓶，检查和修理气瓶。

(4)抽取和处理残液。

(5)站内设备、仪表、管线的日常维修。

2. 瓶装气供应站

瓶装气供应站接收储配站、罐瓶厂(站)运来的气瓶，供站周范围内的瓶装气用户使用，是液化石油气供应系统的基本服务设施。供应站的规模与设置差别很大，供应站主要由瓶库、营业室、办公室、灶具维修间等组成。由充装站加供气站加上门送气服务构成液化石油气的供应服务系统。

3. 气化站

管道供应液化石油气时，在气化站中将液态的液化石油气气化，通过管道将气态的液化石油气输送到用户。气化方式可分为自然气化和强制气化。

(1)自然气化适用于供气量不大的系统，可以减少投资，降低运行费用。通常采用两组 50 kg 的钢瓶，一组使用时另一组是备用，使用组气化完毕自动或手动切换备用组。钢瓶具有储气和换热自然气化两种功能。根据高峰负荷的需要和自然气化能力确定钢瓶的数量。

(2)强制气化适用于供气量较大的系统。从经济性和供应稳定性考量，加热液化石油气所用气化器，采用热水、蒸气热媒加热，电加热或火焰加热直接加热等方式，热源可由站设和外部供应。气化器的气化量可大可小、操作灵活、便利、节能。按照技术规范采用相应的安全技术，其安全性、可靠性是有保障的。

4. 混气站

液化石油气经气化器气化后与空气(也可与其他燃气)按比例混合，用管道输送给用户使用。多组分(或沸点高的单一组分)的液化石油气，强制气化后，在管输过程中，供气压力低且容易在管道节流处或降温时结露冷凝，使得供应规模难以扩大，运行管理方式复杂。所以，对液化石油气气体掺混空气，要保证混合气的露点低于环境温度，在较高的输送压力下不会发生冷凝现象，实现混合气体的全天候供应（采用纯丙烷混空气就具有较好的输配性能）。混合气质量和热值的调整可适应燃烧设备的性能，比较灵活和实用。液化气混空气也可用作天然气的应急或调峰气源，也被称为代用天然气。

液化石油气混空气的核心设备是比例混合器和其自动检测、控制设施，混合器主要有引射式混合器、自动比例式混合器及流量主导控制混合器。

二、城镇燃气管网设施

燃气管网设施是将储配站（包括门站）的燃气输送到各储气站。调压站及燃气用户的燃气设施。燃气管网设施包括市政燃气设施、建筑区划内业主共有燃气设施和业主专有燃气设施。

（一）市政燃气设施

市政燃气设施是指敷设、安装在道路红线以内的城镇公用燃气设施。主要包括埋地或架空的管线、标识桩、各类警示标识、调压计量设施、阀门、抽水缸、阴极保护系统。

市政燃气设施，一般多由燃气经营企业投资建设，对其承担运行、维护、抢修和更新改造的责任。

（二）建筑区划内业主共有燃气设施

建筑区划内业主共有燃气设施是指敷设、安装在建筑物与道路红线之间和建筑区划内业主专有部分以外的燃气设施，根据建筑区划大小、各地燃气设施规格、建设样式、设备选型等有所区别。多数包括燃气庭院敷设的公共配气管道、引入管、建筑燃气公共配气管（立、水平管）、阀门（含公用阀门）、燃气计量器具前管道等。

此类燃气设施应当由具有施工资质的单位建设，管道燃气经营单位对其承担运行、维护、抢修和更新改造的责任。

（三）业主专有燃气设施

业主专有燃气设施包括单位用户的燃气设施，是指用户燃气计量表后所有的燃气管道、阀门、燃气燃烧器具用气设备和用具等。

业主专有燃气设施的产权是明晰的，维护管理责任也是清楚的。在我国燃气管理实践中，对这部分燃气设施的养护与管理，国家其他法规和地方性法规有规定或者供气、用气合同有约定的，按照规定或者约定进行养护与管理。对于居民用户，没有规定或者约定不明的，由用户承担使用维护、更新改造的责任，一般具体事务由燃气经营企业或具有相应资质的单位实施，由业主承担相关的费用。

对于单位燃气用户，燃气经营企业可以按照双方的合同承担相应的管理责任，也可以由单位用户自行管理。单位用户应建立健全安全管理制度，对自己的操作维护人员加强燃气安全知识和操作技能的培训和燃气设施的运行管理。

三、城镇燃气运行维护的安全设施

城镇燃气运行维护的安全设施是确保城镇燃气设施正常、稳定、安全运行的辅助装置、设备与设施，其功能和作用可以分为预防燃气安全事故、控制燃气安全事故、消除和减少燃气安全事故影响三类。也可按照《城镇燃气管理条例（2016修订）》的要求，按照燃气设施防腐、绝缘、防雷、降压、隔离等保护装置和安全警示标志来分类，还可按照专业和通用来分类，以便于运行管理。对这些安全设施要定期进行巡查、检测、维修和维护，只有这些安全设施、设备完好，才能保障燃气运行设施的功能正常发挥，确保燃气设施的安全运行。正确分析工艺设施和安全保护装置设施设备有利于燃气经营企业对于运行、维护的安全管理认识的深化。

城镇燃气设施中的安全设施、安全设备和安全装置主要有以下几类。

(1)机械类型：断管、封堵设备；带气开孔接气设备(不停气施工设施)；安全阀；安全放散装置；管网抢修对开式夹套；内对口器、外对口器；消防动力、机械；各类通风设施设备、系统；紧急切断阀(含拉断阀)；监视控制阀；稳压设施。

(2)电气类型：防爆电器；防爆照明；防爆开关；防浪涌超压保护；应急照明设施。

(3)检测类型：可燃气体分析；可燃气体泄漏检测；地下管线探测；红外线探测；红外线测温；井盖阀门检测仪；接地电阻检测仪；电火花检测仪；燃气浓度报警系统。

(4)职业安全防护类型：防毒呼吸器；安全带；安全网；警示隔离护栏；防撞、固定装置，防雷击、静电、接地等装置。

(5)运输类型：应急抢修救援车辆；气体泄漏检测车辆；抽残处置车辆；移动临时配(供气)气装置；消防交通车辆。

(6)信息类型：导航(燃气 GPS 系统)；计算机信息；通信(应急救援热线)；音频及视频；监视监控及调度；消防及报警；遥控遥测；防雷；接地防浪涌等设备装置。

(7)自动化控制：配套的过程检测控制仪表；集中检测、监视与控制装置及仪表；机电连锁装置、数据传输通信系统的监控。

(8)仪表仪器监控：气质监测、液位、位置检测报警、压力检测报警、温度检测报警、阴极保护、防腐检测等装置。

(9)专用设施：喷淋降温装置；绝缘法兰；临时不中断供气装置；熄火保护装置；缓冲、消除应力类装置；加臭装置；防冻、加热设施；净化设施。

(10)消防设施：消防水池；消火栓；灭火器；消防供水系统(泵、控制、管系)。

(11)警示标识：警示牌、柱、桩。

四、数据采集与监控系统

数据采集与监控系统(SCADA 系统)是指利用计算机技术、移动通信技术(GPRS)、网络通信技术、数据库技术建立起一套完整的软、硬件平台，对燃气管网运行参数、用户用气情况等数据实施动态监测，实现运行参数(压力、流量、温度等)异常报警、信息传输、实时调控等功能，并利用历史数据进行综合分析形成各类统计和报表，为科学调度提供了有力依据。

城镇燃气经营企业多用 SCADA 系统，该系统主要由调度控制中心、站控系统及数据传输通信系统三大部分组成。此类设施已成为城镇燃气科学运行管理的核心和关键，系统运行过程中的安全、稳定、持续将直接影响燃气供应。在城镇燃气运行过程中，监控系统的能源供给不能间断、运行不能受干扰、信息传递不能丢失，因此，防止电涌电压冲击、阻止黑客干扰、计算机设备的管理等也是运行、维护安全技术的重要内容。

第六节　燃气供应系统的调峰

一、调峰手段

为解决均匀供气与不均匀用气之间的矛盾，保证不间断地向用户供应正常压力和流量的燃气，需要采取一定的措施使燃气供应系统的供需平衡。一般要综合考虑气源、用户及输配系统的具体情况，提出合理的调峰手段。通常，城镇燃气供应系统会在技术经济比较的基础上采用几种调峰手段的组合方式。常用的调峰手段有以下几种。

（一）调整气源的生产能力或设置机动气源

对于人工煤气供应系统，可以考虑调整气源的生产能力以适应用户用气情况的变化。但必须考虑气源运转、停止生产的难易程度、气源生产负荷变化的可能性和变化的幅度等，同时还应考虑技术经济的合理性。天然气供应系统中，可以采用调节气井产量等方法调度平衡季节和月不均匀用气。

设置机动气源也是平衡季节或其他高峰用气的有效方法之一。对于城镇燃气供应系统在设置机动气源时，应根据需要，考虑可能取得的机动气源的种类和数量。压缩天然气（CNG）和液化天然气（LNG），可以作为管道输送天然气系统的机动气源。

（二）设立缓冲用户

调节季节性负荷的另一个有效的方法，就是设立缓冲用户。部分大型工业企业及锅炉房等可作为城镇燃气供应系统的缓冲用户：在夏季用气低峰时，供给他们燃气；冬季用气高峰时，这些用户改用固体或液体燃料。缓冲用户由于需要设置两套燃料燃烧系统，用户的投资费用会增加，而燃气输配系统可降低投资及运行费用。对用户投资费用的增加，一般应利用燃气的季节性差价予以补偿。

（三）发挥调度的作用

在燃气供应系统中发挥调度的作用，调配供气与用气，是解决供用气矛盾的重要手段。城镇燃气需求则应在对城镇燃气用户用气量调查、预测的基础上，结合全年用气负荷资料、计划，作出逐月、逐周（日）的用气需求计划。根据用气计划与气源（供气）方协调供气，统筹调度。在气源比较紧张的情况下，可以通过调整大型工业企业的作息时间，计划调配用气。

（四）利用储气设施

一般来讲，燃气供应系统完全靠气源和用户的调度与调节还是不可能完全解决供用气之间矛盾的。所以，为保证供气的可靠性，还需要设置容积不等的调峰储气设施。对于不同气源和不均匀用气的情况，调峰储气方式与设施会有很大差别。

二、燃气的储存

储气是解决供气的均衡性与用气的不均衡性之间矛盾的有效方法之一，合理的储气方式可减轻用气波动带来的管理和经济上的损失，提高输送效率，降低输配成本，提高城镇燃气输配系统的能力。天然气最经济的方法是采用地下和液态储存结合管网解决不均匀性。储气目前常用以下几种方式。

1. 管道末段储气

对城镇燃气而言，能储气的管道末段是指从燃气输送最后一段无泄气量的管道到城镇接收或调压计量首站（门站）之间的管段。用气负荷变化时，管道的终端压力在一定范围内波动，始、终端压力波动范围和管道容积具有的储存能力，可用于城镇燃气的调峰。在供气低峰时将富余的气体储存在输气干线末段，到用气高峰时，将储存的气体输出，以增加供气量。由于管道末段储气量的限制，这种方法只能用于短期调峰或日调峰。

2. 地上、半地上储气柜、罐

地上储气罐一般为各类钢质容器，地上储气罐按压力分为高压储气罐和低压储气罐。

人工煤气系统的低压湿式、干式储气柜容量较大（干式柜最大容积已到单座 56 万 m^3），储气压力较低，调峰时需将燃气加压输入到城市管网。气源为天然气时，可结合发展阶段和气柜的使用状况和寿命来合理利用，用于解决一定时段和时间用气的不平衡问题。液化石油气储存常用地上高压储气罐，一般采用圆筒形和球形两种结构，还可以分成低温储存和常温储存。天然气利用高压储罐储气成本高、占地面积大、运行管理繁杂，只能在过渡时段原有燃气设施合理利用时考虑。

天然气由于规模大、气量大的特点，采用 LNG 低温容器储存和 LNG 液化厂方式，在不具备建设地下储气库的天然气消费地区，LNG 调峰尤显重要。LNG 厂可分为基本负荷型和调峰型两种，它对选址没有太多限制，可根据供气调峰和应急供气的需要建在供气管网的关键位置。20 世纪 60 年代以来，随着天然气需求量的增长和 LNG 技术的发展，全世界已建立了 75 座调峰型 LNG 厂，大部分 LNG 厂位于美国，总液化能力达到 $1\ 200 \times 10^4\ m^3/d$。

LNG 调峰厂的投资相对于地下储气库来说偏高，因此，在有条件建地下储气库的地方，一般不选择 LNG 方式调峰。

3. 地下储气库

地下储气库是利用天然地质构造（如枯竭的油气田、岩盐穴和含水层等）建造的。地下储气库具有占地面积小、受气候影响小、容量大、维护与管理简单、造价低、运行费用低、安全可靠等优点，是一种经济、合理、有效的储气设施。从 1915 年加拿大韦特林第一座枯竭气藏地下储气库建成，到 2000 年，世界共有 602 座地下库，储气能力为世界耗气总量的 11%。美国有 440 多座地下储气库，工作气量占全年耗气量的 18%。我国 2010 年之前正在建设 8 座地下储气库。地下储气库与大型输气干线结合布局，是供配气系统不可缺少的重要组成部分。其不仅能满足三种不均匀地平衡大用气量的需求，还是维持干线输气管道系统稳定运行的重要手段。

4. 地下管道和管束储气

在城镇燃气高压系统中，利用管道容积、压力能力将低谷负荷时的多余气量储存在管道内，将输配和储存结合在一起。但只有具备高压城镇燃气输配系统才能有条件实现。地下管束储气是将管径小、压力高和数量较多的钢管构成管束，敷设在地下离供气点较近的地方并将高压燃气存于其中，待高峰用气时输出。与高压储气罐相比，地下管束的单位储气容量的耗钢量及年折算费用都较低，因此，比高压储气罐更经济。

CNG 地下储气井可视为小型地下管束的特例，只不过对地质条件要求更高。

城镇燃气的调峰方式和措施选择要研究气源种类、投资、环境、用户结构限制、技术水平、设施设备能力、运行机制等多种因素，考虑在有限的条件下使用。随着科学技术的进步和发展，高压气化、高压净化、高压输配、高压储存、液化储存、高压应用等随着天然气的应用已日趋成熟，储气方式的选择应因地制宜，通过技术经济方案比较，择优选取技术经济合理、安全可靠、适合本地发展的多元化方案。对以天然气为主气源的城镇燃气经营企业调峰方式，要建立在全国或区域范围内，燃气地下储气库结合液化天然气储库气化进入全国、区域主干管网统一调度这一主导、基本思想，来研究设计、规划适应发展的调峰措施。确保城镇燃气供应的安全、稳定、持续。

三、调峰储气容积计算

确定调峰储气总容量，应根据气源生产的可调能力、供气与用气不均匀情况和运行管理经验等多因素综合确定。一般应由供气方与城镇燃气管理部门协商调峰方式。

城镇燃气供应系统要建立的储气罐在调节小时用气不均匀情况时，可以按计算月燃气的日或周供需平衡要求来计算调峰储气容积。

➤ 本章小结

城镇燃气供应系统是城镇建设的重要组成部分，是城镇市政工程的主要设施。本章主要介绍了城镇燃气的种类与性质、城镇燃气的燃气质量要求和加臭、城镇燃气的使用范围及用气量指标、城镇燃气需用量计算、城镇燃气设施、燃气供应系统的调峰等。

➤ 思考题

1. 燃气按照其来源及生产方式大致可分为哪几类？
2. 城镇燃气加臭剂应符合哪些要求？加臭方式有哪些？
3. 居民生活的年用气量如何计算？
4. 什么是燃气管网设施？燃气管网设施有哪些？
5. 城镇燃气供应系统常用的调峰手段有哪几种？
6. 燃气的储存方式有哪几种？

第二章　城镇燃气管道概要

1. 了解工程制图基本规定，熟悉燃气工程常用图例，掌握燃气工程施工图识读。
2. 了解燃气管道的基本要求，熟悉燃气管道的分类、城镇燃气管道系统及选择。
3. 熟悉城镇燃气管道的布线原则，掌握燃气管道穿越道路、铁路、河流的布线。
4. 熟悉燃气管道附属设备、燃气常用金属管材，掌握燃气管道的连接。
5. 掌握燃气管道防腐、设备保温措施。

1. 能进行燃气管道工程图纸的识图。
2. 能在城镇燃气管网系统根据原则选定后，进行城镇燃气管道的布线。
3. 能因地制宜地根据所处环境和腐蚀程度，采取相应的防腐措施。

第一节　燃气工程识图

一、工程制图基本规定

1. 幅面、标题栏、会签栏

图纸幅面及图框尺寸应符合表 2-1 的规定及图 2-1 和图 2-2 的格式；标题栏的设置如图 2-3 所示；会签栏的设置如图 2-4 所示。

表 2-1　图纸幅面及图框尺寸　　　　　　　　　　　　mm

幅面代号　　尺寸代号	A0	A1	A2	A3	A4
$b \times l$	841×1 189	594×841	420×594	297×420	210×297
c	10			5	
a	25				

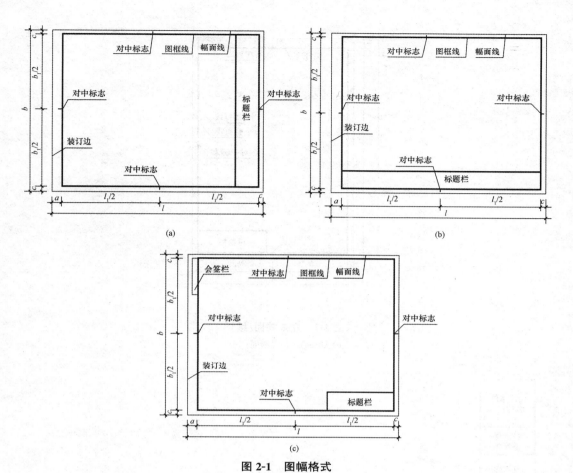

图 2-1 图幅格式

(a)A0～A3 横式幅面(一)；(b)A0～A4 横式幅面(二)；(c)A0～A4 横式幅面(三)

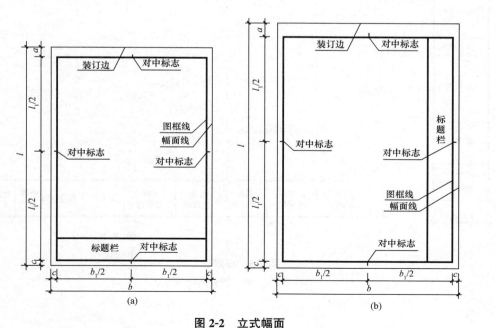

图 2-2 立式幅面

(a)A0～A4 立式幅面(一)；(b)A0～A4 立式幅面(二)

会签栏
装订边
对中标志
图框线
幅面线
对中标志
对中标志
对中标志
标题栏
a
$l_1/2$
l
$l_1/2$
c
c
$b_1/2$
$b_1/2$
c
b

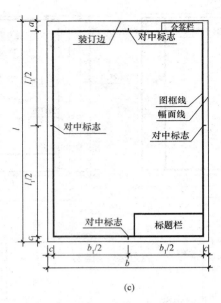

(c)

图 2-2　立式幅面(续)

(c)A0～A2 立式幅面(三)

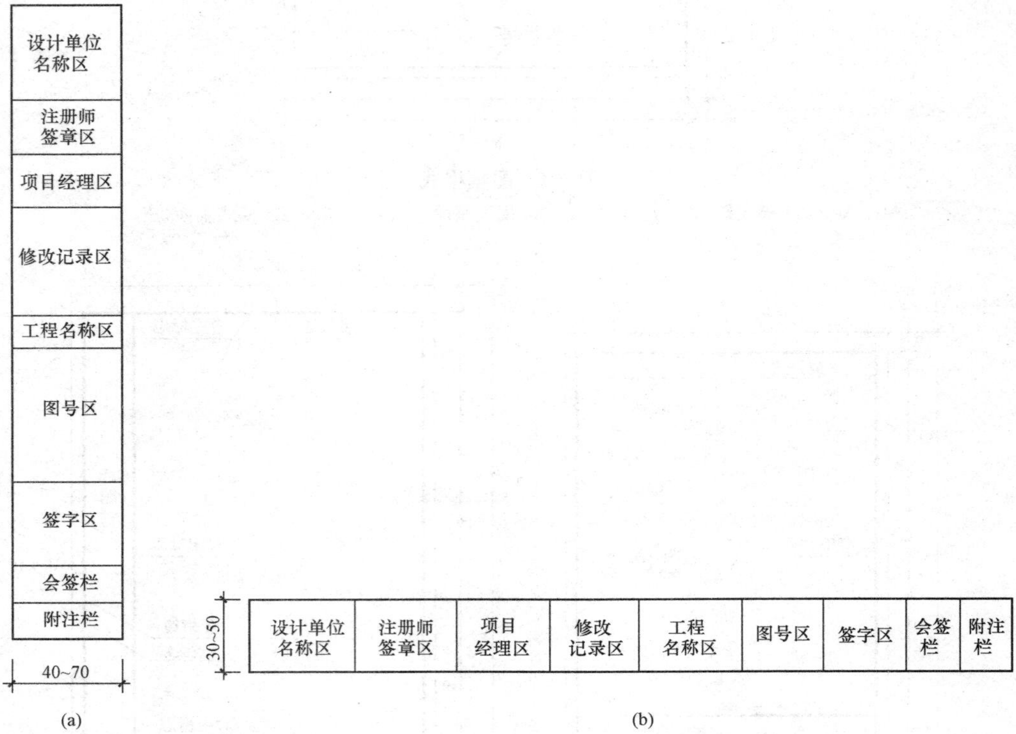

设计单位名称区
注册师签章区
项目经理区
修改记录区
工程名称区
图号区
签字区
会签栏
附注栏
40~70
(a)
30~50
设计单位名称区
注册师签章区
项目经理区
修改记录区
工程名称区
图号区
签字区
会签栏
附注栏
(b)

图 2-3　标题栏

(a)标题栏(一)；(b)标题栏(二)

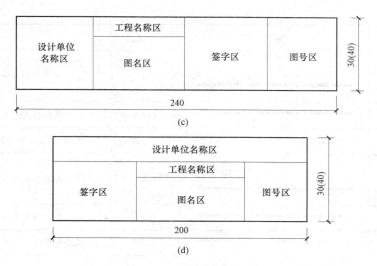

(c)

(d)

图 2-3 标题栏(续)

(c)标题栏(三); (d)标题栏(四)

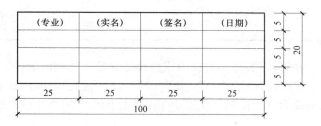

图 2-4 会签栏

2. 图线、比例

(1)工程建设制图应选用的图线见表 2-2。

表 2-2 图线

名称		线型	线宽	一般用途
实线	粗		b	主要可见轮廓线
	中粗		$0.7b$	可见轮廓线、变更云线
	中		$0.5b$	可见轮廓线、尺寸线
	细		$0.25b$	图例填充线、家具线
虚线	粗		b	见各有关专业制图标准
	中粗		$0.7b$	不可见轮廓线
	中		$0.5b$	不可见轮廓线、图例线
	细		$0.25b$	图例填充线、家具线

名称		线型	线宽	一般用途
单点长画线	粗	≤3 15~20	b	见各有关专业制图标准
	中		$0.5b$	见各有关专业制图标准
	细		$0.25b$	中心线、对称线、轴线等
双点长画线	粗	5 15~20	b	见各有关专业制图标准
	中		$0.5b$	见各有关专业制图标准
	细		$0.25b$	假想轮廓线、成型前原始轮廓线
折断线			$0.25b$	断开界线
波浪线			$0.25b$	断开界线

(2)图样的比例应为图形与实物相对应的线性尺寸之比。比例的大小,是指其比值的大小,如1:50大于1:100。比例的符号为":",比例应用阿拉伯数字表示,如1:1、1:2、1:100等。比值大于1的比例称为放大比例,比值小于1的比例称为缩小比例。建筑施工图中常用的比例见表2-3。

表 2-3 常用比例

图名	比例
总平面图	1:500,1:1000,1:2000
平面图、剖面图、立面图	1:50,1:100,1:200
不常见平面图	1:300,1:400
详图	1:1,1:2,1:5,1:10, 1:20,1:25,1:50

3. 标高标注

(1)标高符号等腰三角形,按图2-5(a)和图2-5(b)所示形式绘制。标高符号的具体画法,如图2-5(c)、(d)所示。

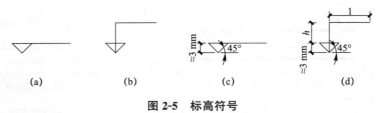

图 2-5 标高符号

（2）总平面图室外地坪标高符号，宜用涂黑的三角形表示，如图2-6所示。

（3）标高符号的尖端应指至被注高度的位置。尖端一般应向下，也可向上。标高数字应注写在标高符号的上侧或下侧，如图2-7所示。

（4）标高数字应以米为单位，注写到小数点后面第三位。在总平面图中，可注写到小数点后面第二位。

（5）零点标高应注写成±0.000，正数标高不注"＋"，负数标高应注"－"，如3.000、－0.600等。

（6）在图样的同一位置需表示几个不同标高时，标高数字可按图2-8的形式注写。

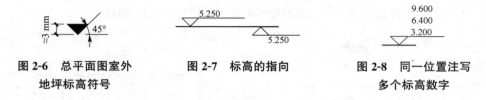

图2-6　总平面图室外　　　图2-7　标高的指向　　　图2-8　同一位置注写
　　地坪标高符号　　　　　　　　　　　　　　　　　　　多个标高数字

4. 尺寸标注

（1）图样上的尺寸包括尺寸界线、尺寸线、尺寸起止符号和尺寸数字，如图2-9所示。

（2）图样上的尺寸单位，除标高及总平面以米为单位外，其他必须以毫米为单位。

（3）角度的尺寸线应用圆弧表示。该圆弧的圆心应是该角的顶点，角的两条边为尺寸界线。起止符号应用箭头表示，如没有足够位置画箭头，可用圆点代替，角度数字应按水平方向注写，如图2-10所示。

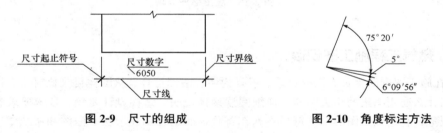

图2-9　尺寸的组成　　　　　　　图2-10　角度标注方法

（4）标注圆弧的弧长时，尺寸线应以与该圆弧同心的圆弧线表示，尺寸界线应垂直于该圆弧的弦，起止符号用箭头表示，弧长数字上方应加注圆弧符号"⌒"（图2-11），弦长标注方法如图2-12所示。

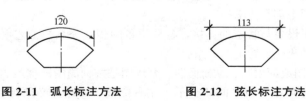

图2-11　弧长标注方法　　　　图2-12　弦长标注方法

（5）在薄板板面标注板厚尺寸时，应在厚度数字前加厚度符号"t"，如图2-13所示。

（6）标注正方形的尺寸，可用"边长×边长"的形式，也可在边长数字前加正方形符号"□"，如图2-14所示。

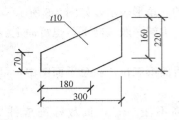

图 2-13　薄板厚度标注方法

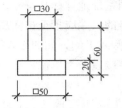

图 2-14　标注正方形尺寸

(7)标注坡度时，应加注坡度符号"←"，如图 2-15(a)、(b)所示，箭头应指向下坡方向[图 2-15(c)、(d)]。坡度也可用直角三角形形式标注，如图 2-15(e)、(f)所示。

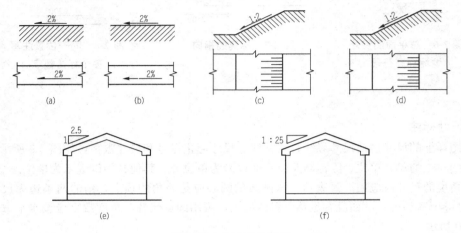

图 2-15　坡度标注方法

二、燃气工程施工图识读

(1)在施工图样的首页有图样目录、设计说明、图例符号。从图样目录核对全套图样是否缺页，选用什么通用图集的相关图样；详细阅读设计说明，掌握设计要领、技术要求和需参阅哪些技术规范；有些施工图的图例符号不列在首页，而是分别表示在平面图和系统图上，只有弄懂图例符号的意义，才能知道图样所代表的内容。有些首页中有综合材料清单，翻阅时先作一般了解，看有无特种材料和附件。

(2)仔细识读平面图或工艺流程图。通常，工业与民用管道图要先看平面图，泵房管道安装图则应先看工艺流程图。平面图表示管道、设备的相互位置，管道敷设方法，是架空、埋地还是地沟敷设，在平面图中都有清晰标明。

工艺流程图反映了设备与管道的连接，各种设备的相互关系，工艺生产的全过程，以及工艺过程中所需要的各种相配合管道的关系。

(3)仔细识读系统图或剖面图、纵断面图。系统图是按轴测图原理绘制的，立体感强，可以反映管道的标高、走向和各管道之间的上下、左右位置，图样上必须标明管径、变径、标高、坡度、坡向和附件安装位置。剖面图一般用于安装图中，表示设备、管道的空间位置，还可标明管道距建筑物的有关尺寸。纵断面图为室外埋地管道必备的施工图，它反映了埋地管道与地下各种管道、建筑之间的立体交叉关系。

(4)仔细识读大样图、节点详图和标准图。管道安装图在进入室内时一般有入口图，如热力入口图、煤气平台图、热水供应装置图等，都是绘制成双线管道图，并标明尺寸，确定仪表安装位置和附件设备安装位置。大样图是一些管道连接的通用图样，如给水排水中卫生设备的安装，就有若干种类型，可在具体安装时选用；在热力管道中，流量孔板的安装，集水器、疏水器等的安装，也都绘有统一的大样图。

(5)在读懂安装图后，进一步核对材料，管道施工图的阅读顺序，并不一定是孤立单独进行的，往往是对照起来看，一边看平面图，一边翻阅相关部位的系统图，以便全面、正确地进行安装。安装管道还应查阅土建图样，一份完整的施工设计图，在相关的土建图上，都设有预埋件、预留洞，安装时紧密配合，这样可以减少安装的辅助工时、节省材料，而且图样美观。

三、燃气工程常用图例

1. 管道及附件图例

采暖管道及附件图例见表 2-4。

表 2-4　采暖管道及附件图例

序号	名称	图例	说明
1	管道		用于一张图内只有一种管道
		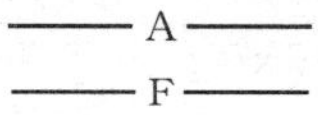 —— A —— —— F ——	用汉语拼音字头表示管道类别
		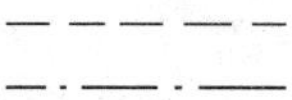	用图例表示管道类别
2	采暖供水(汽)管 回(凝结)水管	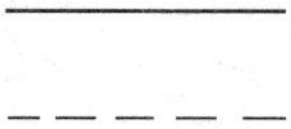	
3	保温管		可用说明代替
4	软管		
5	方形伸缩器	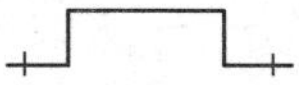	
6	套管伸缩器	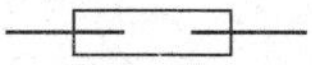	
7	波形伸缩器		
8	弧形伸缩器		
9	球形伸缩器	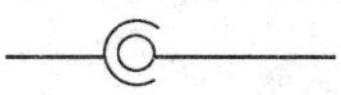	
10	流向		
11	丝堵		
12	滑动支架		
13	固定支架	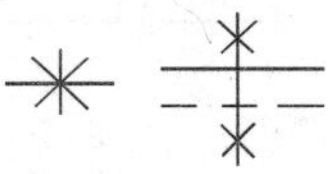	左图：单管 右图：多管

2. 阀门图例

采暖工程常见阀门图例见表 2-5。

表 2-5 阀门图例

序号	名称	图例	说明
1	截止阀		
2	闸阀		
3	止回阀		
4	安全阀		
5	减压阀		左侧：低压 右侧：高压
6	膨胀阀		
7	散热器放风门		
8	手动排气阀		
9	自动排气阀		
10	疏水器		
11	散热器三通阀		
12	球阀		
13	电磁阀		
14	角阀		
15	三通阀		
16	四通阀		
17	节流孔板		

3. 采暖设备图例

采暖设备图例见表 2-6。

表 2-6　采暖设备图例

序号	名称	图例	说明
1	散热器		左图：平面　右图：立面
2	集气罐		
3	管道泵		
4	过滤器		
5	除污器		上图：平面 下图：立面
6	暖风机		

第二节　燃气管道基本要求及分类

一、燃气管道的基本要求

视频：495KM
天然气管道铺设

在现代化城市中，燃气和电力、自来水一样，既是城市重要基础设施，又是不可或缺的基本能源供应，对城市的经济建设和人民生活都有着重大影响。因此，对燃气管网输配系统的安全可靠性有很高的要求，其中最基本的要求如下：

1. 管道、设备不泄漏

燃气管道是有压管道，一旦发生泄漏，就可能导致火灾、中毒、爆炸等恶性事故。泄漏出的燃气达到爆炸极限范围，遇到明火（包括撞击火星及电火花），就可能引起爆炸和火灾事故；人工燃气中含有一定成分的一氧化碳等有毒气体（我国城市人工煤气一氧化碳含量有达 20% 以上）可危及人的人身安全；燃气的泄漏既是对能源的浪费，也会造成环境的污染。因此，"不漏气"对燃气管道来讲是最重要的，也是最起码的要求。

2. 管道、设备耐腐蚀

经久耐用、耐腐蚀是燃气管道不泄漏的必要条件之一。城镇燃气管道是城镇重要基础设施，投资大，施工涉及面广，检查、抢修难度大，也要求燃气管道耐腐蚀，使用寿命长。城市燃气管线埋在地下，目前使用最多的是钢管和铸铁管。铸铁管耐蚀性好，但承受压力低，而钢管如没有采取有效的防腐措施，2～3 年就有可能腐蚀穿孔，发生燃气泄漏。为使钢质管道耐腐蚀，不易损坏，一定要认真做好管道腐蚀防护的重要工作。对钢管而言，管道的涂层保护和电保护相结合是非常有效的腐蚀防护措施。从理论上讲，这种联合的保护措施可以无限期延长埋地钢管的使用寿命，也可采用耐蚀性好的铸铁管（球墨铸铁）和大力推广应用聚乙烯（PE）燃气管等新型材料。经国内外长期反复实践表明，聚乙烯（PE）燃气管确具有其独特的优越性：耐腐蚀性能强，具有非常优异的耐化学性；柔韧性好，能适应较大的管基不均匀沉降和优良的抗震性能；质量轻，连接方便，有利施工；低摩阻，降低运行能耗等。因此在中、低燃气输送管道中得到了越来越广泛的应用。

3. 冬季凝水不冻结

燃气中往往含有一定的水分、油分和萘（主要是人工燃气）。在温度较低（冬季）情况下会在管道中凝结出水和油，而发生水堵，冬季还会产生萘的结晶体，而发生萘堵。为了保证输气畅通，就需要及时排除这些水和油。因此，在管道设计中，规定了一定的坡度（不小于0.003），在管线最低点（500 mm左右为一段）设置凝水缸，定期排放管道内的液体，以保证输气的畅通。

在寒冷地区，保证凝水和凝水缸冬季不冻结是输气管线正常运行的必需条件。《城镇燃气设计规范（2020年版）》（GB 50028—2006）中明确要求燃气管线要埋设在土壤冰冻线以下，从而保证了凝结水不会冻结。

供应城镇的燃气质量应符合国家规定标准的要求，燃气中的有害物质应控制在规定的允许范围之内。

二、燃气管道的分类

燃气管道根据用途、敷设方式和输气压力分类。

（一）根据用途分类

1. 长输管道

长输管道是指由输气首站输送城镇商品燃气至城镇燃气门站、储配站或大型工业企业的长距离输气管线。

2. 城镇燃气管道

(1)输气管道是由气源厂或门站、储配站至各级调压站输送燃气的主干管线。

(2)分配管道在供气地区将燃气分配给工业企业用户、商业用户和居民用户。分配管道包括街区的和庭院的分配管道。

(3)用户引入管从分配管道引到用户室内管道引入口处总阀门的燃气管道。

(4)室内燃气管道通过用户管道引入口总阀门将燃气引向室内，并分配到每个燃气用具。

3. 工业企业燃气管道

(1)工厂引入管和厂区燃气管道由各级调压站将燃气引入工厂，并分送到各个用气车间。

(2)车间燃气管道从车间的管道引入口将燃气送到车间内各个用气设备（如窑炉），车间燃气管道包括干管和支管。

(3)炉前燃气管道从支管将燃气分送给炉前各个燃烧设备。

（二）根据敷设方式分类

1. 地下燃气管道

地下燃气管道是指在城镇中常采用地下敷设方式的燃气管道。

2. 架空燃气管道

架空燃气管道是指在工厂区和管道穿越铁路、河流时为了管理维修方便，有时采用架空敷设方式的燃气管道。

(三)根据输气压力分类

由于城镇燃气管道直接敷设于城镇地下，管道漏气可引发火灾、爆炸、中毒事故，造成严重后果。燃气管道中的压力越高，管道接头脱开或管道本身出现裂缝等的危险性也越大。因此，根据人口密度、道路、地下管线等状况对城镇燃气管道按输气压力进行分级是十分必要的。对不同压力燃气管道的材质、安装质量、检验标准和运行管理的要求也各不相同。

我国城镇燃气管道设计压力 P 分为 7 级，见表 2-7。

表 2-7　城镇燃气管道设计压力(表压)分级

名称		压力/MPa
高压燃气管道	A	$2.5<P\leqslant4.0$
	B	$1.6<P\leqslant2.5$
次高压燃气管道	A	$0.8<P\leqslant1.6$
	B	$0.4<P\leqslant0.8$
中压燃气管道	A	$0.2<P\leqslant0.4$
	B	$0.01<P\leqslant0.2$
低压燃气管道		$P<0.01$

居民用户和小型商业用户一般由低压管道供气。

中压管道必须通过区域调压站或用户专用调压站向城镇分配管道供气，或向工厂企业、大型商业用户及锅炉房供气。

城镇高压燃气管道是大城市供气的主动脉，高压燃气也必须通过调压站送入次高压或中压管道、高压储气罐及工艺需要高压燃气的大型工厂企业。

高压燃气管道在沿管道中心线两侧各 200 m 范围内，任意划分为 1.6 km 长并能包括最多供人居住的独立建筑物数量的地段，按划定地段内的房屋建筑密集程度划分为四个等级。

一级地区：有 12 个或 12 个以下供人居住建筑物的任一地区分级单元。

二级地区：有 12 个以上，80 个以下供人居住建筑物的任一地区分级单元。

三级地区：介于二级和四级之间的中间地区。有 80 个和 80 个以上供人居住建筑物的任一地区分级单元，或距人员聚集的室外场所 90 m 内铺设管线的区域。

四级地区：地上 4 层或 4 层以上建筑物普遍且占多数的任一地区分级单元(不计地下室层数)。

城镇燃气管道系统中各级压力的干管，特别是中压以上压力较高的管道，应连成环网，初建时也可以是半环形或枝状管道，但应逐步构成环网。

城镇、工厂区和居民点可由长距离输气管道供气，个别距离城镇燃气管道较远的大型用户，经论证确系经济合理和安全可靠时，可通过自设调压站与长输管线连接。除一些允许设专用调压器、与长输管线相连接的管道检查站用气外，单个的居民用户不得与长输管线连接。

随着科学技术的发展，有可能改进管道和燃气专用设备的材质，提高管道施工的质量和运行管理的水平，在新建的城镇燃气管网系统和改建旧有的系统时，燃气管道可采用较高的压力，以降低管网的总造价或提高管道的输气能力。

三、城镇燃气管道系统及选择

(一)城镇燃气输配系统的构成

现代化的城镇燃气输配系统是复杂的综合设施，主要由下列几部分构成：

(1)低压、中压、次高压及高压等不同压力的燃气管道。

(2)门站、储配站。

(3)分配站、压送站、调压计量站、区域调压站。

(4)信息与电子计算机中心。

输配系统应保证不间断地、可靠地给用户供气，在运行管理方面应是安全的，在维修检测方面应是简便的。同时还应考虑到在检修或发生故障时，可关断某些部分管段而不致影响全系统的工作。

在一个输配系统中，宜采用标准化和系列化的站室、构筑物和设备。采用的系统方案应具有最大的经济效益，并能分阶段地、一部分一部分地建造和投入运行。

(二)城镇燃气管道系统

城镇燃气输配系统的主要部分是燃气管道，根据所采用的管道压力级制不同可分为以下系统：

1. 一级系统

一级系统是指仅用低压管道来分配和供给燃气，一般只适用于小城镇的供气系统。如供气范围较大时，则输送单位体积燃气的管材用量将急剧增加。

2. 二级系统

二级系统由低压和中压或低压和次高压两级管道组成。

3. 三级系统

三级系统包括低压、中压(或次高压)和高压的三级管道。

4. 多级系统

多级系统由低压、中压、次高压和高压的管道组成。

城镇燃气输配系统中管网应采用不同的压力级制，其原因如下：

(1)管网采用不同的压力级制是比较经济的。因为燃气由较高压力的管道输送，为充分利用能量，管道单位长度的压力损失可以选得大一些，这样可降低管道的管径，以节省管材。如由城镇的一地区输送大量燃气到另一地区，采用较高的压力比较经济合理。对于城镇中一些大型工业企业用户，可根据工艺需要采用压力较高的专用输气管线。

(2)各类用户所需要的燃气压力不同。如居民用户和小型商业用户需要低压燃气，直接与低压管网连接，即使采用用户调压器或楼栋调压装置时，一般也只与压力小于或等于中压的管道相连。而大多数工业企业则需要中压或次高压，甚至高压燃气。

(3)在城市未改建的老区，建筑物比较密集，街道和人行道都比较狭窄，不宜敷设高压或次高压管道。对于城市新建区道路宽阔，建筑物比较整齐、宽松，可以敷设压力较高的燃气管道。由于大城市燃气输配系统的建造、扩建和改建过程时间较长，新区与老区条件差别较大，新区的道路与建筑物条件比老区要好，因此，一般近期建造的管道的压力都比原建的老区燃气管道压力要高。

（三）燃气管道系统的选择

无论是旧有的城镇，还是新建的城镇，在选择燃气管网系统时，应考虑到的因素如下：

(1)气源情况。燃气的性质，是选用人工燃气(煤制气或油制气)、天然气，还是利用几种可燃气体或空气的掺混燃气；供气量和供气压力；燃气的净化程度和含湿量；气源的发展或更换气源的规划。

(2)城镇性质、规模、远景规划情况、建筑特点、人口密度、居民用户的分布情况。

(3)原有的城镇燃气供应设施情况。

(4)对不同类型用户的供气方针、汽化率及不同类型的用户对燃气压力的要求。

(5)用气的工业企业的数量和特点。

(6)储气设备的类型。

(7)城镇地理地形条件，敷设燃气管道可能遇到天然和人工障碍物(如河流、湖泊、铁路等)情况。

(8)发展城镇燃气事业所需的材料及设备的生产和供应情况。

设计城镇燃气管网系统时，应全面综合考虑上述因素，从而提出数个方案作技术经济计算，选用经济合理的方案。方案的比较必须在技术指标和工作可靠性相同的基础上进行。

第三节　城镇燃气管道的布线

一、城镇燃气管道布线的原则

城镇燃气管道的布线是指城镇燃气管网系统在原则上选定之后，决定各管段的具体位置。

（一）布线依据

对于需要敷设管道的线路，应根据燃气管道沿街道或广场的平面布置图来决定。在决定城市中各种不同燃气管道的布线问题时，必须考虑下列基本情况：

(1)城镇燃气门站、储配站的位置。

(2)管道燃气的压力。高压燃气管道不宜进入城镇四级地区。

(3)城镇燃气各级调压站的位置。

(4)街道其他地下管道的密集程度与布置情况。

(5)街道交通量和路面结构情况，以及运输干线的分布情况。

视频：如何铺
设天然气管道

(6)所输送燃气的含湿量，必要的管道坡度，街道地形变化情况。

(7)与该管道相连接的用户数量及用气量情况，该管道是主要管道还是次要管道。

(8)线路上所遇到的障碍物情况。

(9)土壤性质、腐蚀性能和冰冻线深度。

(10)该管道在施工、运行和万一发生故障时，对城镇交通和人们生活的影响。

在布线时，要决定燃气管道沿城镇街道的平面位置与纵断面位置。

（二）管线的平面布置

在决定平面布置时，要考虑下列各点：

(1)要使主要燃气管道工作可靠，燃气应从管道的两个方向得到供应，为此，管道应逐步连成环形。

（2）次高压、中压管道最好不要沿车辆来往频繁的城镇主要交通干线敷设，否则对管道施工和检修造成困难，来往车辆也将使管道承受较大的动荷载。对于低压管道，有时在不可避免的情况下，征得有关方面同意后，可沿交通干线敷设。

（3）燃气管道不得在堆积易燃、易爆材料和具有腐蚀性液体的场地下面通过。燃气管道不宜与给水管、热力管、雨水管、污水管、电力电缆、电信电缆等同沟敷设。在特殊情况下，当地沟内通风良好，且电缆置于套管内时，可允许同沟敷设。

（4）燃气管道可以沿街道的一侧敷设，也可以双侧敷设。在有有轨电车通行的街道上，当街道宽度大于 20 m 或管道单位长度内所连接的用户分支管较多等情况下，经过技术经济比较，可以采用双侧敷设。

（5）燃气管道布线时，应与街道轴线或建筑物的前沿相平行，管道宜敷设在人行道或绿化地带内，并尽可能避免在高级路面的街道下敷设。

（6）燃气管道布线时应在门站、储配站、调压站进出口、分支管起点、主要河流、主要道路、铁路两侧设置阀门，次高压、中压管道上每 2 km 左右设分段阀门。高压燃气干管上，分段阀门最大间距为：以四级地区为主的管段不应大于 8 km；以三级地区为主的管段不应大于 13 km，以二级地区为主的管段不应大于 24 km；以一级地区为主的管段不应大于 32 km。

（7）在空旷地带敷设燃气管道时，应考虑到城镇发展规划和未来的建筑物布置情况。

（8）为了保证在施工和检修时互不影响，也为了避免漏出的燃气影响相邻管道的正常运行，甚至进入建筑物内，地下各级压力燃气管道与建筑物、构筑物基础及其他各种管道之间应保持的最小水平净距分别列于表 2-8～表 2-10。

表 2-8　地下燃气管道与建筑物、构筑物或相邻管道之间的水平净距　　　　　　　　m

项目		地下燃气管道压力/MPa				
		低压 <0.01	中压		次高压	
			B ≤0.2	A ≤0.4	B 0.8	A 1.6
建筑物	基础	0.7	1.0	1.5	—	—
	外墙面（出地面处）	—	—	—	5.0	13.5
给水管		0.5	0.5	0.5	1.0	1.5
污水、雨水排水管		1.0	1.2	1.2	1.5	2.0
电力电缆 （含电车电缆）	直埋	0.5	0.5	0.5	1.0	1.5
	在导管内	1.0	1.0	1.0	1.0	1.5
通信电缆	直埋	0.5	0.5	0.5	1.0	1.5
	在导管内	1.0	1.0	1.0	1.0	1.5
其他燃气管道	DN≤300 mm	0.4	0.4	0.4	0.4	0.4
	DN>300 mm	0.5	0.5	0.5	0.5	0.5
热力管	直埋	1.0	1.0	1.0	1.5	2.0
	在管沟内（至外壁）	1.0	1.5	1.5	2.0	4.0
电杆（塔） 的基础	≤35 kV	1.0	1.0	1.0	1.0	1.0
	>35 kV	2.0	2.0	2.0	5.0	5.0
通信照明电杆（至电杆中心）		1.0	1.0	1.0	1.0	1.0

项目	地下燃气管道压力/MPa				
	低压	中压		次高压	
	<0.01	B	A	B	A
		≤0.2	≤0.4	0.8	1.6
铁路路堤坡脚	5.0	5.0	5.0	5.0	5.0
有轨电车钢轨	2.0	2.0	2.0	2.0	2.0
街树(至树中心)	0.75	0.75	0.75	1.2	1.2

注：1. 如受地形限制无法满足表中要求时，经与有关部门协商，采取有效保护措施后，表中规定的净距可适当缩
    小，但次高压燃气管道距建筑物外墙面不应小于 3 m，中压管道距建筑物基础不应小于 0.5 m，且距外墙面
    不应小于 1.0 m，低压管道应不影响建、构筑物和相邻管道基础的稳固性。次高压 A 燃气管道距建筑物外
    墙 6.5 m 时，管道壁厚不应小于 9.5 mm；距外墙面 3.0 m 时，管壁厚度不应小于 11.9 mm。
    2. 表中除地下燃气管道与热力管道的净距不适于聚乙烯燃气管道和钢骨架聚乙烯塑料复合管外，其他规定均
    适用于聚乙烯燃气管道和钢骨架聚乙烯塑料复合管道。聚乙烯燃气管道与热力管道的净距应按国家现行标
    准《聚乙烯燃气管道工程技术标准》(CJJ 63—2008)执行。

表 2-9　一级或二级地区地下燃气管道与建筑物之间的水平净距　　　　m

燃气管道公称直径 DN/mm	地下燃气管道压力/MPa			燃气管道公称直径 DN/mm	地下燃气管道压力/MPa		
	1.61	2.50	4.00		1.61	2.50	4.00
900<DN≤1 050	53	60	70	300<DN≤450	19	23	28
750<DN≤900	40	47	57	150<DN≤300	14	18	22
600<DN≤750	31	37	45	DN≤150	11	13	15
450<DN≤600	24	28	35				

注：1. 当燃气管道强度设计系数不大于 0.4 时，一级或二级地区地下燃气管道与建筑物之间的水平净距可按表 2-10
    确定。
    2. 水平净距是指管道外壁到建筑物出地面处外墙面的距离。建筑物是指供人使用的建筑物。
    3. 当燃气管道压力与表中数不相同时，可采用直线方程内插法确定水平净距。

表 2-10　三级地区地下燃气管道与建筑物之间的水平净距　　　　m

燃气管道公称直径和壁厚δ/mm	地下燃气管道压力/MPa		
	1.61	2.50	4.00
A　所有管径δ<9.5	13.5	15.0	17.0
B　所有管径9.5≤δ<11.9	6.5	7.5	9.0
C　所有管径δ≥11.9	3.0	5.0	8.0

注：1. 当对燃气管道采取有效的保护措施时，δ<9.5 mm 的燃气管道也可采用表中 B 行的水平净距。
    2. 水平净距是指管道外壁到建筑物出地面处外墙面的距离。建筑物是指平常有人的建筑物。
    3. 当燃气管道压力与表中数据不相同时，可采用直线方程内插法确定水平净距。

(三)管线的纵断面布置

在决定纵断面布置时，要考虑下列各点：

(1)地下燃气管道埋设深度，宜在土壤冰冻线以下，管顶覆土厚度还应满足下列要求：

1)埋设在机动车车道下时，不得小于 0.9 m。

2)埋设在非机动车车道(含人行道)下时，不得小于 0.6 m。

3)埋设在机动车不可能到达的地方时，不得小于 0.3 m。

4)埋设在水田下时，不得小于 0.8 m。

有些国家随着干天然气的广泛使用以及管道材质的改进，埋设在人行道、次要街道、草地和公园的燃气管道采用浅层敷设，分配管道的最小埋深为 0.5 m。

(2)输送湿燃气的管道，无论是干管还是支管，其坡度一般不小于 0.003。布线时，最好能使管道的坡度和地形相适应。在管道的最低点应设冷凝水缸。

(3)燃气管道不得在地下穿过房屋或其他建筑物，不得平行敷设在有轨电车轨道之下，也不得与其他地下设施上下并置。

(4)在一般情况下，燃气管道不得穿过其他管道，如因特殊情况需要穿过其他大断面管道(污水干管、雨水干管、热力管沟等)时，须征得有关方面同意，同时燃气管道应安装在钢套管内。

(5)高压、次高压、中压低压燃气管道与其他各种构筑物及管道相交时，应保持的最小垂直净距列于表 2-11。在距相交构筑物或管道外壁 2 m 以内的燃气管道上不应有接头、管件和附件。

表 2-11　地下燃气管道与构筑物或相邻管道之间的最小垂直净距　　　　　　m

项目		地下燃气管道(当有套管时，以套管计)
给水管、排水管或其他燃气管道		0.15
热力管、热力管的管沟底(或顶)		0.15
电缆	直　埋	0.50
	在导管内	0.15
铁路(轨底)		1.20
有轨电车(轨底)		1.00

当受条件限制不能按规定的最小净距敷设时，可与有关部门协商在管道不致受机械损伤和燃气中冷凝物不会冻结的前提下，采取有效措施，以上规定可适当放宽。最常采用的措施为将管道敷设在套管内(图 2-16)。套管是比燃气管道稍大的钢管，直径一般比管道直径大 100 mm，其伸出长度，从套管端至与之交叉的构筑物或管道的外壁不小于表 2-8 燃气管道与该构筑物的水平净距。也可采用非金属管道作套管。套管两端有密封填料，在重要套管的端部可装设检漏管，检漏管上端伸入防护罩内，由管口取气样检查套管中的燃气含量，以判明有无漏气及漏气的程度。

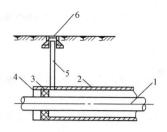

图 2-16　敷设在套管内的燃气管道

1—燃气管道；2—套管；3—油麻填料；4—沥青密封层；5—检漏管；6—防护罩

二、燃气管道穿越道路与铁路

1. 一般规定

(1)穿越铁路、公路、道路等的穿越方式及采用的套管、涵洞、管洞的结构形式应符合设计规定。

(2)穿越铁路的一般要求。

1)把铁路区间直线段路堤下作为穿越点，路堤下要求排水良好，土质均匀，地下水水位低，有施工场地。在铁路站区和道岔段内不设穿越点，穿越电气化铁路不得选在回流电缆与钢轨连接处。

2)穿越铁路应采用钢筋混凝土套管顶管施工。当不能采用顶管施工时，也可采用修建专用桥涵，使管道从专用桥涵中通过。

3)输气管穿越铁路干线的两侧，需设置截断阀，以备发生事故时截断管路。

4)穿越铁路的位置必须与铁路部门协商同意后确定。

(3)穿越公路的一般要求。

1)公路等级分为汽车专用公路和一般公路两类。汽车专用公路又分为高速公路、一级公路、二级公路三个等级。汽车专用公路属国家重要交通干线，车流量大，路面宽度大，技术等级较高。一般公路又分为二级、三级、四级，其车流量、路面宽、技术等级和重要程度依次降低。此外，还有不属国家管理的公路，如矿区公路、县乡公路等。

2)输气管线穿越公路的一般要求与穿越铁路基本相同。汽车专用公路和二级一般公路由于交通流量很大，不宜明挖施工，应采用顶管施工方法。其余公路一般均可以明沟开挖，埋设套管，将燃气管敷设在套管内。套管长度伸出公路边坡坡角外 2 m。县乡公路和机耕道，可采用直埋方式，不加套管。

(4)采用暗沟施工时，应保证穿越段上下左右的建筑物、构筑物不发生沉陷、位移与破坏。必要时应采取支撑方法，以防事故发生。

(5)穿越敷设的套管直径通常比燃气管道直径大 100 mm；套管埋深：管顶至路面不小于0.6 m；管顶至铁路轨底不小于 1.2 m。

(6)套管采用顶管法施工时，套管端部距离铁路堤坡脚不小于 1 m；距离铁路路轨不小于2.5 m；距离电车道轨不小于 2 m；套管施工应逆坡推进，穿越管段的坡向应与两侧管段同坡向，不得反坡。

(7)管道穿越时，管子下沟就位方法由施工组织设计确定，下沟就位搬运时，管段防腐层不应受到破坏与损伤。

(8)穿越管道上的焊口应尽量减少，下管前应做好试压工作。

(9)检漏管或检查井应设在套管、涵洞、管沟标高高的一侧。

(10)燃气管道不能穿越铁路交叉口。

2. 燃气管道穿越道路

(1)管道穿越公路的夹角应尽量接近90°，在任何情况下不得小于30°。应尽量避免在潮湿或岩石地带及需要深挖处穿越。

(2)燃气管道管顶距离公路路面埋深不得小于1.2 m，距离路边边坡最低处的埋深不得小于0.9 m。

(3)套管保护，如图2-17所示。采用套管保护施工应符合下列要求：

1)套管两端需超出路基底边。

2)当燃气管道外径不大于200 mm时，套管内径应比燃气管道外径大100 mm。当燃气管道外径大于200 mm时，套管内径应比燃气管道外径大200 mm。

3)在套管内的燃气管道尽量不设焊口，若必须有焊口时，应在无损探伤和强度试验合格后，方准穿入套管内。

4)燃气管道需要穿过套管时，需要做特加强绝缘防腐层。

5)当穿越段有铁轨时，从轨底到套管顶应不小于1.2 m。

(4)敷设方式。燃气管道穿越公路时，有地沟敷设、套管敷设和直埋敷设三种方式。

1)地沟敷设：如图2-18所示，地沟需按设计要求砌筑，在重要的地沟端部应安装检漏管。

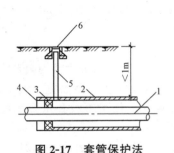

图 2-17　套管保护法

1—燃气管道；2—套管；3—油麻填料；
4—沥青密封层；5—检漏管；6—防护罩

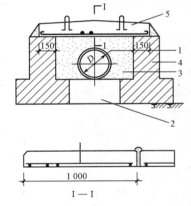

图 2-18　燃气管道单管过街沟

1—燃气管道；2—原土夯实；3—填砂；
4—砖墙沟壁；5—盖板

2)套管敷设：套管端部距离电车轨道不应小于2.0 m，距离道路边缘不应小于2.0 m。套管敷设有顶管法和明沟开挖两种形式。

3)直埋敷设：当燃气管道穿越县、乡公路和机耕道时，可直接敷设在土壤中，不加套管。

3. 燃气管道穿越铁路

(1)穿越点选择。

1)管道穿越铁路时夹角应尽量接近90°，不小于30°。

2)穿越点应选择在铁路区间直线段路堤下，土质均匀，地下水水位低，有施工场地。穿越点不能选在铁路站区域和道岔内，穿越电气铁路不能选在回流电缆与钢轨连接处。

(2)穿越施工。燃气管道穿越铁路施工，如图2-19所示。采用钢套管或钢筋混凝土套管防护，套管内径应比燃气管道外径大100 mm以上。铁路轨道至套管顶不应小于1.2 m，套管端部距路堤坡脚外距离不应小于2.0 m。

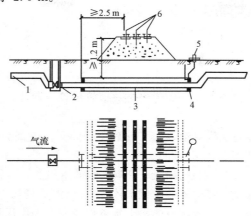

图 2-19　燃气管道穿越铁路

1—燃气管道；2—阀门井；3—套管；4—密封层；5—检漏管；6—铁道

1）套管安装：穿越铁路的套管敷设采用顶管法。采用钢套管时，套管外壁与燃气管道应具有相同的防腐绝缘层。采用钢筋混凝土套管时，要求管子接口能承受较大顶力而不破裂，管节不易错开，防渗漏好，在管基不均匀沉陷时的变形较小等。钢筋混凝土套管多用平口管，两管节之间加塑料圈或麻辫，抹石棉水泥后内加钢圈。套管两端与燃气管道的间隙应采用柔性的防腐、防水材料密封，其中一端应安装检漏管。检漏管用于鉴定套管内燃气管道的严密性，主要由管罩、检查管和防护罩组成。管罩与燃气管之间填以碎石或中砂，以便燃气管道漏气时，燃气易漏出。检查管要伸入安装在地面的防护罩内，并装有管接头和管堵。

2）套管内燃气管道的安装：安装在套管内的燃气管道不宜有对接焊缝。当有对接焊缝时，焊接应采用双面焊，焊缝检查合格后，需做特级加强防腐处理。为了防止燃气管道进入套管时损坏防腐层，燃气管道应安装滚动或滑动支座，如图2-20所示。滑动支座事先固定在燃气管道上，支座与燃气管道之间垫橡胶板或油毛毡，防止移动燃气管道时支座损伤防腐层，支座间距须按设计要求。安装支座时，要保证支座与燃气管道使用寿命相同，避免因锈蚀使支座损坏而使燃气管道悬空、承受过大的弯曲应力。

另外，当燃气管道穿越铁路干线处，路基下已做好涵洞，施工时将涵洞挖开，在涵洞内安装。涵洞两侧设检查井，均安装阀门。安装完毕后，按设计要求将挖开的涵洞口封住。穿越电气化铁路以及铁路编组枢纽一般采用架空穿越。

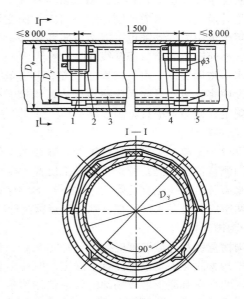

图 2-20　套管内燃气管道支座构造

1—卡板；2—加固拉条；3—滑道；4—极条；5—包扎层

三、燃气管道穿跨越河流

(一)燃气管道穿越河流

1. 施工工艺

施工准备→测量放线→沟槽开挖→管道组装→运管沉管→回填→稳管。

(1)施工准备。

1)在江(河、湖)水下穿越敷设管道,施工方案及设计文件应报河道管理或水利管理部门审查批准,施工组织设计应征得上述部门同意。

2)主管部门批准的对江(河、湖)的断流、断航、航管等措施,应预先公告。

3)工程开工时,应在敷设管道位置的两侧水体各50 m距离处设警戒标志。

4)施工时应严格遵守国家及行业现行的水上水下作业安全操作规程。

5)穿越位置的选择,应首先考虑线路走向以及不同的穿越方法对施工场地的要求,应选择河流平直、水流平缓、河床稳定、河底平坦、地质构造单一、两岸具有比较宽阔的漫滩和具备操作场地的河段。不可选择桥梁上游300 m或下游100 m的地区,或船只可能停泊下锚处,以及沿岸建筑物和地下管线密集的河段。

6)在选定穿越位置后,根据水文地质和工程地质情况决定穿越方式、管身结构、稳管措施、管材选用、管道防腐措施、穿越施工方法等提出两岸河堤保护措施,并绘制穿越段平面图和穿越段纵断面图。

7)敷设方式。

①裸露敷设。裸露敷设运用于基岩河床和稳定的卵石河床。管道采用厚壁管、复壁管或石笼等方法加重管线稳管,将管线敷设在河床上。裸露敷设的优点是无挖沟设备,施工速度快。其缺点是管道直接受水力冲刷,常因河床冲刷变化而引起管线断裂;在浅滩处石笼稳管影响通航,常年水流中泥砂磨蚀也可能造成管线断裂。裸露敷设只适用于水流很慢、河床稳定、不通航的中、小河流上的小口径管线或临时管线。

②水下沟埋敷设。水下沟埋敷设是使用挖沟机具,将水下河床挖一条管沟,将管道埋入。沟埋敷设应将管道埋设在河床稳定层内。沟槽开挖宽度和放坡系数视土质、水深、水流速度和回淤量确定。开沟须平直,沟底要平坦,管线下沟前须进行水下管沟测量,务必达到设计深度。

(2)测量放线。

1)管槽开挖前,应测出管道轴线,并在两岸管道轴线上设置固定醒目的岸标。施工时岸上设专人用测量仪器观测,校正管道施工位置,检测沟槽超挖、欠挖情况。

2)水面管道轴线上宜每隔50 m抛设一个浮标标示位置。

3)两岸应各设置水尺一把,水尺零点标高应经常检测。

(3)沟槽开挖。

1)沟槽宽度及边坡坡度应按设计规定执行,当设计无规定时,由施工单位根据水底泥土流动性和挖沟方法在施工组织设计中确定,但最小沟底宽度应大于管道外径1 m。

2)当两岸没有泥土堆放场地时,应使用驳船装载泥土运走。在水流较大的江中施工,且没有特别环保要求时,开挖泥土可排至河道中,任水流冲走。

3)水下沟槽挖好后,应做沟底标高测量,宜按3 m间距测量,当标高符合设计要求后即可下管。若挖深不够应补挖,若超挖应采用砂或小块卵石补到设计标高。

4)水下沟槽开挖的方式有机械开挖、吸泥法开挖、水力冲击法等。

①机械开挖,使用挖土机挖掘岸边的水下沟槽,挖掘的方式有正铲、反铲、拉铲等。当挖

河床水下沟槽时,挖土机可以装在沿沟槽线路用钢丝绳及绞车移动的船上。

②吸泥法开挖,使用水力吸泥器或空气吸泥器吸泥。施工时,将高压水或压缩空气通过喷嘴,在混合室内形成负压产生吸力,当泥浆吸口靠近泥土表面,进入吸泥器内的水便带入泥砂,使管沟内的泥砂同水一起带走,该方式适用于砂性土壤。

③水力冲击法,使用水力冲击器开挖沟槽。用长软管将水力冲击器接在泵上,橡胶管末端装有带有锥形水嘴的水枪。施工时,由高压离心泵供水,水下土被高速水柱冲开,形成管沟。

另外,还可以使用船挖泥、水下爆破等方式完成水下沟槽的开挖。

(4)管道组装。

1)在岸上将管道组装成管段,管段长度宜控制在50~80 m。

2)组装完成后,焊缝质量应符合相关规定的要求,并应进行试验,合格后按设计要求加焊加强钢箍套。

3)焊口应进行防腐补口,并应进行质量检查。

4)组装后的管段应采用下水滑道牵引下水,置于浮箱平台,并调整至管道设计轴线水面上,将管段组装成整管。焊口应进行射线照相探伤和防腐补口,并应在管道下沟前对整条管道的防腐层做电火花绝缘检查。

(5)运管沉管。沉管前,检查设置的定位标志是否准确、稳固;开挖沟槽断面是否满足沉管要求,必要时由潜水员下水摸清沟槽情况,并清除沟槽内的杂物。沉管方法有围堰法、河底拖运法、浮运法和船运法等。

1)围堰法。根据技术经济比较,在水系较浅、流速较小、航运不频繁地区,筑堰材料可以就地取材。筑堰对水系无严重污染时,采用围堰法施工比较合理。

水下管道分为水底敞露敷设和水底沟槽敷设两种敷设方式。如果不会因船只抛锚、河床冲刷或其他原因破坏燃气管道,则选择采用敞露敷设较经济,而且抗震效果也比水底沟槽敷设要好。

围堰法就是先将燃气管道穿越河底(或浅滩海底)处的河流段用围堰隔开,然后将隔开段的河水排尽,最后在河底进行开槽、敷管等工序,待施工结束后把围堰拆除。围堰施工法的平面布置如图2-21所示,围堰与燃气管道的距离应视水系及围堰结构等具体条件而定,一般应在2 m以上。两岸河底应挖排水井,用于集聚河底淤水、围堰渗水及降低地下水水位。水泵站设在河岸上,围堰后,用其排除围堰内的河水,施工过程中用于排除排水井内的集水。河面窄、流速小的穿越施工可以在较低的岸边构筑一座排水井和水泵站。对于不能断流的河道,可以在河岸开挖临时引水渠或在围堰间用管子组成渡槽(图2-22)。

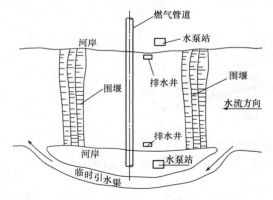

图2-21 围堰施工平面布置示意

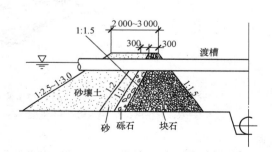

图2-22 土石围堰与渡槽平剖图

围堰的结构根据河水深浅，流速大小，河面宽窄，河底地基土质状况等条件，可分别采用土围堰、草土围堰、土石围堰、板桩围堰或木笼围堰等。围堰结构应具有稳定性，良好的抗渗性能，以及造价低、修筑方便、易于拆除等优点。

围堰施工法可以采用一次围堰或交替围堰将河流部分隔断。交替围堰的施工过程如图2-23所示，第一道围堰围住河面的2/3，待第一段管道敷设完毕再围第二道围堰，敷设第二段管道。这种方法的优点是河道不必断流，但在安装第一段管道的同时，应做好第一段管道与第二道围堰接缝处的止水处理，最简单的方法是用黏土沿管周捣实，也可以用防水卷材在接缝处包扎数层。

2)河底拖运法。河底拖运法适合于两岸场地空旷，河面较窄，航运船只不多处。将检验合格并做好防腐层的管子四周包扎木条，木条用钢丝扎紧以防损坏防腐层，如图2-24所示。将包扎好的管道用卷扬机沿沟底拖拉至对岸，为了减少牵引力，在管端焊上堵板，以防河水进入管内。

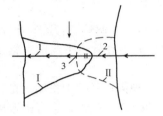

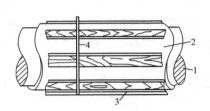

图2-23　交替围堰

Ⅰ—第一道围堰；Ⅱ—第二道围堰
1—第一段管道；2—第二段管道；
3—第一段管道与第二道围堰接缝

图2-24　外包扎木条护管

1—管子；2—防腐层；3—木条；4—紧箍

3)浮运法。首先在岸边将管子焊接成一定的长度，并进行压力试验和涂敷包扎防腐绝缘层，然后拖拉下水浮运至设计确定的河面管道中心线位置，最后向管内灌水，使管子平稳地沉入预先挖掘的沟槽内。

①开挖水下沟槽。开挖前，应在两岸设置岸标，确定沟槽开挖的方向。当水较浅，小于0.7 m时，可用人工开挖沟槽，否则就要采用机械设备开挖沟槽。

a. 索铲挖土装置。如图2-25所示，钢板焊制的铲斗底部具有齿状铲刀，铲斗取土时随之将铲斗底部的土层犁松。连接于铲斗前、后方的牵引绳索、空载绳索分别绕过滑轮后，缠绕于双筒卷扬机的卷筒上，卷扬机通过钢丝绳操纵铲斗，铲斗通过取土、卸斗、复位三个动作在水下开挖沟槽。

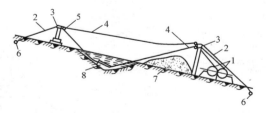

图2-25　索铲挖土装置示意

1—双筒卷扬机；2—缆风绳；3—支架；4—钢丝绳；5—滑轮；6—地锚；7—堆土；8—铲斗

b. 气举泵。气举泵是一种冲吸式水力挖沟设备，其构造如图2-26所示。工作时，高压水从压力水管的喷嘴喷出，将河底土层搅成含泥量非常高的混浊水，与此同时，压缩空气从气喷嘴喷入扬水管底部，把混浊水举起沿扬水管排出。两者连续不断地工作，同时，气举泵沿管沟位置缓慢移动，便可形成管沟。

气举泵的效率非常高，当气举泵安装在浮船上时（图 2-27），挖沟和沉管可同时进行。

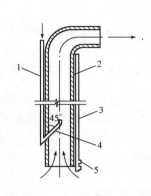

图 2-26　气举泵示意

1—压缩空气管；2—扬水管；

3—压力水管；4—气喷嘴；5—水喷嘴

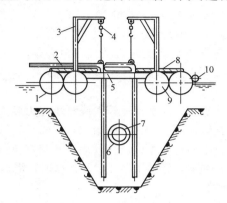

图 2-27　安装有气举泵的浮船剖面示意

1—浮筒；2—气举泵；3—支架；4—导链；5—浮筒连管；

6—套管；7—燃气管；8—木板；9—浮桶兼气包；10—水包

c. 水力吸泥管。水力吸泥管是一种利用高压水通过一个喷嘴，在管内造成负压产生吸力将泥砂送出水面的射吸式挖沟设备。水力吸泥管适用于砂性土质，对于黏土或较硬的土质应配备高压水喷嘴，先碎土后吸泥，如图 2-28 所示。

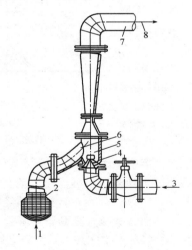

图 2-28　水力吸泥管

1—泥浆吸入口；2—钢丝滤网；3—高压进水口；4—喷嘴；

5—混合室；6—吸泥管；7—排泥管；8—泥浆喷出口

②敷管方法。

a. 拖拉敷管法。如图 2-29 所示，在河岸一边组对管道，岸边宽度应足以放置整段过河管，将拖拉设备全部安装在另一河边。下管时，沿沟槽中心线位置边拖拉边灌水，直至对岸。

当管线头部设孔眼自动灌水拖管时，拖管速度与灌水速度应一致。若拖管速度大于灌水速度，则未充满水的管段有可能上浮。为保持管线稳定，管线中的平均水面应在河面以下 1 m。

b.水面浮管法。利用浮筒或船只将管子运(拖)至水下沟槽中线位置的河面上，然后用灌水或脱开浮筒的方法使管线沉入水下沟槽。水从管线一端的进水管灌入，管内空气从另一端的排气阀放出。

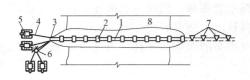

图 2-29 拖拉敷管法
1—管子；2—浮筒；3—拖管头；4—钢丝绳；
5—拖拉机(卷扬机)；6—滑车；7—吊管机；8—水底管沟

敷设在河底或低洼地的燃气管道必须以不位移、不上浮为稳定条件，防止管道损坏。

4)船运法。当河水流速较大或管子浮力较大时，可采用此法。将待运管以平行河流方向排列，将数根管连接一体，系在船上，由船只将管道运至沟槽上方，用浮筒抛锚定位。等下沉管道运至沟槽上方检查无误后，开启进水口和排气孔阀门、边注水、边排气、管子边下沉，逐渐解开或放松绳索，管道下沉接近于沟底时，潜水员根据定位桩或岸标控制下沉管的位置。

(6)回填。

1)回填前检查，管道就位后，检查管底与沟底接触的均匀程度和紧密性及管道接口情况，并测量管道高程和位置。为防止在拖运和就位过程中管道出现损伤，必要时可进行第二次试压。以上项目经检查符合设计要求后，即可进行回填。

2)管沟回填，回填时从施工角度考虑，最方便的方法是将开挖沟槽的土料直接作为回填土料。开挖时，将土料堆放在管沟的两侧或一侧，利用水流自行回填或由潜水员操纵水枪进行。但从管道防腐角度考虑，最好使用洁净的砂石，故凡是砂石来源方便的地区，应尽量采用砂石材料回填。

(7)稳管。水下管道敷设完毕后，沟槽回填土比较松软，存在较大的空隙，且竣工后由于河水流动、冲刷，会影响管道的稳定性，可采取以下措施稳管。

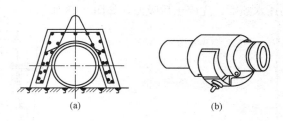

1)平衡重块。即在燃气管道上扣压重块，防止燃气管道上浮。常用的有钢筋混凝土重块和铸铁重块。为了便于施工扣压，钢筋混凝土抗浮块一般为鞍形，铸铁重块均为铰链形(图 2-30)。

图 2-30 平衡重块
(a)钢筋混凝土马鞍块；(b)铸铁铰链块

重块稳管虽然施工简单，但在应力集中、水流急、河床不稳固的地段不宜使用。

2)抗浮抱箍。当燃气管道采用混凝土地基时，可以在地基上预埋螺栓，然后用扁钢或角钢制作的抱箍将燃气管道固定在地基上，如图 2-31 所示。抱箍须经防腐绝缘处理。

3)复壁管。复壁管就是双重管，即燃气管道外套套管，套管与燃气管之间用连接板焊接固定，为了增大管线重力，还可在复壁管的环形空间注入重混凝土拌合物，如图 2-32 所示。

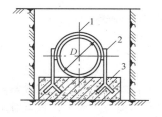

图 2-31 抗浮抱箍
1—钢抱箍；2—预埋螺栓；3—混凝土基础

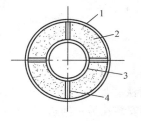

图 2-32 复壁管断面
1—套管；2—重晶石粉混凝土；3—燃气管；4—连接板

复壁管是长距离输送管线穿越江河时抗浮稳管的一项主要措施。由于灌注混凝土拌合物可以在管线过江河后进行，从而使施工作业简化。为了保证灌注作业顺利进行，对拌合物的坍落度、初凝时间、终凝时间具有特殊要求，见表2-12。延长凝结时间可采用丹宁等作缓凝剂，增大拌合物重力密度可掺入钢屑或重晶石粉作骨料。

表 2-12 拌合物技术指标

项目	坍落度/cm	初凝时间/h	终凝时间/h	重力密度/(N·m⁻³)
指标(不低于)	16	8～16	18～24	2 800

4)挡桩。即在管线下游一侧以一定间距布置挡桩，减少管线裸露跨度，使之能承受水流压力，如图2-33所示。

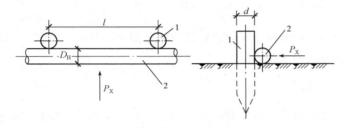

图 2-33 挡桩

1—挡桩；2—水下管线

5)石笼压重。使用细钢筋或钢丝编织成笼，内装块石，称为石笼。石笼稳管就是在管线的管顶间隔地铺放石笼，铺放位置略偏于管线上游一侧。石笼可采用投掷方法铺放、固定，适用于浮运施工法安装的燃气管道。

2. 穿越的注意事项

水下穿越的燃气管道(通常称为倒虹吸管)运行检修很困难，要求使用较陆地钢管管壁厚2～3 mm的钢管，或采用高强度低合金钢结构钢管。穿越较大江河的长距离输气干管，一般均采用复壁管形式，并可按曲线形式安装。城市燃气管道的倒虹吸管，其河底段一般采用直线安装，并具有不小于3‰的坡度，坡向直线管一端，高、中压输气干管往往采用双管敷设，两岸设阀门，利用平衡重块抗浮，如图2-34所示。

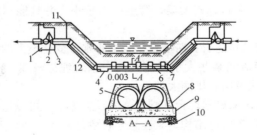

图 2-34 倒虹吸管

1—波纹管；2—闸门；3—闸门井；4—凝水罐；5—燃气管；6、9—混凝土基础；
7、8—钢筋混凝土抗浮重块；10—砾石垫层；11—防护罩；12—排水管

具有冷凝水的燃气管道，排水器应尽量靠岸边设置。排水器的排水管可安装在燃气管内，也可安装在管外，安装在管外时维护检修方便，施工方便，但易腐蚀损坏。排水管在燃气管内

安装检修虽较困难，但不易损坏。

水下穿越的燃气管道应采用特加强防腐层。单壁管道的环焊缝应确保安全可靠，为此可采用管箍或筋板进行加固，如图 2-35 所示。

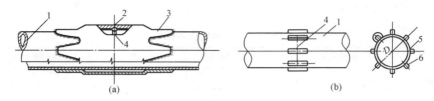

图 2-35　环焊缝加固

(a)管箍加固；(b)筋板加固

1—燃气管；2—试压小孔；3—管箍；4—环焊缝；5—筋板焊缝；6—筋板

应对管道进行整体吹扫和试验。管道试验合格后即采用砂卵石回填，回填时先填管道拐弯处使之固定，然后再均匀回填沟槽。

(二)燃气管道跨越河流

管道跨越工程，工程量大，投资高，施工较为复杂，工期长，维修工作量大。所以，管道通常运用这种穿越方式通过。但是，当遇到山谷性河流、峡谷、两岸陡峭、河漫滩窄小，河水流速大，河床稳定性差；平原性河流淤积物太厚、河床变化剧烈；或小型人工沟渠，铁路公路不适宜穿越通过的地段，就应采用跨越方式通过。

1. 跨越形式

管道跨越形式是根据管线的工艺条件和跨越点的自然条件综合分析确定的。输气管道的工艺条件是指输气管的管径、壁厚、输气压力、输气介质成分及管道材质等；跨越点的自然条件包括跨越点天文、地质、气候、交通条件等。在满足输气工程要求的前提下，结合工程具体条件，选择几种跨越形式，经技术经济比较后确定。

(1)管道需跨越的小型河流、渠道、溪沟等，其宽度在管道允许跨度范围之内时，应采用直管支架结构。若宽度超出管道允许跨度范围但相差不大时，可采用"〔"形钢架结构，充分利用管道自身支承。

(2)吊架式管桥适用于跨度较小、河床较浅、河床工程地质状况较为良好的条件下。吊架式管桥的特点是输气管道成一多跨越连续梁，管道应力较小，并且能利用吊索来调整各跨的受力状况。

(3)托架、桁架、支架管桥适合在跨度较小且常年水位变化不大的中型河流上跨越。

(4)跨度较大的中型河流及某些大型河流其两岸基岩埋深较浅、河谷狭窄的可采用拱型跨越。管拱跨越结构有单管拱及组合拱两大类。

(5)大型河流、深谷等不易砌筑墩台基础及临时设施施工时可以选用柔性悬索管桥、悬缆管桥、悬链管桥和斜拉索管桥等跨越结构。柔性悬索管桥是采用抛物线形主缆索悬挂于塔架之上，并绕过塔顶在两岸锚固。输气管道用不等长的吊杆(吊索)挂于主缆索上，输气管道受力简单，适用于大口径管道的跨越。

2. 施工工艺

(1)选择跨越路线。

1)跨越点应选择河流的直线部分，因为在直线部分，水流对河床及河岸冲刷较少，水流流向比较稳定，跨越工程的墩台基础受漂流物的撞击概率较小。

2）跨越点应在河流与其支流汇合处的上游，避免将跨越点设置在支流出口和推移泥砂沉积带的不良地质区域。

3）跨越点应选在河道宽度较小，远离上游坝闸及可能发生冰塞和筏运壅阻的地段。

4）跨越点必须在河流历史上无变迁的地段。

5）跨越工程的墩台基础应在岩层稳定，无风化、错动、破碎的地质良好的地段。必须避开坡积层滑动或沉陷地区，洪积层分选不良及夹层地区；冲积层含有大量有机混合物的淤泥地区。

6）跨越点附近不应有稠密的居民点。

7）跨越点附近应有施工组装场地或有较为方便的交通运输条件，以便施工和今后维修。

（2）对勘察测量的要求。跨越管道架设在支墩之上，裸露在空气中。故勘察测量时必须对当地气象资料和支墩基础的工程地质条件有全面了解，具体测量勘察内容如下：

1）跨越点所在地区气象变化的一般规律和气候特征，极端温度、风速，主导风向及频率，积雪深度，最大冻土深度等。

2）跨越基础的地质概貌，河谷构造特征，地层分布特征，有无软弱夹层存在。需绘出地质剖面图和土质分界线，确定地基承载能力和岩石的物理力学性质等。

3）跨越地区的地震烈度。

（3）施工。

1）沿桥架设。将管道架设在已有的桥梁上，这样架设虽然简便、投资少，但必须征得有关部门的同意。利用道路桥梁跨越河流的燃气管道，其管道输送压力不应大于 0.4 MPa，且应采取必要的安全措施。如燃气管道应采用加厚的无缝钢管或焊接钢管，尽量减少焊缝，并对焊缝进行 100% 探伤；采用较高等级的防腐保护并设置必要的温度补偿和减振措施。在确定管道位置时，应与沿桥架设的其他管道保持一定距离。

2）管桥跨越。当不能沿桥架设、河流情况复杂或河道较窄时，应采用燃气管桥跨越。管桥如图 2-36 所示，将燃气管桥搁置在河床上自建的管道支架上，管道支架应采用非燃烧材料制成，且应在任何可能的荷载情况下，都能保证管道稳定和不受破坏。

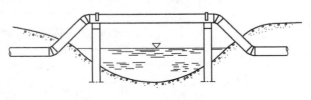

视频：天然气
管道安装

图 2-36　燃气管桥

第四节　管材及管道的连接

一、燃气常用金属管材

1. 钢管

钢管是应用于燃气管道的主要管材，它能承受较大的应力，有良好的塑性，便于焊接。

钢管与其他金属相比，在相同的敷设条件下，管壁较薄，能节省金属用量，但钢管的耐腐蚀性较差，随着生产技术的发展，钢管的性能还在不断改进，可提高燃气管网安全运行的可靠性。

燃气常用的钢管有无缝钢管和有缝钢管。

(1)无缝钢管强度高，广泛应用于压力较高的管道。例如，热力管道、燃气管道、氨制冷管道、压缩空气管道、氧气管道、乙炔管道，以及除强腐蚀性介质以外的各种化工管道。无缝钢管规格用外径乘以壁厚表示，如 $D219 \times 5$ 表示外径为 219 mm，壁厚为 5 mm 的无缝钢管。

(2)有缝钢管又称焊接钢管，分为低压流体输送钢管与卷焊钢管。低压流体输送钢管分为不镀锌钢管(黑铁管)和镀铸钢管(白铁管)两种，应用在管径较小的低压介质输送上，如给水管道、热水管道、燃气管道、蒸气管道、碱液及废气管道、压缩空气管道等。卷焊钢管是由钢板卷制，采用直缝或螺旋缝焊制而成，主要用在大直径介质输送管道，一般可用于燃气管网和热力管网。

2. 铸铁管

铸铁管是另一种重要的金属管材。与钢管相比，铸铁管有极好的抗腐蚀性能，所以，在城镇中、低压燃气管网中应用十分普遍。

铸铁管是由灰铸铁铸造而成，不易焊接，材质较脆，不能承受较大的应力，所以，在动荷载较大的地区与重要地段，仍需局部采用钢管。

由于科学技术的不断进步与工业生产能力的提高，铸铁管的材质与接口形式都有较大改进，高强度的球墨铸铁管正逐渐代替普通铸铁管，其抗拉强度由 250 MPa，提高到 400 MPa，相当于钢管的性能。使用这种铸铁管时，极少发生管道的折断或破裂事故，提高了运行的可靠性。在接口形式上也出现了很多柔性机械接口，提高了管道的抗震能力。

铸铁管不仅应用于低压燃气管道，也广泛应用于给水管道、排水管道上。

二、燃气管道连接

燃气管道的连接方法有螺纹连接、承插连接、法兰连接、焊接连接等。

1. 螺纹连接

螺纹连接又称丝扣连接，是通过内、外管螺纹的旋合将管子连接成一个整体的连接方式。螺纹连接一般是在管子外部加工外螺纹，拧上带内螺纹的管件，然后与其他管段连接，构成管路系统。常用螺纹管件如图 2-37 所示。

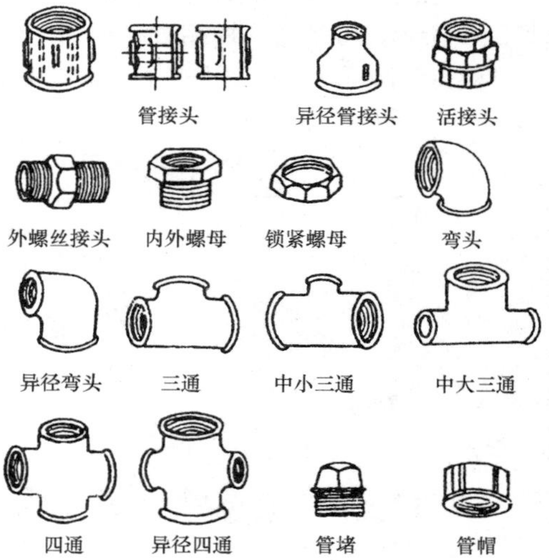

为增强连接的密封性，螺纹连接时需要在外螺纹上缠抹适当的填料。常用的填料有铅油、麻丝和聚四氟乙烯生料带等。铅油麻丝的缠抹方法，是在外螺纹上涂一层铅油，然后缠绕麻丝。填料只能一次性使用，若螺纹拆卸重新安装时应重新缠抹填料。

螺纹连接有短丝连接、长丝连接、活接头连接和锁母连接等形式。

管接头　异径管接头　活接头

外螺丝接头　内外螺母　锁紧螺母　弯头

异径弯头　三通　中小三通　中大三通

四通　异径四通　管堵　管帽

图 2-37　螺纹管件

2. 承插连接

承插连接是指将管子或管件的插口插入承口内，然后在四周的间隙内加满填料打实打紧的连接方式，适用于铸铁管、混凝土管及塑料管的连接。

（1）铸铁管承插连接有非机械接口和机械接口两种。

1）非机械接口填料分为内层密封圈和外层接口填料两层。密封圈采用油麻丝或胶圈，其作用是使承插口的间隙均匀，并防止外层填料落入管腔且有一定的密封作用；外层填料主要起密封和增强作用。

2）机械接口是利用压兰与管端法兰来完成管道连接的一种新型方式，具有接口严密、柔性好、抵抗外界震动及挠动能力强、施工方便等特点。施工时，首先清除承口、插口及法兰压盖上的污物，其次在插口上画好插入深度标志线，在插口端套入法兰压盖，再套入橡胶圈，橡胶圈的边缘应与插口上的插入深度标志线齐平。最后将插口端推入承口内，紧固法兰压盖上的螺栓。

（2）硬聚氯乙烯管承插连接。硬聚氯乙烯管的承插连接通常有橡胶圈接口和粘接接口两种形式。橡胶圈接口适用于管外径为 63～315 mm 的管道连接；粘接接口适用于外径小于 160 mm 的管道。

塑料管粘接不宜在湿度很大的环境下进行，操作场所应远离火源，防止撞击和避免阳光直射，在温度≤−5 ℃环境中不宜操作。不同材质的塑料管须分别选用其专用的胶粘剂，不得混用。

3. 法兰连接

法兰连接是指将垫片放入一对固定在两个管口上的法兰的中间，用螺栓拉紧使其紧密结合起来的连接方式。法兰连接具有拆卸方便、连接强度高、严密性好等优点，适用于管道、法兰阀件、带法兰接口的设备配管连接。要完成法兰连接，法兰、紧固件和垫片缺一不可。

法兰有多种分类方法，根据材质不同，法兰分为钢质和铸铁两类。钢质法兰可采用成品，也可按国家标准单独加工；铸铁法兰则与铸铁管、铸铁管件铸造为一体。根据法兰与管子的连接方式不同，法兰分为平焊法兰、套焊法兰、对焊法兰、活套法兰、螺纹法兰及法兰盖（盲板）等形式。

4. 焊接连接

焊接连接是指将管子接口处用焊条加热，达到熔融状态，使两个被焊体连接成一个整体的连接方式。其优点是连接牢固可靠、强度高、成本低，但不能拆卸。

（1）钢管焊接。

1）钢管的焊接方法多样，有气焊、手工电弧焊、手工氩弧焊、埋弧自动焊、接触焊等。在施工中常用的有气焊、手工电弧焊和氩弧焊。

2）燃气管道工程焊接用的焊条，应符合设计要求，当设计无规定时，应根据母材的化学成分、机械性能、焊接接头的抗裂性及使用条件综合考虑使用。

3）钢管焊接时，应检查坡口质量，坡口表面上不得有裂纹、夹层等缺陷，并应对坡口两侧 10 mm 范围内的油、漆、锈、毛刺等污物进行清理，清除合格后应及时施焊。

4）燃气钢管焊接注意的事项。

①刚性对口焊接时注意事项。

a. 根部焊缝应焊得肥厚些，使其具有一定的强度，焊接过程尽可能不中断。

b. 最好在焊接之前对焊口进行预热。焊后应退火，以消除残余应力。

c. 根部焊完后，应检查有无裂纹，发现裂纹时必须彻底清除。

②低温下焊接注意事项。在低温下焊接时，焊缝冷却速度很快，因此产生较大的焊接应力，焊缝容易破裂。另外，熔化金属的快速冷却阻碍了气体的排出，焊缝易产生气孔。当温度低时，焊工易疲劳，也影响焊接质量。为保证焊接质量和方便施工，低温及不利天气焊接时应注意做好以下工作：

a. 刮风、下雨、降雪天气、露天作业时，必须有遮风、雨、雪的棚。

b. 焊接场所尽可能保持在 5 ℃以上，以保证焊接质量和提高劳动效率。

c. 当施焊时气温低于 5 ℃时，施焊管段的两头应采取防风措施，防止冷风贯穿加速焊口冷却，以免应力集中产生裂缝。

（2）塑料管焊接。塑料管具有良好的可焊性，要采用热风焊接方法连接。热风焊接是利用过滤后无油、无水的压缩空气加热到一定温度后，由焊枪喷嘴喷出，使塑料焊条和焊件加热呈熔融状态而连接在一起的焊接方法，适用于高、低压聚氯乙烯塑料管和聚丙烯塑料管连接。

1）承插式焊接。承插式焊接是承插粘接和管口焊接相结合的一种连接方法，结构可靠牢固。施工时，先按承插粘接方式进行连接，等胶粘剂干后，再用塑料焊条将承口全部焊接起来。这种连接形式强度较高，可用于承压管道。

2）套管式焊接。套管式焊接一般用于大口径管的连接。大口径管不易制作承插口，故连接时先将焊口对接焊接。对焊时通常开 V 形坡口，坡口角度为 60°～80°，焊间对口间隙为 0.5～1.0 mm。焊后将凸出的焊缝铲平，再在接头上加一套管。套管用板材加工，经加热呈柔软状态后，包覆在管子对接处，最后将套管的两端和接合缝焊接起来。这种焊接形式结构简单，施工方便，也可用于承压管道。

第五节　燃气管道附属设备

一、阀门

燃气管道中，阀门是重要控制设备，用以切断和接通管道，调节燃气的压力和流量。由于燃气管道输送的介质易燃、易爆，且有毒性，故对它的质量和可靠性有严格要求。首先，阀门必须有出厂合格证，阀壳应无砂眼、气孔等，严密性好；其次，阀门除要承受与管道相同的试验压力外，还要承受安装条件下的温度、机械振动等复杂应力，强度必须可靠。另外，燃气管道中阀门所用的金属材料和非金属材料应能长期耐腐蚀。

阀门按压力等级分为低压阀门、中压阀门、高压阀门三种。

（1）低压阀门，公称压力不大于 1.6 MPa，如煤气嘴（考克）、旋塞（转心门）、截止阀等，如图 2-38 所示。

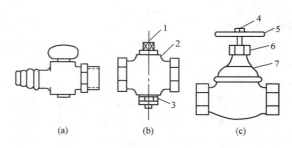

图 2-38　低压阀门

(a)煤气嘴；(b)填料旋塞；(c)低压截止阀

1—阀芯；2—阀体；3—螺母；4—阀杆；5—手轮；6—压母；7—大盖

(2)中压阀门，公称压力为 2.5～6.4 MPa 的阀门，如闸阀、中压截止阀、球阀等，如图 2-39 所示。

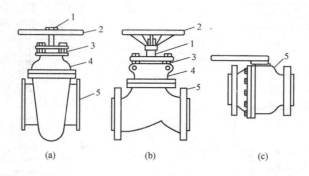

图 2-39　中压阀体

(a)闸阀(暗杆)；(b)截止阀；(c)球阀

1—阀杆；2—手轮(手柄)；3—填料函；4—压盖；5—阀体

(3)高压阀门，公称压力为 10.0 MPa 以上的阀门，如针形阀等。

二、补偿器

补偿器也称调长器，作用是调节管道胀缩量，便于阀门检修，常用于架空管道和需要用蒸汽吹扫的管道上。其补偿量约为 10 mm，如图 2-40 所示。为防止其中存水锈蚀，由套管的注入孔灌入石油沥青，安装时注入孔应在下方。补偿器的安装长度，应是螺杆不受力时的补偿器的实际长度，否则不但不能发挥其补偿作用，反会使管道或管件受到不应有的应力。

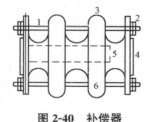

图 2-40　补偿器

1—螺杆；2—紧固螺母；3—波节；4—法兰盘；5—套管；6—沥青

三、凝水缸

为排除燃气管道中的冷凝水和天然气管道中的轻质油，管道敷设时应有一定坡度，以便在低处设凝水缸，将汇集的水或油排出。凝水缸的间距，视水量和油量多少而定，通常为 500 m 左右。

由于管道中燃气的压力不同，凝水缸分为不能自喷和能自喷两种。如果管道内压力较低，水或油就要依靠手动吸筒等抽水设备来排出(图 2-41)。安装在高、中压管道上的凝水缸(图 2-42)，由于管道内压力较高，积水(油)在排水管旋塞打开以后就能自行喷出，为防止剩余在排水管内的水在冬季冻结，另设有循环管，利用燃气的压力将排水管中的水压回到下部的凝水缸中。为避免燃气中焦油及萘等杂质堵塞，排水管与循环管的直径应适当加大。在管道上布置的凝水缸还可对其运行状况进行观测，也可作为消除管道堵塞的手段。

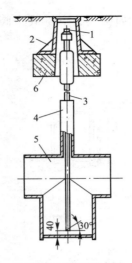

图 2-41　低压凝水缸

1—丝堵；2—防护罩；3—抽水管；
4—套管；5—集水器；6—底座

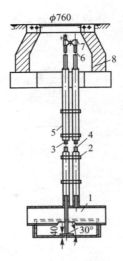

图 2-42　高、中压凝水缸

1—集水器；2—管卡；3—排水管；4—循环管；
5—套管；6—旋塞；7—丝堵；8—井圈

四、排水器

排水器又称抽水缸，其作用是将燃气中的水或油收集起来并排出管道。管道应有一定的坡度，且坡向排水器，排水器设在管道低点，通常每 500 m 设置一台。考虑到冬季防止水结冰和杂物堵塞管道，排水器的直径可适当加大。排水器分为低压(图 2-43)、中压或高压型(图 2-44)。

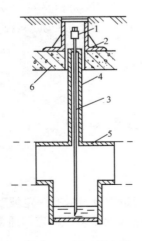

图 2-43　低压排水器

1—丝堵；2—防护罩；3—抽水管；
4—套管；5—集水器；6—底座

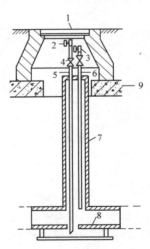

图 2-44　高压排水器

1—井盖；2—阀门；3—丝堵；4—旋塞；5—抽水管；
6—循环管；7—套管；8—集水器；9—底座

五、闸井

为保证管网的安全与操作方便，地下燃气管道上的阀门一般都设置在闸井中。闸井应坚固耐久，有良好的防水性能，并保证检修时有必要的空间。考虑到施工人员的安全，井筒不宜过深。闸井的构造如图 2-45 所示。

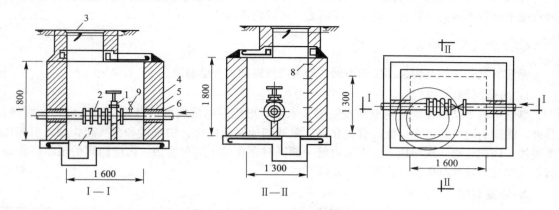

图 2-45　100 mm 单管闸井构造图

1—阀门；2—补偿器；3—井盖；4—防水层；5—浸沥青麻；6—沥青砂浆；7—集水坑；8—爬梯；9—放散管

第六节　燃气管道防腐与保温

一、管道防腐

在管道工程中，管子在土壤和外部空间敷设，它的材质大都是金属制品，常受外界因素的影响，产生化学反应、生物反应、电化学反应等，导致管道和设备的内、外表面被腐蚀损坏，致使管壁逐渐变薄，设备外表面锈蚀，严重的会发生穿孔泄漏。为延长管道的使用寿命，应因地制宜地根据所处环境和腐蚀程度，采取相应的防腐措施。

(一)防腐涂料的选择及要求

1. 防腐涂料的选择

防腐施工时应根据涂覆对象的技术要求，选用适当的涂料，应遵守以下规定：

(1)有温度要求的管道系统，应具有良好的耐腐蚀性能和良好的耐热性能。

(2)涂层应具有良好的附着力，且密实无孔，并具有良好的机械强度。

(3)根据涂料性能、被涂物材质的不同，选用相应的涂料。

(4)涂料应具有一定的色泽，并能在常温下固化。

(5)选用取材方便，施工简便的涂料。

2. 涂料防腐的要求

管道涂料防腐涂覆要求，根据其所处的环境和所起的作用不同，要求也不同，防腐的一般规定如下：

(1)明装黑铁管及其支架需要刷红丹底漆一道、银粉漆两道。

(2)明装镀锌钢管需刷银粉漆一道或可以不刷漆。

(3)暗装黑铁管需刷红丹底漆两道。

(4)潮湿房间内明装黑铁管及其支架均需刷红丹底漆两道、银粉面漆两道。

(5)明装各种水箱及设备需刷红丹底漆两道、面漆两道。

(6)对于室外管道的防腐要求：明装室外管道刷底漆或防锈漆一道，再刷两道面漆；安装在通行或半通行底沟里的管道，刷防锈漆两道，再刷两道面漆。

(二)管道腐蚀的分类

钢质燃气管道按其腐蚀部位的不同，分为内壁腐蚀和外壁腐蚀。

1. 内壁腐蚀

燃气中的凝结水在管道内壁生成一层亲水膜，形成原电池腐蚀的条件，产生电化学腐蚀。另外，输送的燃气管道中可能含有硫化氢、氧或其他腐蚀性化合物直接和金属起作用，引起化学腐蚀。因此，架空或埋地燃气管的内壁一般同时存在以上两种腐蚀。内壁防腐的根本措施是将燃气净化，使其杂质含量达到允许值以下。

2. 外壁腐蚀

外壁腐蚀同样可以在架空或埋地钢管上发生，架空钢管的外壁用油漆覆盖防腐。埋地钢管的腐蚀原因一般归纳为以下三类。

(1)电化学腐蚀，因土壤各处物理化学性质不同，管道本身各部分的金属组织结构不同，最终在管道与土壤之间形成回路，发生电化学作用，使钢管表面出现凹穴，以至穿孔。

(2)杂散电流对钢管的腐蚀，由于外界各种电气设备的漏电与接地，在土壤中形成杂散电流，同样会和埋地钢管、土壤构成回路，在电流离开钢管流入土壤处，管壁产生腐蚀。

(3)土壤化学腐蚀，由于土壤中含有某种腐蚀性物质或细菌等，同样会对埋地钢管造成腐蚀。

(三)管道表面除锈

1. 表面的清理

(1)在被涂管道涂装前，为了获得优质的涂膜，对被涂管道表面进行的一切准备工作，称为涂装前的表面预处理。涂装前表面预处理的好坏直接影响涂层的使用寿命和装饰效果。

(2)表面预处理就是清除被涂物表面上的各种污垢，消除被涂物表面的锈蚀物和机械加工缺陷，以提供适合于涂装要求的良好基础，从而确保涂膜的附着力和耐蚀性。

(3)除锈前先清洗掉可见的油、油脂、可溶的焊接残留物和盐类。

(4)清洗的方法：先刮掉附着在钢管表面上的浓厚的油或油脂，然后用抹布或刷子沾溶剂擦洗。最后一遍擦洗时，应用干净的刷子、抹布与溶剂。各种清洗方法的适用范围可参照表2-13。

表2-13　各种清洗方法的适用范围

清洗方法	适用范围	注意事项
溶剂(如工业汽油、溶剂汽油、过氧乙烯、三氯乙烯等)清洗	除油、油脂、可溶污物和可溶涂层	若需保留旧涂层，应使用对该涂层无损的溶剂，溶剂与抹布应经常更换
碱清洗剂	除掉可皂化的涂层，油、油脂和其他污物	清洗后要充分清洗，并作钝化处理
乳剂	除油、油脂和其他污物	清洗后应将残留物从钢表面上冲洗干净

2. 除锈处理

常用的除锈方法有手工、机械和酸洗三种。

(1)手工除锈。手工除锈时，因为工件的材质、形状、锈蚀种类和锈蚀程度差别很大，因此，需要多种工具配合使用，才能达到除净锈蚀的目的。操作时，先用锉刀锉掉工件边缘的锐利毛刺，以避免操作时不慎划伤手臂。当工件既有氧化皮又有铁锈时，要先除去氧化皮，然后再除去铁锈。铲掉氧化皮后的工件表面会出现尖锐的毛刺，要用钢锉修整。对于腐蚀严重的铁锈，可先用刮铲刮掉一层，然后再用砂布打磨。刮铲的前端要锋利平齐，以防清除铁锈时使工件表面产生新的划伤。

最后，用干净的布块或棉纱擦净。对于管道内表面除锈，可用圆形钢丝刷，两头绑上绳子来回拉擦，至露出金属光泽为合格。

（2）机械除锈。机械除锈的方法主要有电动机械除锈和喷（抛）射除锈。

1）电动机械除锈。电动除锈机械有风砂轮、风动钢丝刷、风动打锈锤、风动齿形旋转式除锈器等除锈机械。

①风砂轮，主要用于清除铸件毛刺、修光焊缝、修磨大型机械装配表面。

②风动钢丝刷，采用压缩空气驱动电动机带动钢丝轮对工件表面除锈，以及小面积和焊缝的清理。

③风动打锈锤，俗称敲铲枪，是一种比较灵活的除锈工具，适用于比较狭窄的部位除锈。它是靠锤头的往复运动撞击金属表面铁锈，从而达到除锈目的。根据除锈需要，锤体可以制成梅花型、尖型或针束型。

④风动齿形旋转式除锈器，其是利用高速旋转的齿形片与金属表面锈层摩擦和撞击而实现除锈的，适用于钢板表面的除锈和除旧漆。

2）喷（抛）射除锈。喷（抛）射除锈是将管子表面抛成粗糙而均匀的面，以增强防腐层对金属表面的附着性。喷（抛）射除锈可以将钢管表面凹陷处的锈污除掉，除锈速度快，故实际施工中应用较广。

①敞开式干喷射，是利用压缩空气喷射清洁干燥的金属或非金属磨料。常用的敞开式喷砂方法是用压缩空气将干燥的石英砂通过喷枪嘴喷射到管子表面，靠砂子对钢管表面的撞击去掉锈污。喷砂流程如图 2-46 所示。

喷砂用的压缩空气的压力为 $0.35\sim0.5$ MPa，采用 $1\sim4$ mm 的石英砂或 $1.2\sim1.5$ mm 的铁砂。吸砂管的吸砂端完全插入砂堆时，要在末端锯一小口，使空气进入，便于吸砂；或者把吸砂端对着砂堆斜放，但不必锯小口。现场喷砂方向尽量与风向保持

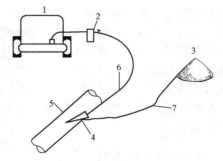

图 2-46　喷砂流程图
1—空气压缩机；2—分离器；3—砂堆；
4—喷嘴；5—钢管；6—压缩空气胶管；7—吸砂管

一致，喷嘴与钢管表面呈 70°夹角，并距离管子表面为 $10\sim15$ cm。

敞开式干喷射，劳动强度大，效率不高，污染环境，所以不常采用，有时用于钢板除锈。

②封闭式循环喷射，采用封闭式循环磨料系统，利用压缩空气喷射金属或非金属磨料。将 n 个喷嘴套在钢管上，外套封闭罩，钢管由机械带动管子自转并在喷嘴中缓慢移动。开始压缩空气机喷砂，钢管一边前进，一边除锈。如除锈不净可重复施工。用此方法除锈效率较高，应用广泛，多为自制设备。

③封闭式循环抛射，是利用离心式叶轮抛射金属磨料与非金属磨料。图 2-47 为抛砂除锈机示意。砂子存于储砂斗中，经送砂机构送入抛砂装置。抛砂装置内有一叶轮经电动机带动作高速旋转，叶轮旋转的离心力将砂子抛向位于除锈机箱内的管段（管段由送管机构不断向前送进），落至除锈箱底的砂子，经出砂口送至斗式提升机的底部，经提升机至高处后再从回砂管送回储

砂斗，便完成砂子流程的一个循环。

抛射除锈后的钢表面，应擦去尘土后立即进行防腐。假如涂装前钢表面已受污染，应重新进行除锈、清扫。

④喷(抛)射除锈用的磨料。

a. 金属磨料，常用的金属磨料有铸钢丸、铸铁丸、铸钢砂、铸铁砂和钢丝段。这些磨料的硬度、化学成分、粒度和显微结构应符合现行国家标准。

b. 非金属磨料，包括天然矿物磨料(如石英砂、燧石等)和人造矿物磨料(如溶渣、炉渣等)。天然矿物磨料使用前必须净化，清除其中的盐类和杂质。人造矿物磨料必须清洁干净，不含夹渣、砂子、碎石、有机物和其他杂质。

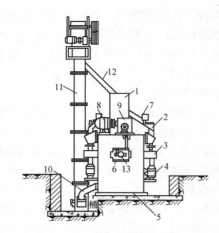

图 2-47　抛砂除锈机示意

1—砂斗；2、6—送砂机构；3—抛砂装置；
4、8—电动机；5—除锈箱；7—检查孔；9—传动机构；
10—出砂口；11—斗式提升机；12—回砂管；13—砂子进出口

(3)酸洗除锈。酸洗除锈是将金属表面的锈层及氧化物用酸溶液浸蚀除掉。钢管一般可用硫酸或盐酸，铜或铜合金及其他有色金属常用硝酸进行酸洗。

1)将管子完全或不完全浸入酸溶液中，钢管表面的铁锈便会和酸溶液发生化学反应，生成溶于水的盐类。然后，将管子取出，置于碱性溶液中中和，再用水将管子表面洗刷干净并烘干，立即涂底漆。

2)酸洗池用耐酸水泥砂浆和砖砌成，表面涂 2 mm 厚的沥青保护层；也可以用混凝土浇筑而成。混凝土表面用耐酸砂浆砌一层釉面砖。

3)酸洗速度取决于锈蚀程度、酸的种类、酸的浓度与温度。酸浓度大，酸洗速度快，但硫酸浓度过高易造成侵蚀过度现象。当浓度超过 25％时，酸洗速度反而减慢。因此，实际使用硫酸浓度不应超过 20％，温度升高可加快酸洗速度。

4)酸洗操作时，操作人员应戴好防护用品，酸洗后必须中和并用水清洗干净，否则将产生相反的效果。

(四)防腐涂料涂刷

涂料喷刷前，应先将涂料搅拌均匀，表面起皮的涂料应用铜纱布过滤，除去小块漆皮。然后根据喷刷方法，选择相应的稀释剂稀释。涂刷方法有手工涂刷、浸涂和喷涂三种。

1. 手工涂刷

手工涂刷是用 70 mm 或 100 mm 油漆刷子，在干燥的金属表面上涂刷。涂刷时，涂料要均匀地涂抹在管子外表面上，涂刷时，应自上而下，从左到右，先里后外，先斜后直，先难后易，纵横交错地进行，使油漆全部覆盖在金属表面。这种方法工效低，涂抹均匀程度较差，所以，只适用于要求不太高、工程量不大的零散工程。给水排水、管道支架等工程中常采用手工涂刷的方法。

2. 浸涂

浸涂是一种传统的涂漆方法。它是将被涂物浸入涂料中，使被涂物表面黏附涂料，滴上余漆形成漆膜。

把调好的漆倒入容器里，然后将被涂物件浸渍在涂料液中，浸涂均匀后抬出涂件，搁置在干燥、干净的排架上，待第一遍干后，再浸涂第二遍。这种方法厚度不宜控制，一般仅用于形状复杂物件的防腐。

3. 喷涂

常用的喷涂方法有压缩空气喷涂、静电喷涂和高压喷涂三种。

(1)压缩空气喷涂。以压缩空气为动力,用喷枪将涂料喷成雾状,均匀地喷涂在工件表面。压缩空气喷涂设备主要由空气压缩机、喷枪、空气胶管及输漆罐等组成。

1)空气压缩机。空气压缩机是用电力、汽油或柴油引擎带动的机器,它把空气从大气中吸入并用减体积增压力的方法输送压缩空气。必须按要求的气压和气量连续不断输送至贮气罐备用。

空气压缩机空载时的最大气压为 0.7 MPa。空气压缩机的容量根据压缩空气消耗量决定,保证每一喷枪的喷涂压力始终为 0.35~0.6 MPa。

使用时,每天要把空气罐的排水孔打开,放掉油和水。为了防止压缩空气中油和水对涂膜的影响,还需要配置油水分离器来净化空气。

2)喷枪。一般常用的喷枪主要由枪头、调节装置和枪体三部分组成,其整体构造如图 2-48 所示。

枪头由空气帽、涂料喷嘴针阀组成,其作用是将涂料雾化,并以圆形或椭圆形的喷雾图形喷漆至被涂物表面。调节装置是指调节涂料喷出量、压缩空气流量和喷雾图形的调节装置。枪体上除装有支承枪头和调节装置外,还装有扳机及各种防止涂料和空气泄漏的密封件,并制成便于手握的形状。

3)空气胶管。

①输气胶管。输气胶管用天然橡胶、合成橡胶或聚氯乙烯材料制成,内有单层编织层或双层编织层。压力超过 0.7 MPa 时应选用双层编织层。

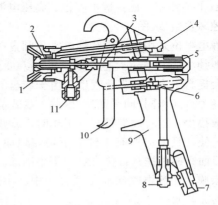

图 2-48 喷枪的构造

1—空气帽;2—涂料喷嘴;3—针阀;4—喷雾图形调节旋钮;
5—涂料喷出量调节旋钮;6—空气阀;7—空气管接头;
8—空气量调节装置;9—枪身;10—扳机;11—涂料管接头

②输料胶管。输料胶管一般由聚硫橡胶和单层或双层编织层构成。管线除达到耐压标准外,还应耐水、油及各类涂料和溶剂。

4)输漆罐。批量作业时,应配置压力输漆罐。密封的输漆罐设置搅拌、热交换器、压缩空气入口和泄压装置、涂料过滤与出口。输漆罐的容积一般为 20~120 L,施加到涂料的压力为 0.15~0.3 MPa(依喷枪数量而定)。热交换器用来恒定涂料温度,确保涂装施工过程中涂料黏度恒定不变。

(2)静电喷涂。静电喷涂的关键设备是高压静电控制器、高压静电发生器和喷枪,有些发生器设置在静电喷枪内。静电喷枪依其雾化原理,主要有离心力静电雾化、液压静电雾化和空气静电雾化三大类。

1)离心力静电雾化。离心力式静电喷涂一般在 2 000~4 000 r/min 的离心力作用下使涂料形成初始液滴并在枪口尖端带上负电荷,在同性电荷的排斥作用下进一步充分雾化。产生离心力的方法有旋杯式和盘式两种。

①旋杯式静电喷涂设备,也称离心雾化静电喷涂装置,是现今国内外广泛应用的一种设备。其喷枪结构如图 2-49 所示,旋杯的杯口尖锐,作为放电极有很高的电子密度,使涂料容易荷电。旋杯的转速一般在 2 000 r/min 以上,高速旋杯可达 60 000 r/min。由于旋杯离心力方向与电场力方向相垂直,形成的喷雾图形为环状,并且飞散的漆雾要比盘式的多。

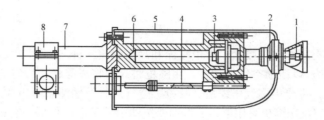

图 2-49 旋杯式静电喷枪

1—旋杯；2—涂料入口；3—空气马达；4—高压电缆；5—绝缘罩壳；6—绝缘支架；7—悬臂；8—支座

②盘式静电喷涂设备。由于盘式静电喷涂是在 Ω 形喷漆室中静电喷涂，故又称为 Ω（欧米格）静电喷涂。主要由专用 Ω 形喷漆室、旋盘静电喷枪、高压电源、供漆装置及电控装置组成（图 2-50）。

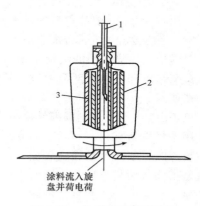

涂料流入旋盘并荷电荷

图 2-50 盘式静电喷漆设备

1—涂料供给；2—负高压；3—气动马达

盘式静电喷枪采用高速旋转静电雾化圆盘电极，旋盘转速一般约 4 000 r/min，也有最高达 60 000 r/min 的旋盘，大大提高了涂料的雾化程度。由于旋盘的离心力方向和电场力方向相同（同平面），因此，盘式静电喷涂的漆雾飞散很少，附着效率很高。工作时，旋盘作上下往复移动，使挂具上的所有工件上下均匀地涂上漆膜。工件的前后面则通过挂具自转或双 Ω 静电喷涂，都能均匀地附上涂膜。Ω 静电喷涂非常适合于中、小件涂漆，具有很高的涂装效率。

2）液压静电雾化。液压静电雾化是将高压喷涂和静电喷涂相结合。由于涂料施加高压（约 10 MPa），涂料从枪口喷出的速度很高，涂料液滴的荷电率差，雾化效果也差，因此，这类静电喷涂效果不如空气静电喷涂效果，但它适合于复杂形状工件的喷涂，且涂料喷出量大，涂膜厚，涂装效率高。

如果高压静电喷涂再与加热喷涂相结合，即高压加热静电喷涂，此时，涂料加热温度约为 40 ℃，涂料压力约为 5 MPa。由于涂料压力有大幅度的降低，涂料荷电率得到提高，静电喷涂效果得到改善，涂膜有较好的外观质量。

高压静电喷涂的另一种形式是空气辅助高压静电喷涂，辅助空气对漆雾飞散产生压制作用，涂料利用率提高，雾化效果也得到改善。

3）空气静电雾化。对于手提式静电喷枪，由于施加的电压较低，涂料的雾化必须靠压缩空气来保证。喷枪前端设置针状放电极，使部分涂料颗粒带上电荷并沉积于工件表面。由于压缩空气的前冲力和扩散作用，这种静电喷涂的涂料利用力低于离心力式，但比空气喷涂方法要高，适用于较复杂形状工件的喷涂。

（3）高压喷涂。高压喷涂是一种新型喷漆方法。将调和好的涂料通过加压后的高压泵压缩，从专用喷枪喷出。根据涂料黏度的大小，使用压力可为 0.5～5 MPa。喷料喷出后剧烈膨胀，雾化成极细漆粒喷涂在物件上，由于没有空气混入而带进水分和杂质，因此，使用这种方法既减少了漆雾，节省了涂料，又提高了涂层质量。

（五）地下管道防腐

敷设在地下的金属管道主要有铸铁管和碳钢管两种。由于铸铁管耐腐蚀性强，因此，埋地前只需涂1~2道沥青漆即可。埋地钢管除受土壤中的酸碱盐腐蚀外，还要受电化学和杂散电流的腐蚀。因此，必须在钢管外壁采用相应的防腐措施。

埋地钢管的防腐措施，一般采用沥青绝缘防腐，防腐等级根据土的特性分为普通、加强和特强三种。一般土壤可用普通防腐等级；对于穿越河流、铁路、公路、盐碱沼泽地等地段可用加强防腐等级；对于穿越有轨电车、电气铁路的管道可采用特加强防腐等级。

1. 地下管道防腐的一般规定

(1)管道防腐层的预制、施工过程中所涉及的有关工业卫生和环境保护，应符合现行国家标准《涂装作业安全规程　涂漆前处理工艺安全及其通风净化》(GB 7692—2012)的规定。

(2)管材防腐应统一在防腐车间(场、站)进行。

(3)管材及管件防腐前应逐根进行外观检查和测量，并应符合下列规定：

1)钢管弯曲度应小于钢管长度的0.2%，椭圆度应小于或等于钢管外径的0.2%。

2)焊缝表面应无裂纹、夹渣、重皮、表面气孔等缺陷。

3)管材表面局部凹凸应小于2 mm。

4)管材表面应无斑疤、重皮和严重锈蚀等缺陷。

(4)防腐前应对防腐原材料进行检查，有下列情况之一者，不得使用：

1)无出厂质量证明文件或检验证明。

2)出厂质量证明书的数据不全或对数据有怀疑，且未经复验或复验后不合格。

3)无说明书、生产日期和储存有效期。

(5)防腐前钢管表面的预处理应符合国家现行标准《涂装前钢材表面处理规范》(SY/T 0407—2012)和所使用的防腐材料对钢管除锈的要求。

(6)管道宜采用喷(抛)射除锈。除锈后的钢管应及时进行防腐，如防腐前钢管出现二次锈蚀，必须重新除锈。

(7)各种防腐材料的防腐施工及验收要求，应符合下列国家现行标准的规定：

1)《城镇燃气埋地钢质管道腐蚀控制技术规程》(CJJ 95—2013)。

2)《埋地钢质管道石油沥青防腐层技术标准》(SY/T 0420—1997)。

3)《埋地钢质管道环氧煤沥青防腐层技术标准》(SY/T 0447—2014)。

4)《钢质管道聚烯烃胶粘带防腐层技术标准》(SY/T 0414—2017)。

5)《埋地钢质管道煤焦油瓷漆外防腐层技术规范》(SY/T 0379—2013)。

6)《钢质管道熔结环氧粉末外涂层技术规范》(SY/T 0315—2013)。

7)《埋地钢质管道阴极保护技术规范》(GB/T 21448—2017)。

(8)经检查合格的防腐管道，应在防腐层上标明管道的规格、防腐等级、执行标准、生产日期和厂名等。

(9)防腐管道应按防腐类型、等级和管道规格分类堆放，需固化的防腐涂层必须待防腐涂层固化后堆放。防腐层未实干的管道，不得回填。

(10)做好防腐绝缘涂层的管道，在堆放、运输、安装时，必须采取有效措施，保证防腐涂层不受损伤。

(11)补口、补伤、设备、管件及管道套管的防腐等级不得低于管体的防腐层等级。当相邻两管道为不同防腐等级时，应以最高防腐等级为补口标准。当相邻两管道为不同防腐材料时，补口材料的选择应考虑材料的相容性。

2. 埋地钢管防腐

(1)埋地钢管防腐层由冷底子油、沥青玛蹄脂、防水圈材和保护层等组成。

1)冷底子油，一般用30号甲建筑石油沥青和无铅汽油组成，沥青和汽油的配比，见

表 2-14。冷底子油的配制方法：将沥青敲碎成小块，投进干净的沥青锅里，将石油沥青加热到 180 ℃～200 ℃进行脱水，连续熬制 2～2.6 h，直到不产生气泡为止。再将石油沥青冷却到 100 ℃～120 ℃，按配合比将石油沥青缓缓倒入无铅汽油中，并用木棒不停地搅拌，搅到完全均匀混合为止。

表 2-14　冷底子油的配合比

使用条件	沥青：汽油（重量比）	沥青：汽油（体积比）
气温在 5 ℃以上	1：（2.35～2.6）	1：3
气温在 5 ℃以下	1：2	1：2.6

2）沥青玛琋脂是由 30 号甲建筑石油沥青或 30 号甲与 10 号建筑石油沥青各 50%的混合物与无机填料（高岭土、石灰粉、石棉粉、滑石粉、废橡胶粉等）组成。沥青玛琋脂的重量配合比为沥青：高岭土＝3：1 或沥青：废橡胶粉＝95：5。沥青玛琋脂的配制方法：将石油沥青打碎放入沥青锅内，将沥青锅加热，除去水分，将溶化的沥青加热到 160 ℃～180 ℃，（加热温度不得超过 220 ℃）将其温度保持在 160 ℃～180 ℃，连续熬制 1 h，然后逐渐加入干燥的并预热到 120 ℃～140 ℃的填充料，并不断搅拌，使其均匀混合。混合后再测定沥青玛琋脂的软化点、延伸度、针入度三大指标，达到相应指标时即为合格。

（2）埋地钢管防腐的一般规定。

1）城镇燃气埋地钢质管道必须采用防腐层进行外保护。

2）新建的高压、次高压、公称直径大于或等于 100 mm 的中压管道和公称直径大于或等于 200 mm 的低压管道必须采用防腐层辅以阴极保护的腐蚀控制系统。管道运行期间阴极保护不应间断。

3）仅有防腐层保护的高压、次高压和公称直径大于或等于 150 mm 的中压在役管道应逐步追加阴极保护系统。

4）处于干扰腐蚀地区的管道，应采取防干扰的排流保护措施。

5）管道腐蚀控制系统的确定，应考虑下列因素：

①土壤环境因素：

a. 土壤环境的腐蚀性；

b. 管道钢在土壤中的腐蚀速率；

c. 管道相邻的金属构筑物状况及其与管道的相互影响；

d. 对管道产生干扰的杂散电流源及其影响程度。

②技术经济因素：

a. 管道输送介质的性能及运行工况；

b. 管道的预期工作寿命及维护费用；

c. 管道腐蚀泄漏导致的间接费用；

d. 用于管道腐蚀控制的费用。

③环境保护因素：

a. 管道腐蚀控制系统对人体健康和环境的影响；

b. 管道埋设的地理位置、交通状况和人口密度；

c. 腐蚀控制系统对土壤环境的影响；

6）管道腐蚀控制系统的确定可参考类似在役管道。

3. 防腐层

（1）一般规定。

1)管道防腐层应符合国家现行标准的规定，且应符合下列要求：

①涂覆过程中不应危害人体健康及污染环境。

②绝缘电阻不应小于 10 000 Ω·m²。

③应有足够的抗阴极剥离能力。

④与管道应有良好的黏结性。

⑤应有良好的耐水、汽渗透性。

⑥应具有下列机械性能：

a. 规定的抗冲击强度；

b. 良好的抗弯曲性能；

c. 良好的耐磨性能；

d. 规定的压痕硬度。

⑦应有良好的耐化学介质性能。

⑧应有良好的耐环境老化性能。

⑨应易于修复。

⑩工作温度应为 −30 ℃～70 ℃。

2)选择防腐层应考虑下列因素：

①土壤环境和地形地貌。

②管道运行工况。

③管道系统预期工作寿命。

④管道施工环境和施工条件。

⑤现场补口条件。

⑥防腐层及其与阴极保护相配合的经济合理性。

3)防腐层的等级按结构可分为普通级和加强级。

4)挤压聚乙烯防腐层、熔结环氧粉末防腐层、聚乙烯胶带防腐层的普通级和加强级基本结构应符合表 2-15 的规定。

表 2-15　防腐层基本结构

防腐层		防腐层基本结构		国家现行标准
		普通级	加强级	
挤压聚乙烯防腐层	二层	170～250 μm 胶粘剂＋聚乙烯 厚 1.8～3.0 mm	170～250 μm 胶粘剂＋聚乙烯 厚 2.5～3.7 mm	《埋地钢质管道聚乙烯防腐层》 （GB/T 23257—2017）
	三层	≥80 μm 环氧＋170～250 μm 胶粘剂＋聚乙烯 厚 1.8～3.0 mm	≥80 μm 环氧＋170～250 μm 胶粘剂＋聚乙烯 厚 2.5～3.7 mm	
熔结环氧粉末防腐层		300～400 μm	400～500 μm	《钢质管道熔结环氧粉末外涂层技术规范》 （SY/T 0315—2013）
聚乙烯胶带防腐层		底漆＋内带＋外带 ≥0.7 mm	底漆＋内带搭接 50%＋外带搭接 50% ≥1.4 mm	《钢质管道聚烯烃胶粘带防腐层技术标准》 （SY/T 0414—2017）

5)下列情况应按表 2-15 采用加强级或选择更安全的防腐层结构。

①高压、次高压、中压管道和公称直径大于或等于 200 mm 的低压管道。

②穿越河流、公路、铁路的管道。

③有杂散电流干扰及细菌腐蚀较强的管道。

④需要特殊防护的管道。

6)钢套管和管道附件的防腐层不应低于管体防腐层等级和性能要求。

(2)防腐层涂覆。

1)防腐层涂覆宜在工厂进行。

2)防腐层涂覆前必须进行管道表面预处理,预处理方法和检验应符合国家现行标准《涂装前钢材表面处理规范》(SY/T 0407—2012)的规定。

3)管道预留端形成的裸露表面应涂刷防锈可焊涂料。

4)防腐层涂覆必须保证完整性、连续性及与管体的牢固黏结。

5)防腐层涂覆后质量的检验应符合国家现行标准《钢质管道熔结环氧粉末外涂层技术规范》(SY/T 0315—2013)、《钢质管道聚烯烃胶粘带防腐层技术标准》(SY/T 0414—2017)的规定。

(3)防腐管的检验、储存、运输和施工。

1)防腐管现场质量检验应符合下列规定:

①外观:不得出现气泡、破损、裂纹、剥离缺陷。

②厚度:采用相关测厚仪,在测量截面圆周上按上、下、左、右 4 个点测量,以最薄点为准。

③黏结力:采用剥离法,在测量截面圆周上取 1 点进行测量。

④连续性:采用电火花检测仪进行检漏,检漏电压按下列公式计算:

a. 防腐层厚度大于 0.5 mm 时:

$$U = 7\ 900T^{1/2}$$

b. 防腐层厚度小于或等于 0.5 mm 时:

$$U = 3\ 300T^{1/2} \text{ 或 } 5 \text{ V}/\mu\text{m}$$

式中　T——防腐层平均厚度(mm);

　　　U——检漏电压(V)。

2)防腐管不宜长期露天存放。

3)防腐管在装卸、堆放、移动、运输和下沟过程中必须采取保护防腐层不受损伤的措施,应使用专用衬垫及吊带,严禁使用裸钢丝绳。

4)防腐管的施工应符合下列规定:

①管沟底上方段应平整无石块,石方段应有不小于 300 mm 厚的松软垫层,沟底不得出现损伤防腐层或造成电屏蔽的物体。

②防腐管下沟前必须对防腐层进行外观检查,并使用电火花检漏仪检漏。

③防腐管下沟时必须采取措施保护防腐层不受损伤。

④防腐管下沟后应对防腐层外观再次进行检查,发现防腐层缺陷应及时修复。

⑤防腐管下沟后的回填应符合国家现行标准《城镇燃气输配工程施工及验收规范》(CJJ 33—2005)的有关规定。

5)防腐管回填后必须对防腐层的完整性进行检查。

6)防腐管的修复和补口应使用与原防腐层相容的材料,且不得低于原防腐层性能,其施工、验收应符合国家现行标准有关规定。

7)防腐管施工后,应提供以下竣工资料:

①防腐管按上述 1)进行的检测验收记录。

②防腐管现场施工补口、补伤的检测记录。

③隐蔽工程记录。

4. 干扰防腐保护

(1)直流干扰的防护。

1)处于直流电力输配系统、直流电气化铁路、阴极保护系统或其他直流干扰源影响范围内的管道应测量其管地电位的正向偏移值和邻近土壤中直流电位梯度值，并应按直流干扰腐蚀的评价规定确定管道受到直流杂散电流干扰的程度。

2)对直流干扰的方向、强度及直流干扰源与管道位置的关系应进行实测，并根据测试结果选择直接排流、极性排流、强制排流、接地排流中的一种方式实施排流保护。

3)直流干扰的防护还可采取下列措施：

①减少直流干扰源的电流泄漏量。

②合理设置绝缘装置。

③提高管道防腐层级别。

④对处于同一干扰区的其他金属管道或构筑物实施共同防护。

4)管道实施排流保护后应达到下列要求：

①管地电位恢复到直流干扰前的正常值。

②表2-16所列排流保护效果评定指标。

表 2-16　排流保护效果评定指标

排流类型	干扰时管地电位/V	正电位平均值比/%
直接向干扰源排流(直接、极性、强制排流方式)	＞10	＞95
	10～5	＞90
	＜5	＞85
间接向干扰源排流(接地排流方式)	＞10	＞90
	10～5	＞85
	＜5	＞80

(2)交流电击腐蚀的防护。当管道在高压交流电力系统接地体附近埋设时，必须采取安全可靠的防护措施，管道与交流接地体的安全距离应不小于表2-17的规定。

表 2-17　管道与交流接地体的安全距离

接地形式	电力等级/kV			
	10	35	110	220
	安全距离/m			
临时接地点	0.5	1.0	3.0	5.0
铁塔或电杆接地	1.0	3.0	5.0	10.0
电站或变电接地体	2.5	10.0	15.0	30.0

5. 阴极保护

(1)一般规定。

1)管道应设置绝缘装置，以形成相互独立、体系统一的阴极保护系统。

2)管道阴极保护可采用强制电流法或牺牲阳极法。

3)管道阴极保护应避免对相邻埋地管道或构筑物造成干扰。

4)市区或地下管道及构筑物拥挤的地区应采用牺牲阳极阴极保护。具备条件时，可采用柔性阳极阴极保护。

5)在有条件实施区域性阴极保护的场合，可采用深井阳极地床的阴极保护。

6)新建管道的阴极保护设计、施工应与管道的设计、施工同时进行，并同时投入使用。

7)在役管道追加阴极保护时，应对防腐层绝缘电阻进行定量检测。

8)对已实施阴极保护的在役管道进行接、切线作业时，应对新接入的管道实施阴极保护。

(2)阴极保护效果判据。

1)阴极保护系统的保护效果应达到下列指标之一：

①施加阴极保护后，使用铜-饱和硫酸铜参比电极(以下简称 CSE 参比电极)测得的极化电位至少应达到−850 mV 或更小。测量电位时，必须考虑 IR 降的影响。

②采用断电法测得管道相对于 CSE 参比电极的极化电位应达到−850 mV 或更小。

③在阴极保护极化形成或衰减时，测得被保护管道表面与接触土壤的、稳定的 CSE 参比电极之间的阴极极化电位值不应小于 100 mV。

2)存在细菌腐蚀时，管道通电保护电位值应小于或等于−950 mV(相对于 CSE 参比电极)。

3)沙漠地区，管道通电保护电位值应小于或等于−750 mV(相对于 CSE 参比电极)。

(3)电绝缘。

1)阴极保护使用的电绝缘装置可包括绝缘法兰、绝缘接头和绝缘垫块等。

2)高压、次高压、中压管道宜使用整体埋地型绝缘接头。

3)下列部位应安装绝缘接头或绝缘法兰：

①被保护管道的两端及保护与非保护管道的分界处。

②储配站、门站、调压站(箱)的进口处与出口处。

③杂散电流干扰区的管道。

④大型穿跨越地区的管道两端。

⑤需要保护的引入管末端。

4)在爆炸危险区，绝缘装置应采用防爆火花间隙进行跨接。

5)绝缘装置应采取防止意外高电压击穿的保护措施。

6)管道与管道支承物间应保证绝缘。

7)管道与套管间应保证绝缘，且端口部位必须密封，不得渗漏水。

8)在阴极保护管道中设置的管道附件应进行良好的防腐绝缘。

(4)电连续性。

1)被保护管道应具有良好的电连续性。

2)非焊接连接的管道及管道设施应设置跨接电缆或其他有效的连接方式。

3)穿跨越管道安装绝缘装置的部位应设置跨接电缆。

(5)阴极保护的检测。

1)阴极保护系统应设置足够的测试装置，且符合下列规定：

①测试装置可设置在地上或地下，市区可采用地下测试井方式。

②测试装置的功能应分别满足电位测试、电流测试和组合功能测试的要求。

③测试装置应坚固耐用、方便测试，且装置上应注明编号。

④宜选择下列部位安装测试装置：

a. 强制电流阴极保护的汇流点；

b. 牺牲阳极埋设点；

c. 牺牲阳极中间点；

d. 穿跨越管道两端；

e. 杂散电流干扰区；

f. 套管安装处；

g. 绝缘装置处；

h. 强制电流阴极保护的末端。

2)阴极保护系统宜适量埋设检查片，且应符合下列规定：

①应选择不同类型的地段和土壤环境埋设。

②检查片的制作、埋设及测试方法应符合现行国家标准《埋地钢质检查片应用技术规范》（SY/T 0029—2012）的规定。

(6)阴极保护系统的设计、施工及验收。

1)强制电流阴极保护的设计、施工及验收应符合现行国家标准《埋地钢质管道阴极保护技术规范》（GB/T 21448—2017）的规定。

2)牺牲阳极阴极保护的设计、施工及验收应符合现行国家标准《埋地钢质管道阴极保护技术规范》（GB/T 21448—2017）的规定。

3)深井阳极地床阴极保护的设计、施工及验收应符合现行国家标准《强制电流深阳极地床技术规范》（SY/T 0096—2013）的规定。

4)阴极保护绝缘装置的设计、安装及测试应符合现行国家标准《阴极保护管道的电绝缘标准》（SY/T 0086—2020）的规定。

5)测试装置的安装应符合下列规定：

①装置的测试电缆与管道连接采用铝热焊剂焊接，应做到连接牢固、电气导通，且在连接处必须进行防腐绝缘处理。

②管道回填时，测试电缆应保持一定的松弛度。

③装置采用地下测试井设置方式时，应在地面上注明位置标记，其接线端子和测试头均应采用铜制品并封闭在测试盒内。

④测试电缆应采用双电缆接头。

6)阴极保护系统竣工后，应进行下列参数的测试：

①强制电流阴极保护系统测试参数：

a. 管道沿线土壤电阻率；

b. 管道自然腐蚀电位；

c. 辅助阳极接地电阻；

d. 辅助阳极埋设点的土壤电阻率；

e. 绝缘装置的绝缘性能；

f. 管道保护电位；

g. 管道保护电流；

h. 电源输出电流、电压。

②牺牲阳极阴极保护系统测试参数：

a. 阳极开路电位；

b. 阳极闭路电位；

c. 管道开路电位；

d. 管道保护电压；

e. 单支阳极输出电流；

f. 组合阳极联合输出电流；

g. 单支阳极接地电阻；

h. 组合阳极接地电阻；

i. 埋设点的土壤电阻率。

7)阴极保护系统竣工后，应提供下列竣工资料：

①竣工图。

a. 平面布置图；

b. 阳极地床结构图；

c. 测试桩接线图；

d. 电缆连接和敷设图。

②设备说明书。

③产品合格证、检验证明。

④隐蔽工程记录。

⑤按上述 6)进行的各项参数的竣工验收测试数据记录。

6. 腐蚀评价

(1)环境腐蚀评价。

1)土壤腐蚀性评价应符合下列规定：

①土壤腐蚀性应采用检测管道钢在土壤中的腐蚀电流密度和平均腐蚀速率判定。土壤腐蚀性评价应符合表 2-18 的规定。

表 2-18　土壤腐蚀性评价

指标	级别				
	强	中	轻	较轻	极轻
腐蚀电流密度/($\mu A/cm^2$)	＞9	6～9	3～6	0.1～3	＜0.1
平均腐蚀速率/[g/($dm^2 \cdot a$)]	＞7	5～7	3～5	1～3	＜1

②在一般地区，可采用土壤电阻率指标判定土壤腐蚀性。土壤腐蚀性分级应符合表 2-19 的规定。

表 2-19　土壤腐蚀性分级

指标	级别		
	强	中	轻
土壤电阻率/($\Omega \cdot m$)	＜20	20～50	＞50

③当存在细菌腐蚀时，应采用土壤氧化还原电位指标判定土壤腐蚀性。土壤细菌腐蚀性评价应符合表 2-20 的规定。

表 2-20 土壤细菌腐蚀性评价

指标	级别			
	强	较强	中	轻
氧化还原电位/mV	<100	100～200	200～400	>400

2)直流干扰腐蚀评价应符合下列规定：

①管道受到直流干扰程度判定应采用管地电位正向偏移指标或地电位梯度指标。

②当管道任意点的管地电位较自然电位正向偏移大于 20 mV 或管道附近土壤的地电位梯度大于 0.5 mV/m 时，可确认管道受到直流干扰。

③当管道任意点的管地电位较自然电位正向偏移大于 100 mV 或管道附近土壤的地电位梯度大于 2.5 mV/m 时，应采取排流保护或其他防护措施。

(2)管体腐蚀损伤评价。管体腐蚀损伤评定应符合国家现行标准《钢质管道管体腐蚀损伤评价方法》(SY/T 6151—2009)的规定，其评定类别依据其继续使用的能力划分，见表 2-21。

表 2-21 管体腐蚀损伤评定类别划分

类别	修复计划	测定与结论
1	立即修复	腐蚀程度很严重，应立即修复
2	限期修复	腐蚀程度较严重，应制订修复计划或降至安全工作压力运行
3	监测使用	腐蚀程度不严重，能维持正常运行，但监测使用，如果管体存在较大附加应力，应另行考虑

1)按腐蚀坑相对深度评定。腐蚀坑相对深度按式(2-1)计算：

$$A = \frac{d}{t} \times 100\% \tag{2-1}$$

式中 A——腐蚀坑相对深度；

d——实测的腐蚀区域最大腐蚀坑深度，单位为毫米(mm)；

t——管道公称壁厚，单位为毫米(mm)。

①如果 $A \leqslant 10\%$，属第 3 类腐蚀。

②如果 $A > 80\%$，属第 1 类腐蚀。

③如果 $10\% < A \leqslant 80\%$，按 2 类，3 类评定。

2)按腐蚀纵向长度评定。最大允许纵向长度按式(2-2)计算。

$$L = 1.12B\sqrt{Dt} \tag{2-2}$$

式中 L——最大允许纵向长度(mm)；

D——管道公称外径(mm)；

t——管道公称壁厚(mm)；

B——系数。

当 $10\% < A \leqslant 17.5\%$ 时，$B = 4.0$；

当 $A > 17.5\%$ 时，$B = \{[A/(1.1A - 0.15)]^2 - 1\}^{1/2}$；

当计算的 L 值大于实测的腐蚀区域最大纵向投影长度 L_m(图 2-51)，属于第 3 类腐蚀；

当相邻腐蚀坑之间未腐蚀区域小于 25 mm 时，应视为同一腐蚀坑，即腐蚀坑长度为相邻腐蚀坑长度与未腐蚀区域长度之和。

3)环向腐蚀尺度的影响。环向腐蚀长度以实测的腐蚀坑在垂直于管道轴线的周围方向上的投影弧线长 C 计算。当相邻腐蚀坑之间未腐蚀区域的最小尺寸小于 $6t$(6 倍壁厚)时，应视为同一腐蚀坑计算其投影长。

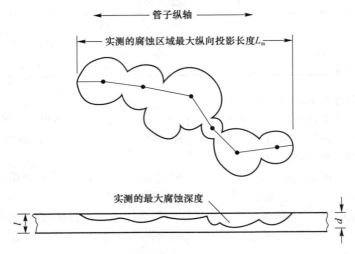

图 2-51　腐蚀管道实测的参数示意

二、管道与设备保温

(一)一般规定

(1)管道保温应在防腐、压力试验合格后进行,如需先保温或预先做保温层,应将管道连接处和环形焊缝留出,待压力试验合格后再将连接处保温好。

(2)采暖管道及其配件都应加以保温,保温是减少热量损失,使热媒能维持一定的参数(温度、压力),以满足生产和生活用热要求,节约燃料、改善操作环境、防止热媒冻结并保护管道不受外界影响。

(3)预留膨胀伸缩缝在管道的支架处,并用石棉绳或玻璃棉填塞。

(4)采用预制块保温时,预制块拼缝应错开,缝隙不应大于 5 mm,拼缝用石棉硅藻土胶泥填满。

(5)缠包式保温用矿渣棉、岩棉毡、玻璃棉毡等作保温材料,在缠包时应将棉毡压紧,缠裹好后用直径为 1~1.4 mm 的镀锌钢丝扎牢。

(6)用保温瓦做管道保温层时,应在直线管段上每隔 5~7 m 留一条膨胀缝,间隙为 5 mm,在弯管处,管径小于或等于 300 mm 时应留 1 条间隙为 20~30 mm 的膨胀缝。

(7)保温层外采用薄钢板做保护层时,纵缝搭口应朝下,薄钢板的搭接长度环形为 30 mm。采用石棉水泥或麻刀石灰做保护层时,其厚度为管道不小于 10 mm,设备、容器不小于 15 mm。

(8)保温管道最外层缠玻璃丝布时,应以螺旋状绕紧,前后搭接 40 mm,垂直管道应自下而上绕紧,每隔 3 m 及布带的两端均应用直径为 1 mm 的镀锌钢丝绑扎一圈。管道采用玻璃布油毡,其横向搭接缝用稀释沥青黏合,纵向搭接缝口应向下,缝口搭接 50 mm,外面用镀锌钢丝或钢带扎紧。

(二)保温材料的性能及选择

1. 保温材料的技术性能

常用的保温材料有:膨胀珍珠岩及其制品、玻璃棉及其制品、岩棉制品、微孔硅酸钙、硅酸铝纤维制品、泡沫塑料、泡沫石棉等，其性能见表2-22。

表 2-22 常用保温材料性能表

名称	密度 ρ /(kg·m⁻³)	热导率 K W/(m·K)	适用温度 t /℃	特点
膨胀珍珠岩	81～300	0.025～0.053	－196～＋1 200	粉状、质量轻、适用范围广
沥青玻璃棉毡	120～140	0.035～0.04	－20～＋250	适用于油罐及设备保温
沥青矿渣面毡	120～150	0.035～0.045	＋250	适用于温度较高，强度较低
膨胀蛭石	80～280	0.045～0.06	－20～＋1 000	填充性保温材料
聚苯乙烯泡沫塑料	16～220	0.013～0.038	－80～＋70	适用于 DN15～400 管道
聚氯乙烯泡沫塑料	33～220	0.037～0.04	－60～＋80	适用于 DN15～400 管道
软木管壳	150～300	0.039～0.07	－40～＋60	适用于 DN50～200 管道
酚醛玻璃棉板	120～140	0.03～0.04	－20～＋250	适用于 DN15～600 管道

2. 保温材料的选择

保温材料的选择，通常应按下列原则选择：

(1)良好的保温材料应具有较低的热导率[一般小于 0.23 W(m·K)]。

(2)受潮时不变质，耐热性能好，不腐蚀金属，质轻而空隙较多。

(3)具有一定的机械强度，受到外力时不致损坏。

(4)易于加工、成本低廉等特性。

(三)管道保温

1. 保温结构形式

管道保温层一般由三部分组成，即绝热层、防潮层和保护层。常见的施工方法有涂抹法、预制块法、包扎法和填充法四种。其结构形式如图 2-52～图 2-55 所示。

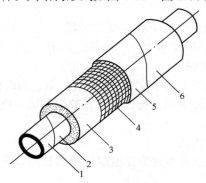

图 2-52 涂抹式保温结构

1—管道；2—防锈漆；3—保温层；4—钢丝网；5—保护层；6—防腐体

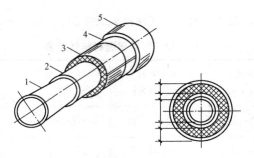

图 2-53　预制块式保温结构

1—管道；2—石棉灰底层；3—预制保温瓦；4—绑扎钢丝；5—保护壳

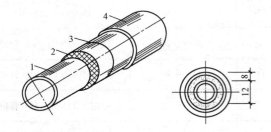

图 2-54　包扎式保温结构

1—管子；2—保温层；3—钢丝；4—保护壳

图 2-55　填充式保温结构

1—保护壳；2—保温材料；3—支撑环

2. 保温层的施工方法

（1）涂抹法。采用不定型保温材料（如膨胀珍珠岩、膨胀蛭石、石棉白云石粉、石棉纤维、硅藻土熟料等），加入胶粘剂（如水泥、水玻璃、耐火黏土等），或再加入促凝剂（氟硅酸钠或霞石氨基比林），选定一种配料比例，加水混拌均匀，成为塑性泥团，徒手或用工具涂抹到保温管道和设备上的施工方法，称为涂抹法保温。

涂抹式保温结构，如图 2-56 所示。

1）涂抹法施工方法。

①将石棉硅藻土或碳酸镁石棉粉和水调成胶泥，使其具有黏结力。

②把做好防腐处理的管道敷上已调好的胶泥，厚度为 3～5 mm，作为底层。

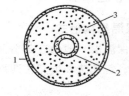

图 2-56　涂抹式保温结构

1—保护层；2—管道；3—涂抹保温层

③待底层完全干燥后，用保温抹子涂抹第二层胶泥，厚度为 10～15 mm，以后每层厚度为 15～25 mm。当管径小于 32 mm 时，可以一次抹好。

④待第二层胶泥完全干燥后，再涂抹下一层胶泥，至达到设计要求的保温层厚度为止。

⑤做立管保温时，应自上而下地进行。为防止胶泥下坠，应在立管上先焊上托环，然后再涂抹保温胶泥。

2）油毡玻璃丝保护层施工方法。

①将 350 号石油沥青油毡剪成宽度为保温层外圆周长加 50～60 mm，长度为油毡宽度的长条待用。

②将待用长条以纵横搭接长度约 50 mm 的方式包在保温层上，横向接缝用沥青封口，纵向接缝布置在管道侧面，且缝口朝下。

③油毡外面用 φ1.0～φ1.6 镀锌钢丝捆扎，并应每隔 250～300 mm 捆扎一道，不得采取连续缠绕；当绝热层外径 φ≥600 mm 时，则用 50 mm×50 mm 的镀锌钢丝网捆扎在绝热层外面。

④用厚 0.1 mm 的玻璃丝布以螺旋形缠绕于油毡外面，再以 φ1.0 镀锌钢丝每隔 3 m 捆扎一道。

⑤油毡玻璃丝布保护层表面应缠绕紧密，不得有松动、脱落、翻边、皱褶和鼓包等缺陷，且应按设计要求涂刷沥青或油漆。

3）石棉水泥保护层施工方法。

①当设计无要求时，可按 72%～77%42.5 级以上的水泥、20%～25%4 级石棉、3%防水粉（重量比），用水搅拌成胶泥。

②当涂抹保温层外径 φ≤20 mm 时，可直接往上抹胶泥，形成石棉水泥保护层；当保温层外径 φ≥200 mm 时，先在保温层上用 30 mm×30 mm 的镀锌钢丝网包扎，外面用 φ1.8 镀锌钢丝捆扎，然后再抹胶泥。

③当设计无明确规定时，保护层厚度可按保温层外径大小来决定，即保温层外径 φ<350 mm 者为 10 mm，外径 φ≥350 mm 者为 15 mm。

④石棉水泥保护层表面应平整、圆滑，无明显裂纹，端部棱角应整齐，并按设计要求涂刷油漆或沥青。

4）涂抹层保温配料比。涂抹层保温配料比，如设计无要求，可按表 2-23 进行。

表 2-23　涂抹法保温配料及比例

配料名称	规格	配方Ⅰ/kg	配方Ⅱ/kg	配方Ⅲ/kg
硅酸盐水泥	42.5	150		200
水玻璃	比重 1.25～1.3		300	
石棉纤维	3～5 级		50	
膨胀珍珠岩	密度≤100 kg/m³	100		
石棉灰或石棉硅藻土		50		50
耐火黏土			50	
氟硅酸钠			30	
膨胀蛭石	粒度 3.5～7 mm		2 m³	1.6～1.7 m³

5）涂抹法的优点。

①要求保温材料品种少，辅助材料也用的少。

②施工方法简单，维护检修方便。

③保温结构是一个整体，没有接缝，可以减少热损失。

④适用于任何形状的管道、管件及阀门等。

⑤这种结构使用时间较长，一般可达 10 年以上。

6）涂抹法的缺点。

①主要靠手工操作，消耗劳动力多，生产效率低。

②工程质量在很大程度上取决于操作工人的技术水平和劳动态度。

③待前一层干燥后才能抹下一层，这样拖延了施工时间。

④为了加快干燥，被保温的管道要预热到 80 ℃～150 ℃，这样给新建带来了困难，也使保温工程增加了成本。

⑤机械强度不高，多数情况下需用镀锌钢丝网作支撑骨架，所以不能用于要求机械强度高

的管道上。

⑥胶泥是用水调和的，所以容易吸水，这就增大了热导率，降低了机械强度。

（2）预制装配法。管道预制装配式保温结构，如图 2-57 所示。一般管径 $DN \leqslant 80$ mm 时，采用半圆形管壳；若直径 $DN \geqslant 100$ mm 时，则采用扇形瓦（弧形瓦）或梯形瓦。

图 2-57 预制装配式保温结构
1—保护层；2—预制件

预制品所用的材料主要有泡沫混凝土、石棉、硅藻土、矿渣棉、玻璃棉、岩棉、膨胀珍珠岩、膨胀蛭石、硅酸钙等。

预制瓦片装配法保温，是将预制瓦片围抱在管子周围，并用镀锌钢丝捆扎。

1）预制瓦片装配法施工方法。

①调制胶泥。用水将石棉硅藻土或碳酸镁石棉粉或其他与保温瓦片相同的保材料，调合成胶泥。

②涂抹胶泥。在试压合格并作完防腐处理的管道上，用保温抹子涂抹一层厚度为 3～5 mm 的胶泥。

③装配瓦片。在已抹胶泥的管子上面扣上保温瓦片，另一瓦片以同样方法交错地扣在管子另一对面上。瓦片横向接缝和双层保温瓦的纵向接缝应相互错开，扇形保温瓦片的拼装方法和要求与半圆形瓦片装配相似。瓦片接缝间隙：保温管不大于 5 mm，保冷管不大于 2 mm。

④捆扎瓦片。每节保温瓦片至少捆扎两圈钢丝，钢丝距瓦片边缘 50 mm，钢丝的接头要安排在管子的里侧，且应扳倒，以防止抹保温层时扎手。

⑤预制保温瓦片厚度大于保温层厚度时，可采用多层结构。

⑥立管装配保温瓦片时，为防止瓦片下坠，应在管子上先焊接托环，托环间距为 2～3 m，装配时应自上而下地进行。托环下面应留出膨胀缝隙，缝宽为 20～30 mm，并填充石棉绳。

⑦弯管保温时，首先将保温瓦片按弯管样板形状锯割成若干节，并以相同的方法进行拼装。拼装时，管径小于 350 mm 的弯管，留 1 条膨胀缝隙；管径大于 350 mm 的弯管，留 2 条膨胀缝隙，间隙均为 20～30 mm。

⑧保温瓦片之间的缝隙须用胶泥勾缝，使瓦片之间的纵横拼缝都不再有空隙。

2）保护层施工方法。用材、方法、外涂漆等与涂抹式的保护层要求相同，但矿渣棉或玻璃棉的管壳做保温层者，应采用油毡玻璃丝布保护层。采用石棉水泥或麻刀石灰做保护层，其厚度不小于 10 mm。采用薄钢板做保护层，纵缝搭口应朝下，薄钢板的搭接长度，环形缝为 30 mm。

3）预制装配式保温结构的优点。

①保温管壳、弧形瓦、梯形瓦等都可以在预制厂进行预制，不但能够提高劳动效率，而且还能保证预制品的质量。

②使用预制管壳时，施工非常方便，能够加快进度，并能保证质量。

③预制品都有较高的机械强度。

④使用管壳时做外面保护层也容易，并不像使用棉毡那样难做，而且也很牢固。

⑤可以在工厂或预制厂进行管段保温，在管段两端留出焊接的长度，运到现场焊好试压后，

再做焊接部位的保温。

⑥预制保温结构比较坚固耐用，使用时间长。

4)预制装配式保温的缺点。

①接缝处虽然用胶泥抹平，但还会有热量逸出，增加管道热损失。

②搬运中损耗量大，尤其是长途运输。

③消耗辅助材料较多，需要大量的镀锌钢丝网。

④不同管径、不同厚度规格品种多，在保存和使用中容易弄错。

⑤对于形状复杂的管道，加工量大，消耗工时多，使用较困难。

(3)缠包法。缠包式保温结构，如图 2-58 所示，是将保温材料制成绳状或带状，直接缠绕在管道上。采用这种方法的保温材料有矿渣棉毡、玻璃棉毡、稻草绳、石棉绳或石棉带等。

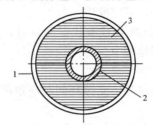

图 2-58 缠包式保温结构
1—保护层；2—管子；3—缠包保温层

1)管道缠包式保温的施工要点。

①先将矿渣棉毡或玻璃棉毡按管道外圆周长加搭接长度剪成条块待用。

②将按管子规格剪成的条块缠包在已涂刷防锈漆的相应管径的管道上。缠包时应将棉毡压紧，如一层棉毡厚度达不到保温厚度，可用两层或三层棉毡。

③缠包时，应使棉毡的横向接缝结合紧密，如有缝隙，应用矿渣棉或玻璃棉填塞；其纵向接缝应放在管道顶部，搭接宽度为 50～300 mm(按保温层外径确定)。

④当保温层外径 φ＜500 mm 时，棉毡外面用 φ1.0～φ1.4 镀锌钢丝包扎，间隔为 150～200 mm；当外径 φ＞500 m 时，除用镀锌钢丝捆扎外，还应以 30 mm×30 mm 镀锌钢丝包扎。

⑤使用稻草绳包扎时，如果管道温度不高，可直接缠绕在管道上，外面做保护层。如管道输送介质温度较高(一般在 100 ℃以上)时，为了避免稻草绳被烤焦，可先在管道上涂石棉水泥胶泥或硅藻土胶泥，待干燥后再缠稻草绳，外面再敷以保护层。稻草绳主要用于热水采暖系统的管道上，热水温度一般在 100 ℃以下。

⑥使用石棉绳(带)时，可将石棉绳(带)直接缠绕在管子上，根据保温层厚度及石棉绳直径可缠一层或两层，两层之间应错开，缝内填石棉泥，外面也可不做保护层。

石棉泥保温可用在高温蒸汽管道或临建工程上，主要为了施工和拆卸方便，一般可用在小直径热水管道上。

2)保护层施工要点。

①油毡玻璃丝布保护层，做法同管道涂抹法施工。

②金属保护层(也适用于预制装配式保温)。

a. 将厚度 0.3～0.5 mm 的镀锌薄钢板(内外先刷红丹底漆两遍)或厚度为 0.5～1 mm 的铝皮，以管周长作为宽度剪切下料，再用压力机压边，用滚圆机滚圆成圆筒状。

b. 将金属圆筒套在保温层上，且不留空隙，使纵缝搭接口朝下；环向接口应与管道坡度一致；每段金属圆筒的环向搭接长度为 30 mm，纵向搭接长度不少于 30 mm。

c. 金属圆筒紧贴保温层后，用半圆头自攻螺钉进行紧固。螺钉间距为200～250 mm，螺钉孔以手电钻钻孔；禁止采用冲孔或其他不适当的方式装配螺钉。

d. 在铁皮保护层外壁按设计要求涂刷油漆。

3)缠包结构的优点。

①这种保温结构施工方法简单，检修方便。

②石棉绳、草绳保温使用辅材少，不消耗金属材料。

③适用于有振动和温度变化较大的管道保温。

④使用稻草绳保温造价很低，但并适用于不规则的管道。

4)缠包结构的缺点。

①使用稻草绳在温度高时，容易被烤煳，使用年限短。

②使用石棉绳造价太高，不经济，不宜推广。

(4)填充法。填充法保温，是将纤维状或散状保温材料，如矿渣棉、玻璃棉或泡沫混凝土等，填充在管子周围特制的套子或钢丝网中。

填充法保温施工方法如下：

1)支撑环制作与安装。先制作支撑环，支撑环间距应根据保温材料的容重及保温层厚度来定，一般为300～500 mm。

2)填充外层安装。将支撑环对扣在管子两侧，然后用14～16号镀锌钢丝将支撑环紧紧地捆在一起，再用网孔为20 mm×20 mm～30 mm×30 mm的镀锌钢丝网(或薄钢板、铝皮)由下向上包拢在支撑环上，钢丝网接口要朝下。

3)填充保温材料。用矿渣棉、玻璃棉、泡沫混土等材料来填充保温层，达到设计要求后停止填充。

4)做保护层，填塞保温材料后，用21号镀锌钢丝将钢丝网接口缝合，外面再做一层保护层即可。

(四)设备保温

1. 保温的结构形式

设备保温与管道保温基本相同，也是由三部分组成，即绝热层、防潮层和保护层。常见的施工方法有涂抹法、包扎法和自锁垫圈保温等。

2. 保温层的施工方法

(1)涂抹法。设备的涂抹式保温结构的做法及所用的保温材料与管道保温基本相同。具体操作方法如下：

1)用 $\phi 5 \sim \phi 6$ 的圆钢制作保温钩钉。

2)焊接保温钩钉前，应先将设备表面清扫干净，间距一般为250～300 mm。

3)在防腐壁面上敷上拌好的胶泥，第一层可用较稀的胶泥散敷，厚度为3～5 mm。

4)待底层完全干燥后，用保温抹子涂抹第二层胶泥，厚度为10～15 mm，以后每层厚度为15～25 mm，直至达到设计要求厚度为止。

5)外包镀锌钢丝网一层，用镀锌钢丝绑在保温钩钉上。当保温厚度在100 mm以上或形状特殊时，可用两层镀锌钢丝网，外面再做15～20 mm的保护层即可。

(2)包扎法。采用预制瓦片或保温板围抱在设备平壁的四周，用镀锌钢丝捆扎，称为包扎法保温。具体操作方法如下：

1)先将设备表面清扫干净，焊接保温钩钉，涂刷防锈漆，保温钩钉的间距一般为350 mm。每块保温板不少于两个保温钩钉，同时要以绑扎方便为准。

2)敷上预制保温板(瓦片)再用镀锌钢丝借助保温钩钉交叉绑牢。

3)保温预制板的纵横接缝要错开。如果保温板的厚度满足不了设计要求的厚度,可采用两层或多层结构。

4)当保温板材有缺陷时,应当用相同的保温材料修补好,避免增加热损失。在外面再包上镀锌钢丝网,平整地绑在保温钩钉上。

5)做石棉水泥或其他保护层,涂抹时必须有一部分透过镀锌钢丝网与保护层接触。外表面一定要抹得平整、光滑、棱角整齐,而且不允许有钢丝或钢丝网露出保护层外表面。

(3)自锁垫圈保温。该方法与设备包扎结构基本相同,不同的是,包扎设备结构用的是带钩的保温钉,是用镀锌钢丝绑扎。而自锁垫圈结构中用的保温钉是直的,是利用自锁垫圈直接卡上从而固定住保温材料。具体操作方法如下:

1)先将设备表面除锈,清扫干净,焊接保温钉,涂刷防锈漆,保温钉的间距一般为250 mm左右,但每块保温板不少于两个保温钉。

2)敷设保温板,卡在保温钉上,使保温钉露出头,再将镀锌钢丝敷上,用自锁垫圈嵌入保温钉,压住压紧钢丝网,嵌入后保温钉至少应露出5~6 mm。

3)将镀锌钢丝网平整地紧贴在保温材料上,外面做保护层即可。

本章小结

在现代化城市中,燃气与电力、自来水一样,既是城市重要基础设施,又是不可或缺的基本能源供应,对城市的经济建设和人们生活都有着重大影响,因此,对燃气管网输配系统的安全可靠性有很高的要求。本章主要介绍了燃气工程图的识读,燃气管道基本要求及分类,燃气管道的布线、连接及防腐与保温等内容。

思考题

1. 燃气管道的基本要求有哪些?

2. 燃气管道根据用途、敷设方式可分为哪几类?

3. 为什么城镇燃气输配系统中管网应采用不同的压力级制?

4. 简述城镇燃气管道的布线原则。

5. 简述燃气管道穿越河流施工工艺。

6. 燃气管道的连接方法有哪些?

7. 钢质燃气管道按其腐蚀部位分为哪些?

8. 常用管道表面除锈方法有哪几种?

9. 燃气管道保温层的施工方法有哪些?

第三章 城镇燃气管道安装与质量验收

知识目标

1. 了解燃气工程质量规定；熟悉燃气管道接管施工工艺；掌握燃气管道顶管施工、室外燃气管道敷设，室外燃气管道工程的试验与验收。

2. 熟悉室内燃气管道安装工艺；掌握室内燃气管道敷设、室内燃气管道及设施的检验与验收。

能力目标

1. 能掌握带气接管的方法，制定周密的施工方案，并能进行室内、室外燃气管道的安装与敷设。

2. 能进行室外燃气管道工程检验、室外燃气系统吹扫、室外燃气管道的强度试验和严密性试验。

3. 能进行室内燃气管道及设施的检验预验收。

第一节 燃气工程质量规定

城镇燃气的安全运行首先要求城镇燃气设施系统的工程质量符合质量规定，这是运行安全的起点和基础，城镇燃气经营企业不能在一个工程质量存在着众多隐患、缺陷的系统中向社会提供供气服务，因为一开始就注定了不安全，埋下了无尽而不可知的危险和有害因素。本质不安全是最大的根本性危险，城镇燃气本质安全是指通过燃气工程建设程序的所有环节和手段，使城镇燃气的所有运行、使用设施、设备或供气运行系统本身具有安全性，具有即使在误操作或发生故障的情况下也不会造成事故的功能。

燃气工程对技术要求比较高，对自然条件的要求也比较高，这是其自身内在属性的要求。燃气工程对质量的要求特别严格，这是城镇燃气地位和企业性质，以及燃气本身易燃、易爆、有毒的特性所限定的。供应的燃气是能源，也是社会生产和日常生活用品，燃气设施遍及城镇的每一个角落，多年的燃气供应实践和经验教训，使整个行业形成共识"没有好的燃气工程质量保证，就没有安全供气"。因此，如何保证燃气工程质量，加强工程建设过程中的管理，确保燃气工程质量符合国家标准规范和设计要求，做到燃气系统的本质安全是至关重要的。

影响燃气工程质量的因素是多方面的，从实现本质安全的角度来考虑，主要控制设计、监理、施工、验收等重要环节。应在项目的不同阶段、不同环节和不同过程对燃气工程质量进行有效的关键点控制，实现工程质量的最佳化，从而提高燃气设施的可靠性和安全性。

一、设计阶段

燃气工程设计是工程质量管理的起点，设计质量的优劣直接影响到工程建设质量。燃气工程设计应从安全性、可靠性、可维修性、可操作性、投资合理等方面进行综合平衡，作出最佳的设计成果。

(1)严格遵守法律、法规、规范与规定。要求设计人员熟悉法规和规范。

(2)合理选择城镇燃气系统的规模。一个合理和优化的燃气系统不仅应该考虑气源供应、输配、用户，还要考虑到城市的发展、燃气应用领域的拓宽等因素。

(3)合理确定工艺流程。工艺流程的合理性是城镇燃气系统安全、可靠供气的保证，这取决于场站(包括城市门站、调压站、气源站、储配站、储气调峰设施等)、管网系统等设施的工艺流程的合理性。

(4)合理选择设备与材料。设备与材料的选择应依据工程的规模、压力级制、安装、敷设条件及已经使用的情况等因素进行，同时满足国家现行规范、标准的有关规定。

(5)确保管道防腐工程质量。对钢管防腐和阴极保护方案的选择要结合工程实际情况，研究所在地的土壤和周边条件；已经使用的防腐措施和技术的情况，要经过科学的技术经济论证确定。

(6)合理选择安全设施及监控系统。燃气安全设施和监控系统是保障燃气企业安全生产和可靠供气的有效技术手段，在系统的设计和实施过程中，技术参数和设施设备能力应当与管理体制和职责范围相适应，与燃气系统的发展规划相适应。

(7)结合经验教训及时更新设计。由于我国燃气发展历史较短，应参照世界燃气成功的经验，燃气工程实践的教训，结合项目设计的全过程，采取有效的设计控制，及时调整设计思路，加强设计质量的关键环节管理，确保设计的合理性、科学性。

(8)对于设计标准和规范，要及时使用已更新和新颁布的标准，要全面理解标准，也要积极研究标准，并结合此时、此地燃气工程建设、城镇燃气运行的实践来运用标准的条文内容，减少施工中因不符合实际不得不频频更改设计的现象。

二、施工阶段

将一个良好的燃气工程设计变成现实全在于施工。如何保证设计意图严格地落实，如何保证不随意改变设计，自行其是，施工阶段中严把监理关和施工工艺是关键。控制质量的关键主要有以下方面：

(1)人员的管理和技术培训。根据燃气工程的特点，从确保施工质量出发，必须通过有针对性地培训提高施工人员的综合素质。健全岗位责任制，加强施工人员资格控制，严格遵守操作规程，从项目经理、施工安全员到特殊工种，都严格执行持证上岗制度，严禁无证上岗行为，避免因人的失误造成质量问题。

(2)环境因素的管理。影响质量的环境因素比较多，如水文气象的技术环境、作业场所的劳动环境等。根据燃气工程施工特点和具体条件，采取有效措施对环境因素进行管理。例如，PE管的施工，由于管材受温度影响特别大，因此管材运抵施工现场后，不能直接让其暴晒在太阳底下，必须要用合适的工具遮挡紫外线。在焊接过程中，为保证焊口的质量，不能在阴雨潮湿的环境下作业。

(3)严把燃气工程材料、设备质量关。对施工使用的管材、管件、阀门等的质量进行检查与控制，目前市场上工程材料供应良莠不齐，加强工程材料的质量管理与监督是十分必要的。大多数燃气经营企业对材料控制都是非常严格的，并对关键性材料(例如，阀门、调压设备、管材管件、燃气表等)编制了燃气工程材料设备目录，对于没有制造厂的合格证书、鉴定证书、质检证明和外观检查不合格的材料一律不得使用。

(4)施工设备的组织与控制。燃气工程的施工设备主要包括机械设备，如非开挖施工设备、起重机、电焊机、发电机、空压机等，机械设备应根据工程的需要进行合理的选择和正确的使用，并且合理、科学地控制施工工序，使每道工序的施工质量符合要求，达到质量标准。例如，在 PE 管的焊接施工中，采用热熔焊接时，使用全自动焊机来保证焊口的可靠性；而电熔焊接则采用带条形码和自动焊机的焊接装置。要正确使用这些设备，必须通过严格的培训、取证，杜绝无证上岗现象。

（5）掌握工艺质量要求，严格按要求施工。燃气工程的施工工艺质量稳定，可以提高整个工程质量的稳定性。工艺质量管理的重点是要做好技术交底、按要求施工、加强监督检查。例如，PE 管道焊接的工艺质量控制过程分为以下阶段：翻边热熔焊接，开闭模、熔接，冷却成型。焊口的翻边应沿管材形成均匀、对称、实心和圆滑的焊环，根部较宽，斜切开焊口观察：熔接界面均匀，没有裂缝、气孔等缺陷。

例如，隐蔽工程质量，管沟回填一直是城镇燃气工程的关注质量点。这项被人们认为简单、容易的工作，却是运行中安全隐患的产生原因。沟形、沟深、老土和回填土质量、回填深度、分层夯实，地质，地下水，地温等都是这项工作质量的影响因素。

三、工程监理

燃气工程监理是由城镇燃气经营企业（建设单位）委托有相应资质的监理单位对项目工程的工程质量、施工行为进行监控的专业服务活动。保证工程质量监理工作的有序、有效开展。燃气经营企业应关注、配合监理单位的工作，应重点研究抓好以下几个方面的关键环节：

（1）监理规划要符合城镇燃气工程特点，城镇燃气工程项目最大的特点是施工环境条件变化多，形式多。

（2）要明确施工过程中关键环节的目标控制，对实际目标和计划目标进行跟踪，及时发现偏差、纠正偏差，实现总目标控制。

（3）注重实现燃气工程质量管理上目标的统一。

（4）把好工程竣工验收的质量关，完善竣工资料。

四、试运行阶段

城镇燃气经营企业在燃气工程验收后，进行燃气工程特别是燃气场站工程的试运行，是把好质量关的最后一道闸门。这是燃气设施运行管理、维护的开始。试运行阶段既是员工演练熟悉的过程，也是工程质量实际检验的过程。要加强注意的环节有：

（1）试运行启动的管理程序：由项目管理组提出试运行报告和试运行方案，经城镇燃气经营企业规定的程序批准实施。

（2）试运行要按照城镇燃气经营企业的制度正常实施，没有特殊待遇；该到位的人员、设施、配件、管理文件等要到位。

（3）严格做好各项运行记录和检测记录，特别是不符合的事项和异常现象；要核实竣工资料和实物质量的一致性。

（4）工程的相关单位到场保标，对质量问题坚决处置，切不可"温良恭俭让"。

第二节　室外燃气管道安装及质量验收

一、燃气管道接管施工工艺

燃气管道投入使用后，因用户数量扩大，需要进行干管延伸、接装用户、管道大修更新等施工，经常需要带气接管。

将新建燃气管道与正在使用的燃气管道进行连接，由于管道具有一定的压力，这就需要施工员必须掌握带气接管的方法，并需要制定周密的施工方案。因为要对具有一定燃气压力的管道进行切割、焊接、打口或钻孔操作，属于危险行业，施工人员应熟悉危险作业的安全技术。

(1)准备工作。

1)原管道系统准备，查清停气降压时阀门关闭范围内影响调压器的数量及调压器所供应的范围，应事先与用气单位商定停气时间。要明确低压干管是否与停气范围以外的低压干管相通。

2)待接管道准备，对已竣工准备接管的管道，应有验收手续，证明施工合格。与原有燃气管道连接的三通、管道、法兰短管应放样下料，开好坡口，并备好所需机具。新建管道中的阀门必须检验合格，开关灵活。

(2)降压方式。接线施工中，需采用停气或降压措施时，应明确停气降压允许的时间及影响范围，并事前通知用户。

1)次高压燃气管道降压。当新建高压管道为次高压管与原有次高压管连接，原有的次高压管道为环状管网时，只需关闭作业点两侧阀门，并用阀门井内的放散管放散燃气而降压。原有次高压管道若为平行的两根管道与高中压调压站连接，在次高压管道降压接管时，可安排适当时间关闭作业点两侧的阀门，使其中一条管道停止运行，另一条管道低峰供气。

2)中压燃气管道降压。原有中压管道为环状管网，可关闭作业点两侧的阀门，用阀门内的放散管排出燃气降压。若为枝状管网，需做好用户停气工作，先关闭支线阀门，从支线上的中低压调压箱中中压燃气减压后送至低压管网与用户，直到中压管压力与低压管压力相同，再关闭调压箱的出口阀门，用箱内放散管放散，至接管作业要求压力。

3)低压燃气管道降压。施工部位的管道为双向供气，且管内的供气压力较低时，可采用阻气袋阻断气流；若管道为双向供气但距调压器较近且管内压力较高时，可将调压器的出口压力调低至阻气袋能阻止气流为止；当在枝状管网上施工时，则必须对施工部位以后的管道进行停气；当被停气的管段上有重要用户，或有不能中断燃气供应的用户时，则应安装临时旁通管供气。

(3)燃气管道接管。

1)对接接管，当管道延长伸长并采用对接连接时，两个管道接口应在同一水平面上。

①开天窗。开天窗是指在原有管道端部预先选定的位置上用气割炬在管道上部切割一块椭圆形钢板。通常由两人操作，一名焊工切割，一名辅助工灭火。

②塞球胆与砌墙。切割完毕，将火焰全部熄灭，操作人员戴好防毒面具，撬开大窗盖，立即向来气方向塞入球胆，并迅速向球胆内充入压缩空气堵塞管道。对大管径的可采用砌砖隔墙，以耐火泥涂抹墙面作第二道封堵，这是为预防球胆堵塞不严密而采取的进一步措施，然后把工作坑内的混合气及原有燃气管道端部滞留的燃气吹扫干净；对于小管径管道，可带气接管，无须采用阻气球或砌防火墙。

③切割管堵与对管焊接。重新点燃割炬，切割管端堵板，准备好连接管段后进行对口焊接，在切割管堵和对管焊接过程中应密切注视砖隔墙是否漏气。

④充气置换。焊接完毕，戴好防毒面具，拆除砖墙，取出球胆，立即将原来切下的天窗盖盖在天窗上，用耐火泥封堵缝隙，使燃气充入新管道。

⑤焊接天窗盖。焊工与辅助工配合，边清除缝隙中耐火泥，边带火焊接天窗盖。

⑥试漏与防腐。将燃气压力升至运行压力后，用肥皂水检查全部焊缝，不漏气为合格，漏气处予以补焊，并对新焊口进行防腐处理。

2)钻孔对接，当接管管径大于 50 mm 时，采用螺纹连接。因钢管管壁较薄，管壁上的内螺纹仅为 2~5 牙，故在圆孔管壁上先焊接外接头，以增强连接强度和严密性，具体操作步骤如下：

①钻孔：利用封闭式钻孔机完成。封闭式钻孔机是燃气管道上钻孔、攻螺纹的专用工具。将钻孔机稳固地置于金属管上，在钻孔机座和管壁之间垫入带孔的橡胶板以保持密封；启动电机，钻头旋转，慢慢旋紧进刀丝杆，使旋转中的杯型钻削切管壁，进刀量根据管材和孔径进行调节。

②攻螺纹：钻孔后，组合环形钻铣刀已嵌入孔内，紧接着组合杯形钻上部锥形管螺纹自然推进进行螺纹加工。关闭电机，拆除机架，退出组合杯形架，完成攻螺纹。

③支管安装：为避免焊接外接头时造成带气操作，需先安装特制的短管与孔内螺纹连接，再将外接头焊接于钢管外壁上，并拆除外螺纹镀锌薄钢管，完成接口操作。

二、燃气管道顶管

1. 顶管的工作坑施工

（1）工作坑施工的技术要求。

1）工作坑的支撑宜形成封闭式框架，矩形工作坑的四角应加斜撑。

2）顶管工作坑及装配式后背墙的墙面应与管道轴线垂直，其施工允许偏差应符合表 3-1 的规定。

表 3-1　工作坑及装配式后背墙的施工允许偏差　　　　　　　　　　mm

项目		允许偏差
工作坑每侧	宽度	不小于施工设计规定
	长度	
装配式后背墙	垂直度	$0.1\%H$
	水平扭转度	$0.1\%L$

注：1. H 为装配式后背墙的高度(mm)；
　　2. L 为装配式后背墙的长度(mm)。

3）当无原土作后背墙时，应选用设计结构简单、稳定可靠、就地取材、拆除方便的人工后背墙。

4）利用已顶进完毕的管道作后背时，应符合下列规定：

①待顶管道的顶力应小于已顶管道的顶力。

②后背钢板与管口之间应衬垫缓冲材料。

③采取措施保护已顶入管道的接口不受损伤。

5）当顶管工作坑采用地下连续墙时，施工设计应包括以下主要内容：

①工作坑施工平面布置及竖向布置。

②槽段开挖土方及泥浆处理。

③墙体混凝土的连接形式及防渗措施。

④预留顶管洞口设计。

⑤预留管、件及其与内部结构连接的措施。

⑥开挖工作坑支护及封底措施。

⑦墙体内面的修整、护衬及顶管后背的设计。

⑧必要的试验研究内容。

6）地下连续墙墙段之间宜采用接头箱法连接，且其接缝位置应与井室内部结构相接处错开。

7）槽段开挖成形允许偏差应符合表 3-2 的规定。

表 3-2　槽段开挖成形允许偏差　　　　　　　　　　　　　　　　　　mm

项目	允许偏差
轴线位置	30
成槽垂直度	$<H/300$
成槽深度	清孔后不小于设计规定

注：1. 轴线位置指成槽轴线与设计轴线位置之差；
　　2. H 为成槽深度（mm）。

8）采用钢管作预埋顶管洞口时，钢管外宜加焊止水环，且周围应采用钢质框架，按设计位置与钢筋骨架的主筋焊接牢固。钢管内宜采用具有凝结强度的轻质胶凝材料封堵，钢筋骨架与井室结构或顶管后背的连接筋、螺栓、连接挡板锚筋，应位置准确，连接牢固。

9）槽段混凝土浇筑的技术要求应符合表 3-3 的规定。

表 3-3　槽段混凝土浇筑的技术要求

项目		技术要求指标
混凝土配合比	水胶比	$\leqslant 0.80$
	灰砂比	$1:2\sim 1:2.5$
	水泥用量	$\geqslant 370\ kg/m^3$
	坍落度	$20\pm 2\ cm$
混凝土浇筑	拼接导管检漏压力	$>0.3\ MPa$
	钢筋骨架就位后到浇筑开始	$<4\ h$
	导管间距	$\leqslant 3\ m$
	导管距槽端距离	$\leqslant 1.50\ m$
	导管埋置深度	$>1.00\ m$，$<6.00\ m$
	混凝土面上升速度	$>4.00\ m/h$
	导管间混凝土面高差	$<0.50\ m$

注　1. 工作坑兼做管道构筑物时，其混凝土施工尚应满足结构要求；
　　2. 导管埋置深度指开浇后正常浇筑时，混凝土面距导管底口的距离；
　　3. 导管间距指当导管管径为 200～300 mm 时，导管中心至中心的距离。

10）地下连续墙的顶管后背部位，应按施工设计采取加固措施。

11）开挖工作坑，应按施工设计规定及时支护，可采用与墙体连接的钢筋混凝土圈梁和支撑梁的方法支护，也可采用钢管支撑法支护。支撑应满足便于运土、提吊管件及机具设备等的要求。

12）地下连续墙施工允许偏差应符合表 3-4 的规定。

表 3-4　地下连续墙施工允许偏差

项目		允许偏差
轴线位置		100 mm
墙面平整度	黏土层	100 mm
	砂土层	200 mm
预埋管	中心位置	100 mm

项目	允许偏差
混凝土抗渗、抗冻及弹性模量	符合设计要求

注：墙面平整度允许偏差值指允许凸出设计墙面的数值。

13)矩形工作坑的底部宜符合下列公式要求：

$$B = D_1 + S \tag{3-1}$$

$$L = L_1 + L_2 + L_3 + L_4 + L_5 \tag{3-2}$$

式中　B——矩形工作坑的底部宽度(m)；

　　　D_1——管道外径(m)；

　　　S——操作宽度(m)，可取 $2.4 \sim 3.2$ m；

　　　L——矩形工作坑的底部长度(m)；

　　　L_1——工具管长度(m)，当采用管道第一节管作为工具管时，钢筋混凝土管不宜小于0.3 m，钢管不宜小于0.6 m；

　　　L_2——管节长度(m)；

　　　L_3——运土工作区长度(m)；

　　　L_4——千斤顶长度(m)；

　　　L_5——后背墙的厚度(m)。

14)工作坑深度应符合下列公式要求：

$$H_1 = h_1 + h_2 + h_3 \tag{3-3}$$

$$H_2 = h_1 + h_3 \tag{3-4}$$

式中　H_1——顶进坑地面至坑底的深度(m)；

　　　H_2——接受坑地面至坑底的深度(m)；

　　　h_1——地面至管道底部外缘的深度(m)；

　　　h_2——管道外缘底部至导轨底面的高度(m)；

　　　h_3——基础及其垫层的厚度。但不应小于该处井室的基础及垫层厚度(m)。

15)顶管完成后的工作坑应及时进行下步工序，经检验后及时回填。

(2)工作坑的位置选择。

1)管道井室的位置。

2)可利用坑壁土体作后背。

3)便于排水、出土和运输。

4)对地上与地下建筑物、构筑物易于采取保护和安全施工的措施。

5)距离电源和水源较近，交通方便。

6)单向顶进时宜设在下游一侧。

(3)装配式后背墙的规定。

1)装配式后背墙宜采用方木、型钢或钢板等组装，组装后的后背墙应有足够的强度和刚度。

2)后背土体壁面应平整，并与管道顶进方向垂直。

3)装配式后背墙的底端宜在工作坑坑底以下，不宜小于50 cm。

4)后背土体壁面应与后背墙贴紧，有孔隙时应采用砂石料填塞密实。

5)组装后背墙的构件在同层内的规格应保持一致，各层之间的接触应紧贴并层层固定。

2. 顶管施工的方法

(1)人工掘进顶管施工法。人工掘进顶管施工法就是在向土内顶进套管的过程中，采用人工在套管前方掘土的一种施工方法。首先顶进的一般是钢质或钢筋混凝土制的套管，最后在套管内安装燃气管道。

顶管施工的主要设备和操作都是在顶管工作坑内，工作坑的位置一般选择在顶管地段的下游，工作面的尺寸用下面公式确定（图 3-1）：

$$B=D_w+2b+2c$$
$$L=l_1+l_2+l_3+l_4+l_5$$

式中 B——工作坑宽度(m)；

D_w——套管外径(m)；

b——套管两侧操作宽度，根据摆放工具数量及土质条件而定，一般为 0.8～1.6 m；

c——撑板厚度，一般为 0.2 m；

L——工作坑长度(m)；

l_1——管子顶进后，尾端留在导轨上的最小长度，钢筋混凝土管一般为 0.3～0.5 m，钢管一般为 0.6～0.8 m；

l_2——每根管长度(m)；

l_3——出土工作面长度，根据出土工具而定，一般为 1.0～1.8 m；

l_4——千斤顶组装的总长度，1 000 kN 的千斤顶可取 0.9 m，2 000 kN 的千斤顶可取 1.0 m；

l_5——千斤顶后座及后座墙的总厚度(m)。

工作坑的底面高程，按燃气管道设计标高、套管直径及基础厚度而定。工作坑的基础主要用于固定导轨及满足导轨上方套管的荷重。其做法是：当土质较好并无地下水时，常采用方木基础，如遇地下水可用混凝土基础。

顶进的管节应留有足够的长度与下一根管节连接，钢筋混凝土管一般采用企口连接，接缝处可垫油毡，内壁接口处安装一个内胀圈，以防顶进中错口。内胀圈可采用钢筋混凝土，也可利用钢板卷焊。

为了延长顶管的长度可采用中继间管（又称接力环）。所谓中继间管就是一根钢筋混凝土管顶入一定深度后，在其内安装千斤顶和顶铁，如图 3-2 所示。当

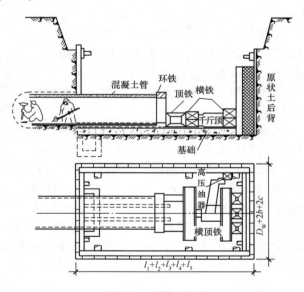

图 3-1 顶管工作坑

工作坑千斤顶难以顶进时，开动中继间管的千斤顶，以其后段管节为后座，向前顶进一个行程，然后开动工作坑内的千斤顶，使中继间后段的管子也向前推进一个行程。此时，中继间管随之向前推进，再开动中继间千斤顶，如此循环操作，可增加顶进长度，但顶进速度较慢。

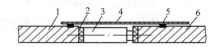

图 3-2 中继间管局部剖面

1—后段管节；2—垫块；3—千斤顶；4—钢套环；5—橡胶密封环；6—前段管节

套管全部顶入土层后，应及时将燃气管道曳入套管内。若采用钢筋混凝土套管，套管内径下半部可用砖砌体或混凝土筑成平底垫层，垫层的厚度与坡度应满足燃气管道的安装要求。燃气管道底部焊接滑动支座，曳引时仅让支座底面与垫层表面接触，避免损坏防腐绝缘层，支座与燃气管道之间的空隙可填塞沥青麻。为了使燃气管道与套管之间的容积不致形成爆炸空间，最好用中粗砂将空间填满，套管两端用砖砌体封闭。对重要地段为了运行时能检查套管内是否有燃气，在套管较高的一端应安装检漏管，如图3-3所示。

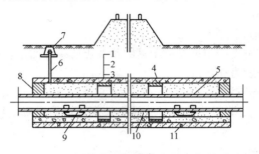

图3-3　钢筋混凝土套管内的燃气管道

1—钢筋混凝土套管；2—石棉水泥填料；3—内套环；4—接缝油毡；5—钢燃气管道；
6—检漏管；7—防护罩；8—墙堵；9—滑动支座；10—中粗砂；11—混凝土垫层

对于钢套管可采用特制的滚动支座安装在燃气管道上，利用滚轮能轻松地将燃气管道推入套管内，但滚轮应沿焊接在套管内壁的槽钢导轨滚动，防止燃气管道在推入时产生周向滑动。钢套管两端灌沥青封堵，如图3-4所示。

套管内的燃气管道均应采用加强型防腐绝缘层。

（2）挤密土层顶管施工法。挤密土层顶管是利用千斤顶或卷扬机等设备将燃气管道直接挤压进土层内，如图3-5所示。顶进时，第一节管前端安装管尖，以减少顶进阻力，有利于挤密土层。管尖的圆锥度一般为1∶0.3，偏心管尖

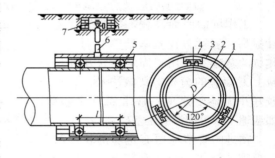

图3-4　钢套管内的燃气管道

1—钢燃气管；2—滚轮托架；3—钢套管；
4—导轨；5—滚轮；6—检漏管；7—防护罩

可减少管壁与土层的摩擦力，也可在钢管前端安装环刀。开始顶进时，土进入环刀及管内形成土塞，当土塞达到一定长度后，即可阻止土继续进入，土塞可使顶管不致产生过大的偏斜。

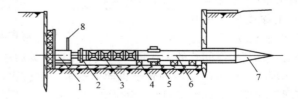

图3-5　利用油压千斤顶挤密顶进

1—千斤顶；2—垫铁；3—顶铁；4—枕木；5—夹持器；6—燃气管；7—管尖；8—千斤顶油管

挤密土层顶管法适宜在较潮湿的黏土或砂质黏土中顶进，顶进的最大管径不宜超过150 mm，顶进过程中应采取措施保护防腐绝缘层。

(3)水力掘进顶管施工法。水力掘进顶管的全套设备安装在水力掘进工具管内，如图3-6所示。工具管分为前、中、后三段。前段为冲泥舱，高压水枪射流将切入工具管的土层冲成泥浆，进入泥浆吸口，由泥浆管输送至泄泥场地。中段为校正环，环内安装校正千斤顶和校正铰，校正铰可使冲泥舱作相对转动，在相应千斤顶的作用下，调正掘进方向。后段为气闸室，是工作人员进出冲泥舱(高压区)内检修或清理故障时，升压和降压之用。冲泥舱、校正段和气闸室之间应具有可靠的密封连接。

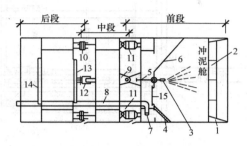

图3-6　水力掘进工具管

1—刃脚；2、4—格栅；3—水枪；5—水枪操作把；6—观察窗；7—泥浆吸口；8—泥浆管；9—水平铰；
10—垂直铰；11—上下纠偏千斤顶；12—左右纠偏千斤顶；13—气阀门；14—大密封门；15—小密封门

在有充足水源和泄泥场地的条件下，水力掘进工具管可使饱和土层内的顶管过程大为简化。

(4)切刀掘削流体输送顶管施工法。切刀掘削流体输送顶管，就是用水加压或机械加压使掘削面土层保持稳定，同时旋转切削刀掘进，掘出的土物则采用流体输送装置排出，掘削、排泥和顶管同时进行。

压紧破碎型环流式掘进机是当今世界较先进的切刀掘削流体输送顶管设备，其构造如图3-7所示。掘进机前面装有扇形辐条刀，辐条刀与锥体破碎机装配成一体，辐条刀转速为4～5 r/min，破碎机则以100 r/min的转速进行偏心转动，掘进面的切削与进刀破碎同时进行。破碎后的石块粒径不大于20 mm。

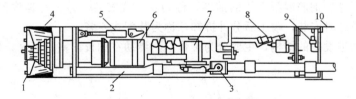

图3-7　压紧破碎型环流式掘进机

1—扇形辐条刀；2—送排泥管；3—同轴双通阀；4—破碎机头部；5—纠偏油缸；
6—减速机；7—油压机组；8—电视摄像仪；9—密封液注入口；10—顶进管垫圈

切刀掘削流体输送顶管法的安装如图3-8所示，主千斤顶的顶力通过锥体内装满掘削下来的土石传递给掘进面，具有压紧掘进面的作用，使掘进面土石层保持稳定，掘削土石量可以通过操纵台用增减掘进面压力或顶进速度来调节。

方向修正(纠偏)可通过操纵顶进管内设置的两个纠偏油缸在上下±1°、左右±1.5°的范围内，调节破碎机头部的角度。这种操作是通过工作坑内安装的激光经纬仪将激光射线照射到顶进管内的指示板上，然后由电视摄像仪不断监视的远距离操作方式来进行的。

泥石的输送由送排泥管、送水管、送水泵和专用排泥泵所组成的输送系统来完成，排泥泵

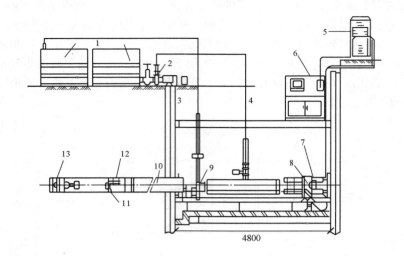

图 3-8　切刀掘削流体输送顶管法安装图

1—沉淀水槽；2—送水泵；3—排泥管；4—送水管；5—主顶油压机组；6—操纵台；7—主顶装置；
8—激光经纬仪；9—排泥泵；10—激光射线；11—指示板；12—电视摄像仪；13—掘进机

通过变速器控制转速。

切刀掘削流体输送顶管施工法的特点是适用于各种不同的地质条件，只需较小的工作坑即可。

(5)机械掘进顶管施工法。在被顶进的管道前端安装机械钻进的掘土设备，配置传输带运土机械以代替人工挖运土，当管前方土体被掘削成一定深度的孔洞时，利用顶管设施，将连接在钻机后部的管子顶入孔洞。机械掘进顶管同样要在工作坑内按设计高程及中线方向安装导轨，使每节管子沿着一定方向和高程顶进。

机械钻进的顶管设备有两种安装形式，一种是机械固定于特制的钢管内，此管称为工具管。将工具管安装在顶进的钢筋混凝土管的前端，称为套筒式安装。另一种是将机械直接固定在顶进的首节管内，顶进时安装，竣工后分件拆卸，称为装配式安装。

套筒式机械钻进设备的结构，主要分为工作室、传动室和校正室三部分，如图3-9所示。

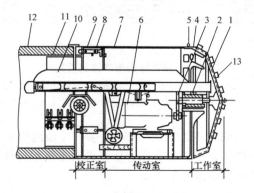

图 3-9　套筒式水平钻机

1—机头；2—轴承座；3—减速齿轮；4—刮泥板；5—偏心环；6—摆线针轮减速电机；7—机壳；
8—纠偏千斤顶；9—校正室；10—链带输送机；11—特殊内套环；12—钢筋混凝土管；13—切削刃

机械掘进顶管施工法可降低劳动强度,加速施工进度,对黏土、砂土及淤泥等土层均可顺利进行顶管。但是,运土与掘进速度不易同步,出土较慢,遇到含水土层或岩石地层时因无法更换机头,故不能使用。

3. 设备的安装

(1)千斤顶的安装。

1)千斤顶宜固定在支架上,并与管道中心的垂线对称,其合力的作用点应在管道中心的垂直线上。

2)当千斤顶多于一台时,宜取偶数,且其规格宜相同;当规格不同时,其行程应同步,并应将同规格的千斤顶对称布置。

3)千斤顶的油路应并联,每台千斤顶应有进油、退油的控制系统。

(2)导轨安装。

1)两导轨应顺直、平行、等高,其纵坡应与管道设计坡度一致。

2)导轨安装的允许偏差。轴线位置:3 mm;顶面高程:0~+3 mm;两轨内距:±2 mm。

3)安装后的导轨应牢固,不得在使用中产生位移,并应经常检查校核。

(3)顶铁的安装。

1)安装后的顶铁轴线应与管道轴线平行、对称,顶铁与导轨和顶铁之间的接触面不得有泥土、油污。

2)更换顶铁时,应先使用长度大的顶铁,顶铁拼装后应锁定。

3)顶铁的允许连接长度,应根据顶铁的截面尺寸确定。当采用截面为 20 cm×30 cm 顶铁时,单行顺向使用的长度不得大于 1.5 m;双行使用的长度不得大于 2.5 m,且应在中间加横向顶铁相连。

4)顶铁与管口之间应采用缓冲材料衬垫,当顶力接近管节材料的允许抗压强度时,管端应增加 U 形或环形顶铁。

5)顶进时,工作人员不得在顶铁上方及侧面停留,并应随时观察顶铁有无异常迹象。

(4)油泵的安装。

1)油泵宜设置在千斤顶附近,油管应顺直、转角少。

2)油泵应与千斤顶相匹配,并应有备用油泵,油泵安装完毕,应进行试运转。

3)顶进开始时,应缓慢进行,待各接触部位密合后,再按正常顶进速度顶进。

4)顶进中若发现油压突然增高,应立即停止顶进,检查原因并经处理后方可继续顶进。

5)千斤顶活塞退回时,油压不得过大,速度不得过快。

(5)分块拼装式顶铁安装。

1)顶铁应有足够的刚度。

2)顶铁宜采用铸钢整体浇铸或采用型钢焊接成型;当采用焊接成型时,焊缝不得高出表面,且不得脱焊。

3)顶铁的相邻面应互相垂直。

4)同种规格的顶铁尺寸应相同。

5)顶铁上应有锁定装置。

6)顶铁单块放置时应能保持稳定。

三、室外燃气管道敷设

1. 燃气管道的架空敷设

(1)一般规定。室外架空的燃气管道,可沿建筑物外墙或支柱敷设,并应符合下列要求:

1)中压和低压燃气管道，可沿建筑耐火等级不低于二级的住宅或公共建筑的外墙敷设；次高压、中压和低压燃气管道，可沿建筑耐火等级不低于二级的丁、戊类生产厂房的外墙敷设。

2)沿建筑物外墙的燃气管道距住宅或公共建筑物门、窗洞口的净距：中压管道应不小于0.5 m，低压管道应不小于0.3 m。燃气管道距生产厂房建筑物门、窗洞口的净距不限。

3)架空燃气管道与铁路、道路、其他管线交叉时的垂直净距应不小于表3-5的规定。

表3-5　架空燃气管道与铁路、道路其他管线交叉时的垂直净距

建筑物和管线名称		最小垂直净距/m	
		燃气管道下	燃气管道上
铁路轨顶		6.00	—
城市道路路面		5.50	—
厂房道路路面		5.00	—
人行道路路面		2.20	—
架空电力线，电压	3 kV 以下	—	1.50
	3～10 kV	—	3.00
	35～66 kV	—	4.00
其他管道、管径	≤300 mm	同管道直径，但不小于0.10	同左
	>300 mm	0.30	0.30

注：1. 厂区内部的燃气管道，在保证安全的情况下，管底至道路路面的垂直净距可取4.5 m；管底至铁路轨顶的垂直净距，可取5.5 m。在车辆和人行道以外的地区，可从地面到管底高度不小于0.35 m的低支柱上敷设燃气管道。
2. 电气机车铁路除外。
3. 架空电力线与燃气管道的交叉垂直净距还应考虑导线的最大垂度。

4)输送湿燃气的管道应采取排水措施，在寒冷地区还应采取保温措施。燃气管道坡向凝水缸的坡度不宜小于2/1 000。

5)工业企业内燃气管道沿支柱敷设时，应符合现行的国家标准《工业企业煤气安全规程》(GB 6222—2005)的规定。

(2)施工工艺。管架制作→管道支、吊架的安装→管道安装→管道防腐。

1)管架制作。架空敷设的燃气管道，一般采用单柱式管架，有钢结构或钢筋混凝土结构两类，其高度一般为5～8 m；但如在市郊区，不影响交通并有安全措施时，也可采用离地0.5 m的低管架。管架应根据设计图纸提前预制，并根据安装位置编号。

2)管道支、吊架的安装。

①管道安装时，应及时固定和调整支、吊架。支、吊架位置应准确，安装应平整、牢固，与管子接触应紧密。

②无热位移的管道，其吊杆应垂直安装。有热位移的管道，吊点应设在位移的相反方向，按位移值的1/2偏位安装(图3-10)。两根热位移方向相反或位移值不等的管道，不得使用同一吊杆。

③固定支架应按设计文件要求安装，并应在补偿器预拉伸之前固定。

④导向支架或滑动支架的滑动面应洁净、平整，不得有歪斜和卡涩现象。其安装位置应从支承面中心向位移反方向偏移，偏移量应为位移值的1/2(图3-11)或符合设计文件规定，绝热层不得妨碍其位移。

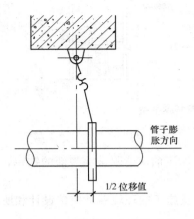

图 3-10　有热位移管吊架安装

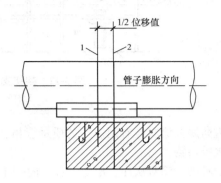

图 3-11　滑动支架安装位置
1—管托中心；2—支架中心

⑤弹簧支、吊架的弹簧高度，应按设计文件规定安装，弹簧应调整至冷态值，并做记录。弹簧的临时固定件，应待系统安装、试压、绝热完毕后方可拆除。

⑥支、吊架的焊接应由合格焊工施焊，并不得有漏焊、欠焊或焊接裂纹等缺陷。管道与支架焊接时，管子不得有咬边、烧穿等现象。

⑦铸铁、铅、铝及大口径管道上的阀门，应设有专用支架，不得以管道承重。

⑧管架紧固在槽钢或工字钢翼板斜面上时，其螺栓应有相应的斜垫片。

⑨管道安装时不宜使用临时支、吊架。当使用临时支、吊架时，不得与正式支、吊架位置冲突，并应有明显标记，在管道安装完毕后应予拆除。

⑩管道安装完毕后，应按设计文件规定逐个核对支、吊架的形式和位置。

⑪有热位移的管道，在热负荷运行时，应及时对支、吊架进行下列检查与调整：

a. 活动支架的位移方向、位移值及导向性能应符合设计文件的规定。

b. 管托不得脱落。

c. 固定支架应牢固、可靠。

d. 弹簧支、吊架的安装标高与弹簧工作荷载应符合设计文件的规定。

e. 可调支架的位置应调整合适。

3) 管道安装。

①管架检查。管道安装前，应对管架进行检查，内容包括支架是否稳固可靠、位置和标高是否符合设计图样要求。通常要求各支架中心线为一条直线，人工湿燃气管道按设计的要求有符合规定的坡度，不允许因支架标高错误而造成管道的倒坡，或因支架太低，使得个别支架不受力，管道悬空。

②管道预制与布管。管道预制与布管是指将管子运到工地，并按顺序放置在管架旁的地面上。为了减少高空作业，提高焊接质量，通常将2~3根管子在地上组对焊接。

③脚手架搭设。为了安全和操作方便，必须在支架两侧搭设如图3-12所示的脚手架。注意：必须搭设安全、牢固可靠。

④管道吊装。通常用尼龙软带绑扎管段起吊，管段两端绑麻绳，由人工调整管段的方向。

⑤管道与支座焊接。管段调整就位后与已安装的管段组对焊接。检查每个支座是否都受力，如果发现支座与支架之间有间隙，应用钢板垫平，并将钢板与钢支架或网筋混凝土支架顶部预埋的钢支承板焊牢。然后，将活动支座调整到安装位置，与管道焊接起来，再焊接固定支座。

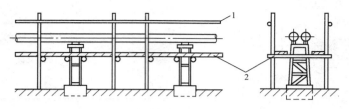

图 3-12　架空支架及安装脚手架

1—栏杆；2—走台板

4)管道防腐。涂料应有制造厂的质量合格文件，涂漆前应清除被涂表面的铁锈、焊渣、毛刺、油、水等污物。

涂料的种类、涂敷次序、层数、各层的表干要求及施工的环境温度应按设计和所选涂料的产品规定进行。

在涂敷施工时，应有相应的防火、防雨(雪)及防尘措施。

涂层质量应符合下列要求：

①涂层应均匀，颜色应一致。

②漆膜应附着牢固，不得有剥落、皱纹、针孔等缺陷。

③涂层应完整，不得有损坏、流淌。

2. 钢管敷设

(1)一般规定。

1)燃气管道应按照设计图纸的要求控制管道的平面位置、高程、坡度，与其他管道或设施的间距应符合现行国家标准《城镇燃气设计规范(2020 年版)》(GB 50028—2006)的相关规定。

管道在保证与设计坡度一致且满足设计安全距离和埋深要求的前提下，管线高程和中心线允许偏差应控制在当地规划部门允许的范围内。

2)管道在套管内敷设时，套管内的燃气管道不宜有环向焊缝。

3)管道下沟前，应清除沟内的所有杂物，管沟内积水应抽净。

4)管道下沟宜使用吊装机具，严禁采用抛、滚、撬等破坏防腐层的做法，吊装时应保护管口不受损伤。

5)管道吊装时，吊装点间距不应大于 8 m，吊装管道的最大长度不宜大于 36 m。

6)管道在敷设时应在自由状态下安装连接，严禁强力组对。

7)管道环焊缝间距不应小于管道的公称直径，且不得小于 150 mm。

8)管道对口前应将管道、管件内部清理干净，不得存有杂物。每次收工时，敞口管端应临时封堵。

9)当管道的纵断、水平位置折角大于 22.5°时，必须采用弯头。

10)管道下沟前必须对防腐层进行 100%的外观检查，回填前应进行 100%电火花检查，回填后必须对防腐层完整性进行全线检查，不合格必须返工处理，直至合格。

(2)施工工艺。测量放线→沟槽开挖→管材检查与清理→管材运输与布置→下管→管道组对焊接→焊口探伤→管道清扫→坡度调整→管道连接→严密性试验→管沟回填

1)测量放线。施工人员应熟悉图纸，根据设计的施工图，确定临时水准点，并定位埋地管道的中心线，定位依据如下：

①敷设在城市道路下的管道，以道路侧石线或道路中心线至管道轴心线的距离为定位尺寸，如图 3-13 所示。

②敷设在郊区道路下或路旁的燃气管道，以道路中心线至管道轴心线的水平距离为定位尺

寸，如图 3-14 所示。

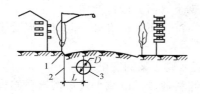 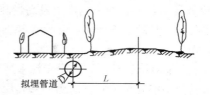

图 3-13　市区道路管道定位示意　　　　图 3-14　市郊公路管道定位示意
1—侧面；2—定位线；3—拟埋管道

③敷设于住宅区或厂区的管线，以住宅、厂房等建筑物至拟埋燃气管的轴心线的水平距离为定位尺寸。

④穿越农田的管道以规划道路中心线定位。

2）沟槽开挖。沟槽开挖是钢管敷设的第一道工序。施工时，可按设计图纸在地面上测量放线，并按规程要求确定合理的开槽断面。沟槽挖出的土方应堆在沟槽一侧，另一侧作运管、排管之用。

3）管材检查与清理。检查管材，管子的名称、规格要符合设计要求，金属管道无严重锈腐、重皮和扭曲等缺陷。检查合格的管材，先用棍棒消除管内的杂物，然后用细钢丝绑上破布，两端头来回拖，将管内清理干净。

4）管材运输与布置。

①煤焦油磁漆低温时易脆裂，当气温低于可搬运最低温度时，不能运输或搬运。由于煤焦油磁漆覆盖层较厚，易碰伤，因此，应使用较宽的尼龙带吊具。卡车运输时，管子放在支承表面为弧形的、宽的木支架上，紧固管子的钢丝绳等应垫好；运输过程中，管子不能互相碰撞。煤焦油磁漆防腐的钢管焊接，不允许滚动焊接，要求固定焊，以保护覆盖层。因此，在管沟挖成后，即将焊接工作坑挖好，将管子从车上直接吊至沟内，使其就位。当管子沿管沟旁堆放时，应当支撑起来，离开地面，以防止覆盖层损伤。当沟底为岩石等，会损伤覆盖层时，应在沟底垫一层过筛的土或砂子。

②环氧煤沥青防腐层、石油沥青涂层与聚乙烯胶粘带防腐层防腐的钢管，吊具应用较宽的尼龙带，不得用钢丝绳或铁链。移动钢管用的撬棍应套橡胶管。卡车运输时，钢管间应垫草袋，避免碰撞。当沿沟边布管时，应将管子垫起，以防损伤防腐层。

5）下管。

①一般规定。

a. 下管应以施工安全、操作方便为原则，根据工人操作的熟练程度、管材质量、管长、施工环境、沟槽深浅及吊装设备供应条件等，合理地确定下管方法。

b. 下管前应根据具体情况和需要，制定必要的安全措施。下管必须由经验较多的工人担任指挥工作，以确保施工安全。

c. 起吊管子的下方严禁站人，人工下管时，槽内工作人员必须躲开下管位置。

d. 下管前应对沟槽进行以下检查，并作必要的处理：

（a）检查槽底杂物：应将槽底清理干净，给水管道的槽底，如有棺木、粪污、腐朽不洁之物，应妥善处理，必要时应进行消毒处理；

（b）检查地基：地基土壤如有被扰动者，应进行处理；冬期施工应检查地基是否受冻，管道不得铺设在冻土上；

（c）检查槽底高程及宽度：应符合挖槽的质量标准；

(d)检查槽帮：有裂缝及坍塌危险的必须处理；

(e)检查堆土：下管的一侧堆土过高过陡者，应根据下管需要进行处理。

e. 在混凝土基础上下管时，除检查基础面高程必须符合质量标准外，同时，混凝土强度应达到 5.0 MPa 以上。

f. 向高支架上吊装管子时，应先检查高支架的高程及脚手架的安全。

g. 运到工地的管子、管件及闸门等，应合理安排卸料地点，以减少现场搬运。卸料场地应平整，卸料应有专人指挥，防止碰撞损伤。运至下管地点的承插管，承口的排放方向应与管道铺设的方向一致，上水管材的卸料场地及排放场地应清除有碍卫生的脏物。

h. 下管前应对管子、管件及闸门等的规格、质量，逐件进行检验，合格者方可使用。

i. 吊装及运输时，对法兰盘面、预应力钢筋混凝土管承插口密封工作面、钢管螺纹及金属管的绝缘防腐层均应采取必要的保护措施，以免损伤。闸门应关好，并不得将钢丝绳捆绑在操作轮及螺孔处。

j. 当钢管组成管段下管时，其长度及吊点距离应根据管径、壁厚、绝缘种类及下管方法，在施工方案中确定。

k. 下管工具和设备必须安全适用，并应经常进行检查和保养，发现不正常情况，必须及时修理或更换。

②下管方式。

a. 集中下管。管子集中在沟边某处下到沟内，再在沟内将管子运到需要的位置。适用于管沟土质较差及有支撑的情况，或地下障碍物多，不便于分散下管时。

b. 分散下管。管子沿沟边顺序排列，依次下到沟内。安装铸铁管主要采用此法。

c. 组合吊装。将几根管子焊成管段，然后下入沟内。

③人工下管。

a. 人工下管一般采用压绳下管法，即在管子两端各套一根大绳，下管时，将管子下面的半段大绳用脚踩住，必要时用铁钎锚固，上半段大绳用手拉住，必要时用撬棍拨住，两组大绳用力一致，听从指挥，将管子徐徐下入沟槽。根据情况，下管处的槽边可斜立方木两根。钢管组成的管段，则根据施工方案确定的吊点数增加大绳的根数。

b. 直径 200 mm 以内的混凝土管及小型金属管件，可用绳勾从槽边吊下。

c. 吊链下管法的操作程序如下：

(a)在下管位置附近先搭好吊链架；

(b)在下管处横跨沟槽放两根(钢管组成的管段应增多)圆木(或方木)，其截面尺寸根据槽宽和管重确定；

(c)将管子推至圆木(或方木)上，两边应用木楔楔紧，以防管子移动；

(d)将吊链架移至管子上方，并支搭牢固；

(e)用吊链将管子吊起，撤除圆木(或方木)，使管子徐徐下至槽底。

④机械下管。

a. 采用起重机下管时，应事先与起重人员或起重机司机一起勘察现场，根据沟槽深度、土质、环境情况等，确定起重机距槽边的距离、管材存放位置及其他配合事宜。起重机进出路线应事先进行平整，清除障碍。

b. 起重机不得在架空输电线路下工作，在架空线路一侧工作时，起重臂、钢丝绳或管子等与线路的垂直、水平安全距离应符合安全规定。

c. 起重机下管应有专人指挥。指挥人员必须熟悉机械吊装有关安全操作规程及指挥信号。在吊装过程中，指挥人员应精神集中，起重机司机和槽下工作人员必须听从指挥。

d. 指挥信号应统一、明确。起重机进行各种动作之前，指挥人员必须检查操作环境情况，确认安全后，方可向司机发出信号。

e. 绑(套)管子应找好重心，以使起吊平稳。管子起吊速度应均匀，回转应平稳，下落应低速轻放，不得忽快忽慢或突然制动。

⑤起重机下管时，起重机采用专用的尼龙作为吊具，沿沟槽移动，起吊高度以 1 m 为宜。将管子起吊后，转动起重臂，使管子移至管沟上方，然后轻放至沟底。起重机的位置要与沟边保持一定距离，以防沟边土壤受压过大而塌方。在管的两端拴上绳子，由人拉住，随时调整方向并防止管子摆动，严禁损伤防腐层。管子外径大于或等于 529 mm 的管道，下沟时，应使用 3 台吊管机同时吊装。直径小于 529 mm 的管道下沟时，吊管机不应少于 2 台。管道应放置在管沟中心，其允许偏差不得大于 100 mm。移动管道使用的撬棍或滚杠，应外套胶管，以保护防腐层不受损伤。

6)管道组对焊接。

①运管，指把已经做好绝缘防腐层的预制钢管运到沟槽边。运管时，根据设计要求，把钢管运到应下管的位置。在运管中要特别小心，保证钢管外部已做好的绝缘层不被损坏。同时运管过程中就应考虑到燃气管道沿线的节点，如闸门、支线处，变径及管道变坡点等，沟槽上钢管焊接时要"断开"，即节点应是各"大段"的分界点。"大段"是指用焊口连接起来的各个单根管。

②排管是钢管对口与焊接的准备工序，也是不可缺少的一道工序。排管是指在已挖完的沟槽上，铺上横梁(圆木或方木等)，两根横梁之间的间距因管径大小而异，重要的是几根方木铺完后，上面基本上呈一平面。这样，才能使钢管在方木上滚动，以便进行对口与焊接。

③组对焊接步骤：管材组对分沟槽上和沟槽下两种方法。可在沟槽上每两根一组组对焊接，然后下沟各组连接焊，沟槽下进行各组组对焊接，在固定焊口处提前挖工作坑，根据每段长度确定位置。

④焊接要求：焊前须对管口进行坡口，使端面符合要求，清除坡口周围的杂物、氧化物等。坡口不得用气割直接操作，要用砂轮机打磨坡口。坡口表面不得有夹层、裂纹、加工损伤、毛刺。钢管对口、坡口要求：根据不同的管壁厚度确定坡口夹角、对口间隙、钝边。有焊前预热规定的焊缝，应检查预热区域的预热温度并应做好记录。

⑤钢管对口时如用内对口器可直接施焊；采用外对口器时，要进行定位点焊，采用手工钨极氩弧焊丝进行氩弧焊，点焊长度为 100~150 mm。点焊时要对称，距离相等。在组对前要进行清膛、扫膛，待管缝焊接完后，在两头及时作临时封堵。

⑥每一条焊缝在组对、点焊定位完后，应立即进行施焊，中间不得停歇。由管壁厚度决定焊接层数。每一层焊道必须均匀焊透，不得烧穿。每层焊缝厚度为焊条直径的 0.8~1.2 倍，各层引弧点要在单设的引弧钢板上，不应在焊道口引弧，更不能在母材表面上引弧。

⑦当每一层焊完后，用砂轮机认真打磨，把焊道上的气孔、夹渣、飞溅物打磨干净，保持焊道顺序均匀，焊缝表面呈鱼鳞状光滑均匀，宽度整齐。Ⅲ级焊缝咬边深度不得大于 0.5 mm，连续长度不得大于 100 mm，且焊缝两侧咬边总长小于等于 10%。Ⅲ级焊缝填充部分余高为小于等于 $1+0.2b$(mm)，最大不超过 5 mm(b 为焊缝宽度)。焊缝宽度每边比坡口宽 2 mm。

⑧盖面焊缝应在焊完后立即去除渣皮、飞溅物等，清理干净焊缝表面，然后进行焊缝外观检查。

7)焊口探伤。

①射线照相检验或超声波检验应在被检验的焊缝覆盖前或影响检验作业的工序前进行。射线照相检验或超声波检验应由有资质的专业检测部门进行并出具检测报告。

②对有无损检验要求的焊缝，竣工图上应标明焊缝编号、无损检验方法、局部无损检验焊

缝的位置、底片编号、热处理焊缝位置及编号、焊缝补焊位置及施焊焊工代号。

③碳素钢和合金钢焊缝的射线照相检验应符合现行国家标准《焊缝无损检测 射线检测 第1部分：X和伽玛射线的胶片技术》(GB/T 3323.1—2019)、《焊缝无损检测 射线检测 第2部分：使用数字化测探器的X和伽玛射线技术》(GB/T 3323.2—2019)的规定和《无损检测 金属管道熔化焊环向对接接头射线照相检测方法》(GB/T 12605—2008)标准的规定。超声波检验应符合现行国家标准《焊缝无损检测 超声检测 技术、检测等级和评定》(GB/T 11345—2013)的规定。

8)管道清扫。燃气管道安装完后应进行管道清扫，清扫介质采用压缩空气。

①管道吹扫(管线小于3 km)。

a. 准备工作：吹扫用的"进""出"口要进行妥善设置，特别是出口，其前方100 m范围内不得有建筑物，且吹扫时应有专人看守。吹扫前必须将系统中的过滤网、孔板、仪表拆卸下来，并把管道和设备用堵板隔断。

b. 吹扫要点：利用压缩空气吹扫，管道系统必须具有一定的容积来容纳足够的气量，这样在吹扫时才能有较高的流速。如果管道系统的容积较小，应尽可能利用贮气罐来增加气量。一般管道系统为树枝状，故必须在每个支管都分别进行排气，才能吹扫干净。吹扫时，其压力大体等于管道的严密性试验压力；其流速要求不小于15 m/s。

c. 进行管道吹扫：管道焊接完经过探伤检查合格后，应用压缩空气吹扫，达到无污物和水分吹干后，继续吹扫5 min为止。吹扫应试压一次，看是否漏气，修理好后，方能继续进行，吹扫时妥善处理排放物，不得伤人和造成环境污染。

②清管球吹扫。

a. 被清管段直径必须是同一规格。凡影响清管球通过的设备、管件、设施，在清管前应摘掉。

b. 采用清管球吹扫时支管焊接要采用骑坐式，严禁采用插入式焊接。

c. 管道弯头必须采用冲压弯头。

d. 管道上的阀门必须采用球阀。

e. 在吹扫过程中，要及时控制收发球两端的压差。

③使用清管球吹扫时，对压力表的要求：试验用的压力表，应在校验有效期内，其量程不得大于试验压力的2倍。弹簧压力计精度不得低于0.4级。

9)坡度调整。

①干式输送是指天然气脱水后，不含水分的运输方式。管道的坡度随地形而定，要求不是很严格。

②人工湿煤气在管道运行过程中，会产生大量的冷凝水，因此，敷设的管道必须保持一定的坡度，以便管内的水能汇集于排水器中排放。

③地下人工煤气管道坡度规定为：中压管不小于3‰；低压管不小于4‰。施工时，沿管道敷设方向，用小线和水平尺检查坡度是否在设计允许范围内。如发现坡度不符合要求，应进行调整。

④管道敷设坡度方向是由支管坡向干管，再由干管的最低点用排水器将水排出，所有管道严禁倒坡。

10)钢管的连接。

①焊接：管径较大的卷焊钢管及无缝钢管采用焊接连接，根据不同的壁厚及使用要求，其接口形式有对接焊和贴角焊等。

②法兰连接：法兰接口常用于需拆卸检修的部位及管道与带有法兰的附属设备(如阀门、补

偿器等)的连接。

11)严密性试验。

①严密性试验采用气体作为试验介质。管道的强度试验合格后，方可进行严密性试验，管线顶部以上回填不得小于 0.5 m。管道内的温度与周围土壤温度一致后，进行 24 h 严密性试验，试验过程中每小时记录一次压力读数及地温，大气压的变化及试验情况。

②严密性试验压力：设计压力大于 0.5 MPa 时试验压力取 1.15 倍设计工作压力，设计压力小于 0.5 MPa 时试验压力为 2.0 MPa，压力表等级同强度试验或采用电子压力计。

③严密性试验，压力降不超过下式计算结果即为合格：设计压力 $P > 0.5$ MPa 时：

同一管径

$$\Delta P = 6.47 T/D \tag{3-5}$$

不同管径

$$\Delta P = 6.47 T(d_1 L_1 + \cdots + d_n L_n)/(d_1^2 L_1 + \cdots + d_n^2 L_n) \tag{3-6}$$

设计压力 $P \leqslant 0.5$ MPa 时：

同一管径

$$\Delta P = 40 T/D \tag{3-7}$$

不同管径

$$\Delta P = 40 T(d_1 L_1 + \cdots d_n L_n)/(d_1^2 L_1 + \cdots + d_n^2 L_n) \tag{3-8}$$

式中　ΔP——允许压力降(Pa)；

T——试验时间(h)；

D——管道内径(m)；

$d_1 \cdots d_n$——各管道内径(m)；

$L_1 \cdots L_n$——各管道长度(m)。

试验时应根据试压期间管内温度和大气压变化予以修正：

$$\Delta P' = (H_1 + B_1) - (H_2 + B_2)(273 + T_1)/(273 + T_2) \tag{3-9}$$

式中　ΔP——修正压力降(Pa)；

H_1、H_2——试验开始和结束时压力计读数(Pa)；

B_1、B_2——试验开始和结束时气压计读数(Pa)；

T_1、T_2——试验开始和结束时管内温度(℃)。

计算结果 $\Delta P < \Delta P'$ 为合格。

12)管沟回填。燃气管道安装完毕，经过清扫，通过强度试验和严密性试验，检查验收后才能进行回填。

①补做防腐层，金属管各接口(焊口处)和铺管时有所损伤处，均应补刷沥青三遍，包玻璃丝三层。

②回填时，应分层回填、分层夯实。回填的第一、二层土不得带有石块，也不得用冻土；最后一层土应高于周围地面 50 mm 左右。管顶的最小覆土厚度为：埋设在车行道下时，不应小于 0.8 m；埋设在非车行道下时，不应小于 0.6 m；埋设在水田下时，不应小于 0.8 m；埋设在郊区旱田时，不应小于 0.6 m；埋在庭院内时，不应小于 0.4 m；当采取有效的防护措施后，上述规定可适当降低。回填土埋至管顶 0.5 m 处应埋设"燃气警示带"(低压为绿色，中压为红色，高压为黑色)，避免以后施工对管道造成损坏。

③管沟回填后，应进行场地平整，不留残土，无明显凹凸不平，基本一致，要做到工完场清。

3. 球墨铸铁管敷设

(1)一般规定。

1)球墨铸铁管的安装应配备合适的工具、器械和设备。

2)应使用起重机或其他合适的工具和设备将管道放入沟渠中，不得损坏管材和保护性涂层。起吊或放下管道的时候，应使用钢丝绳或尼龙吊具。当使用钢丝绳的时候，必须使用衬垫或橡胶套。

3)安装前应对球墨铸铁管及管件进行检查，并应符合下列要求：

①管材及管件表面不得有裂纹及影响使用的凹凸不平等缺陷。

②使用橡胶密封圈密封时，其性能必须符合燃气输送介质的使用要求。橡胶圈应光滑，轮廓应清晰，不得有影响接口密封的缺陷。

③管材及管件的尺寸公差应符合现行国家标准《水及燃气用球墨铸铁管、管件和附件》(GB 13295—2019)的规定。

4)管道连接前，应将管道中的异物清理干净。清除管道承口和插口端工作面的团块状物、铸瘤和多余的涂料，并整修光滑，擦干净。

5)在承口密封面、插口端和密封圈上涂一层润滑剂，将压兰套在管子的插口端，使其延长部分唇缘面向插口端方向，然后将密封圈套在管子的插口端，使胶圈的密封斜面也面向管子的插口方向。

6)将管道的插口端插入承口内，并紧密、均匀地将密封胶圈按进填密槽内，橡胶圈安装就位后不得扭曲。在连接过程中，承插接口环形间隙应均匀，其值及允许偏差应符合表3-6的规定。

表 3-6　承插口环形间隙及允许偏差　　　　　　　　　　　　　　mm

管道公称直径	环形间隙	允许偏差
80～200	10	+3 −2
250～450	11	+4 −2
500～900	12	
1 000～1 200	13	

(2)运输与布置。

1)运输前，先用小锤逐根轻击铸铁管，如发出清脆的声音，说明管子完好。将合格的铸铁管运至工地，装车后应将管子绑稳，运输中不得相互碰撞。运至现场，沿沟边布管，承口方向应按照施工顺序排列，防止吊装下沟时再调换方向而重复吊运。

2)管段上所需的铸铁弯管、三通等管件，按所需的位置运至沟边，承插口方向应与铸铁管相同。

(3)管道下沟。

1)铸铁管下沟前，应将管内泥土、杂物清除干净。铸铁管下沟的方法与钢管基本相同，应尽量采用起重机下管。人工下管时，多采用压绳下管法。铸铁管以单根管子放到沟边，不可碰撞或突然坠入沟内，以免将铸铁管碰裂。

2)根据铸铁管承口深度 L_1，在管子下沟前，在其插口上标出环向定位线 L_2，如图 3-15 所示。吊装下沟就位后，检查插口上环向定位线是否与连接的承口端面相重叠，以确定承插口配合是否达到规定要求。误差 ΔL 不得大于 10 mm。

3)接口工作坑应根据铸铁管与管件尺寸，在沟内丈量，确定其位置，在下管前挖好。下管后如有偏差，可适当修正。

（4）管基坡度。

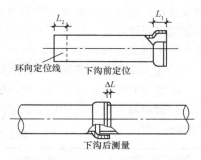

图 3-15　承插口连接深度检查

1）天然气经过脱水为干式输送。天然气管道的坡度随地形而定，要求不是很严格。人工湿煤气管道运行中，会产生大量冷凝水，因此，敷设的管道必须保持一定的坡度，以使管内的水能汇集于排水器排放。但在市区地下管线密集地带施工时，如果取统一的坡度值，将会因地下障碍而增设排水器，故在市区施工时，应根据设计与地下障碍的实际情况，对各段管道的实际敷设坡度综合布置，保持坡度均匀变化并不小于规定坡度要求。

2）管道坡度测量，先对管道基础（沟底土层）进行测量，使其达到设计规定的坡度。常用水平尺测量、木质平尺板和水平尺测量等方法。采用平尺板和水平尺测量的方法如下。

①根据每根管子长度，选择与管长相等的平尺板，再按照平尺板的长度计算出规定坡度下的坡高值 h，如图 3-16 所示。其计算公式为

$$h = LK \tag{3-10}$$

式中　h——相当于每根管长的坡度（mm）；

　　　　L——平尺板的长度（mm）；

$$K = \frac{h_2 - h_1}{L} \tag{3-11}$$

　　　　K——规定坡度。

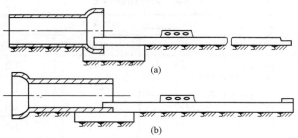

图 3-16　排管坡度测量操作示意

(a)承口方向测坡；(b)插口方向测坡

②操作方法：将平尺板放置在水平地面上，在平尺板的一端用厚度为 h 的垫块垫入，再将水平尺放在平尺板上，此时水平尺中央的气泡偏离水平基准线，记下气泡偏离的位置线，该线就是在规定坡度下的水平尺测坡基准线。以已敷设的管道承（插）口为基准，按照坡高 h 值，顺着坡向铲除沟内余土，使沟底土基的坡度符合规定坡度要求。然后根据图 3-16 所示，将平尺板紧贴管基，将水平尺置于水尺板之上，观察水平尺上的气泡位移读数是否与测坡基准线相吻合，如不符，可铲除余土（超深时应回填细土夯实），然后再检查，直至合格。管道下沟就位，再用水平尺在管子正上方复测坡度，按上述方法校正，直至合格。如发现管子有明显弯曲，应将弯曲部位旋转至水平位置。当弯曲超过允许偏差时，不能使用。

3）管道敷设坡度方向是由支管倾向干管，在倾向干管的最低点用排水器将水排出，所有管道严禁倒坡。

（5）敷设要点。

1）管道安装就位前，应采用测量工具检查管段的坡度，并应符合设计要求。如遇特殊情况，

需变更设计坡度时，最小坡度不得低于0.3%，在管道上下坡度折转处或穿越其他管道之间时，个别地点允许连续3根管子坡度小于0.3%，管道安装在同一坡段内，不得有局部存水现象。管道安装不得大管坡向小管。

2）管道或管件安装就位时，生产厂的标记宜朝上。

3）已安装的管道暂停施工时应临时封口。

4）管道最大允许借转角度及距离不应大于表3-7的规定。

表3-7 管道最大允许借转角度及距离

管道公称管径/mm	80～100	150～200	250～300	350～600
平面借转角度/°	3	2.5	2	1.5
竖直借转角度/°	1.5	1.25	1	0.75
平面借转距离/mm	310	260	210	160
竖向借转距离/mm	150	130	100	80
注：此表适用于6m长规格的球墨铸铁管，采用其他规格的球墨铸铁管时，可按产品说明书的要求执行。				

5）采用两根相同角度的弯管相接时，借转距离应符合表3-8的规定。

6）管道敷设时，弯头、三通和固定盲板处均应砌筑永久性支墩。

7）临时盲板应采用足够的支撑，除设置端墙外，还应采用两倍于盲板承压的千斤顶支撑。

8）铸铁渐缩管不宜直接接在管件上，其间必须先装一段短管，短管长度不得小于1.0m。

表3-8 弯管借转距离

管道公称直径/mm	借转距离/mm				
	90°	45°	22°30′	11°15′	1根乙字管
80	592	405	195	124	200
100	592	405	195	124	200
150	742	465	226	124	250
200	943	524	258	162	250
250	995	525	259	162	300
300	1 297	585	311	162	300
400	1 400	704	343	202	400
500	1 604	822	418	242	400
600	1 855	941	478	242	——
700	2 057	1 060	539	243	——

9）地下燃气铸铁管线穿越快车道时，以接头少者为佳，非不得已，不应采用短管。

10）两个承插口接头之间必须保持0.4m的净距。

11）敷设在严寒地区的地下燃气铸铁管道，埋设深度必须在当地的冰冻线以下，当管道位于非冰冻地区时，一般埋设深度不少于0.8m。

12）管道分叉后需改小口径时，应采用异径丁字管，如有困难，可采用渐缩管。

13）在铸铁管上钻孔时，孔径应小于该管内径的1/3。当孔径等于或大于1/3时，应加装马鞍法兰或双承丁字管等配件，不得利用小径孔延接较大口径的支管。钻孔的允许最大孔径见表3-9。

表 3-9　钻孔的允许最大孔径

连接方法连接最大孔径/mm 公称直径 DN/mm	100	150	200	250	300	350	400	450	500
直接连接	25	32	40	50	63	75	75	75	75
管卡连接	32～40	50	—	—	—	—	—	—	—

注：管卡即马鞍法兰，用此件连接可以按新设的管径规格只钻孔不套螺纹。

14)在铸铁管上钻孔后，如需堵塞，应采用铸铁实心管堵，不得使用镀锌薄钢管堵。

15)铸铁管上钻孔数超过 1 个时，孔与孔之间的距离规定见表 3-10。

表 3-10　铸铁管上孔与孔间距　　　　　　　　　　　　　mm

钻孔数	孔径小于或等于铸铁管本身口径的管堵	孔径大于铸铁管本身口径的管堵
连续 2 孔者	0.20	0.50
连续 3 孔者	0.30	0.80

16)铸铁管穿过铁路、公路、城市道路时，与电缆交叉处应加设套管。置于套管内的燃气铸铁管应采用青铅接口，以增强其抗震能力。

17)铸铁管道每 10 个水泥接口中应有一个青铅接口。

18)铸铁管铺设后，管道中心线的允许偏差不大于 20 mm，但管顶高程偏差不大于±10 mm。

(6)下管。

1)沿沟槽排管时，按管子的有效长度排列，即每根管子应让出一个承口的长度来，多数地区将承口朝向来气方向。

2)排管后进行烧口，将插入段的承口内表面和插入口外表面的沥青涂层烧去，将表面上的飞刺打磨干净，以利于接口填材料和管壁更严密地接合。

3)下管时，沟槽底放置接口的位置应先挖出接口操作工作坑，以便放下承口，使整根管子能平稳地放在沟底地基上。

4. 聚乙烯管敷设

(1)一般规定。

1)聚乙烯管道和钢骨架聚乙烯复合管道土方工程施工应符合国家现行标准《城镇燃气输配工程施工及验收规范》(CJJ 33—2005)的相关规定。

2)管道沟槽的沟底宽度和工作坑尺寸，应根据现场实际情况和管道敷设方法确定，也可按下列公式确定。

①单管敷设(沟边连接)：

$$a = DN + 0.3 \tag{3-12}$$

②双管同沟敷设(沟边连接)：

$$a = DN_1 + DN_2 + S + 0.3 \tag{3-13}$$

式中　a——沟底宽度(m)；

　　　DN——管道公称直径(m)；

　　　DN_1——第一条管道公称直径(m)；

　　　DN_2——第二条管道公称直径(m)；

　　　S——两管之间设计净距(m)。

③当管道必须在沟底连接时，河底宽度应加大，以满足连接机具工作的需要。

3）聚乙烯管道敷设时，管道允许弯曲半径不应小于25倍公称直径；当弯曲管段上有承口管件时，管道允许弯曲半径不应小于125倍公称直径。

4）钢骨架聚乙烯复合管道敷设时，钢丝网骨架聚乙烯复合管道允许弯曲半径应符合表3-11的规定，孔网钢带聚乙烯复合管道允许弯曲半径应符合表3-12的规定。

表3-11 钢丝网骨架聚乙烯复合管道允许弯曲半径　　　　　　　　　mm

管道公称直径 DN	允许弯曲半径 R
50≤DN≤150	80DN
150＜DN≤300	100DN
300＜DN≤500	110DN

表3-12 孔网钢带聚乙烯复合管道允许弯曲半径　　　　　　　　　mm

管道公称直径 DN	允许弯曲半径 R
50≤DN≤110	150DN
140＜DN≤250	250DN
DN≥315	350DN

5）管道在地下水水位较高的地区或雨期施工时，应采取降低水位或排水措施，及时清除沟内积水。管道在漂浮状态下严禁回填。

（2）管道的布置。

1）聚乙烯燃气管道不得从建筑物和大型构筑物的下面穿越；不得在堆积易燃、易爆材料和具有腐蚀性液体的场地下面穿越；不得与其他管道或电缆同沟敷设。

2）聚乙烯燃气管道与供热管之间水平净距不应小于表3-13的规定。与其他建筑物、构筑物的基础或相邻管道之间的水平净距应符合表3-14的规定。

表3-13 聚乙烯燃气管道与供热管之间水平净距

供热管种类	净距/m	注
$t＜150$ ℃直埋供热管道 供热管 回水管	3.0 2.0	燃气管埋深小于2 m
$t＜150$ ℃热水供热管沟 蒸汽供热管沟	1.5	
$t＜200$ ℃蒸汽供热管沟	3.0	聚乙烯管工作压力不超过 0.1 MPa 燃气管埋深小于2 m

表3-14 地下燃气管道与建筑物、构筑物或相邻管道之间的水平净距　　　m

项目	地下燃气管道					
	低压	中压		高压		
		B	A	B	A	
建筑物的基础	0.7	1.5	2.0	4.0	6.0	
给水管	0.5	0.5	0.5	1.0	1.5	
排水管	1.0	1.2	1.2	1.5	2.0	
电力电缆	0.5	0.5	0.5	1.0	1.5	

项目		地下燃气管道				
		低压	中压		高压	
			B	A	B	A
通信电缆	直埋在导管内	0.5 1.0	0.5 1.0	0.5 1.0	1.0 1.0	1.5 1.5
其他燃气管道	$DN<300$ mm $DN>300$ mm	0.4 0.5	0.4 0.5	0.4 0.5	0.4 0.5	0.4 0.5
热力管	直埋在管沟内	1.0 1.0	1.0 1.5	1.0 1.5	1.5 2.0	2.0 4.0
电杆(塔)的基础	≤35 kV >35 kV	1.0 5.0	1.0 5.0	1.0 5.0	1.0 5.0	1.0 5.0
通信照明电杆(至电杆中心)		1.0	1.0	1.0	1.0	1.0
铁路钢轨		5.0	5.0	5.0	5.0	5.0
有轨电车钢轨		2.0	2.0	2.0	2.0	2.0
街树(至树中心)		1.2	1.2	1.2	1.2	1.2

3)聚乙烯燃气管道与各类地下管道或设施的垂直净距不应小于表 3-15 的规定。

表 3-15 聚乙烯燃气管道与各类地下管道或设施的垂直净距

名称		净距/m	
		聚乙烯管道在该设施上方	聚乙烯管道在该设施下方
给水管 燃气管	—	0.15	0.15
排水管	—	0.15	0.20 加套管
电缆	直埋 在导管内	0.50 0.20	0.50 0.20
供热管道	$t<150$ ℃ 直埋供热管	0.50 加套管	1.30 加套管
	$t<150$ ℃ 热水供热管道 蒸汽供热管道	0.20 加套管或 0.40	0.30 加套管
	$t<280$ ℃ 蒸气供热管道	1.00 加套管,套管有降温措施可缩小	不允许
铁路轨底	—	—	1.20 加套管

4)聚乙烯燃气管道埋设的最小管顶覆土厚度应符合下列规定。

①埋设在车行道下时,不宜小于 0.8 m。

②埋设在非车行道下时,不宜小于 0.6 m。管材的标准长度为 12 m,外径小于 63 mm 的管也可以盘卷,长度可为 50 m、100 m、150 m。

③埋设在水田下时,不宜小于 0.8 m。

当采取行之有效的防护措施后，上述规定可适当降低。

5）聚乙烯燃气管道的地基宜为无尖硬土石的原土层，当原土层有尖硬土石时，应铺垫细砂或细土。凡可能引起管道不均匀沉降的地段，其地基均应进行处理，或采取其他防沉降措施。

6）聚乙烯燃气管道在输送含有冷凝液的燃气时，应埋设在土壤冰冻线以下，并应设凝水器。管道坡向凝水器的坡度不宜小于 0.003。

7）聚乙烯燃气管道不宜直接引入建筑物内或直接引入附属在建筑物墙上的调压箱内。当直接用聚乙烯燃气管道引入时，穿越基础或外墙及地上部分的聚乙烯燃气管道必须有硬质套管保护。

8）聚乙烯燃气管道不可直接穿越河流。

（3）管道的敷设。

1）聚乙烯燃气管道应在沟底标高和管基质量检查合格后，方可敷设。

2）运输和布管。沟槽基本完成时，再运输管材、管件布置在沟旁，尽量缩短塑料管在沟旁的堆放时间，以避免外界损伤塑料管或太阳光直射造成老化。

3）下管方法。

①拖管法施工。是用机动车带动犁沟刀，车上装有掘进机，犁出沟槽，盘卷的聚乙烯管道或已焊接好的聚乙烯管道，在掘进机后被拖带进入管沟中。采用拖管施工时，拉力不得大于管材屈服拉伸强度的 50%。拉力过大会拉坏聚乙烯管道。拖管法一般用于支管或较短管段的聚乙烯燃气管道敷设。

②喂管法施工。是将固定在掘进机上的盘卷的聚乙烯管道，通过装在掘进机上的犁刀后部的滑槽喂入管沟。犁沟刀可同时与另外的滑槽连接，喂入聚乙烯燃气管道警示带。聚乙烯燃气管道喂入沟槽时，不可避免要弯曲，但其弯曲半径要符合表 3-16 的规定。

表 3-16　管道允许弯曲半径　　　　　　　　　　　　　　　mm

管道公称外径 D	允许弯曲半径 R
$D \leqslant 50$	30D
$50 < D \leqslant 160$	50D
$160 < D \leqslant 250$	75D

③人工法。常用的有压绳法、人工抬放等方法。

4）管道埋地敷设。

①对开挖沟槽敷设管道（不包括喂管法埋地敷设），管道应在沟底标高和管基质量检查合格后，方可敷设。

②管道下管时，不得采用金属材料直接捆扎和吊运管道，并应防止管道划伤、扭曲或承受过大的拉伸和弯曲。

③聚乙烯管道宜蜿蜒状敷设，并可随地形自然弯曲敷设；钢骨架聚乙烯复合管道宜自然直线敷设。管道弯曲半径应符合前述（1）中 3）、4）的规定。不得使用机械或加热方法弯曲管道。

④管道敷设时，应随管走向埋设金属示踪线（带）、警示带或其他标识。

示踪线（带）应贴管敷设，并应有良好的导电性、有效的电气连接和设置信号源井。埋设示踪线是为了管道测位方便，可以更精确地绘制出燃气管道的走向。示踪线有裸露金属线或带塑料绝缘层的金属导线两种。它的工作原理是通过电流脉冲感应来探测和检测系统。

警示带敷设应符合下列规定：

a. 警示带宜敷设在管顶上方 300～500 mm 处，但不得敷设于路基或路面里。

b. 对直径不大于 400 mm 的管道，可在管道正上方敷设一条警示带；对直径大于或等于 400 mm 的管道，应在管道正上方平行敷设二条水平净距 100～200 mm 的警示带。

c. 警示带宜采用聚乙烯或不易分解的材料制造，颜色应为黄色，且在警示带上印有醒目、永久性警示语。

⑤聚乙烯盘管或因施工条件限制的聚乙烯直管或钢骨架聚乙烯复合管道采用拖管法埋地敷设时，在管道拖拉过程中，沟底不应有可能损伤管道表面的石块和尖凸物，拖拉长度不宜超过300 m。

a. 聚乙烯管道的最大拖拉力的计算公式为：

$$F=15DN^2/SDR \tag{3-14}$$

式中　F——最大拖拉力（N）；

　　　DN——管道公称直径（mm）；

　　　SDR——标准尺寸比。

b. 钢骨架聚乙烯复合管道的最大拖拉力不应大于其屈服拉伸应力的50%。

⑥聚乙烯盘管采用喂管法埋地敷设时，警示带敷设应符合上述④的规定，并随管道同时喂入管沟，管道弯曲半径应符合前述（1）中3)和4)的规定。

5)插入管敷设。

①适用于插入管外径不大于旧管内径90%的插入管敷设。

②插入起止段应开挖一段工作坑，其长度应满足施工要求，并应保证管道允许弯曲半径符合前述（1）中3)和4)的规定，工作坑间距不宜超过300 m。

③管道插入前，应使用清管设备清除旧管内壁沉积物、尖锐毛刺、焊瘤和其他杂物，并采用压缩空气吹净管内杂物。必要时，应采用管道内窥镜检查旧管内壁清障程度，或将聚乙烯管段拉过旧管，通过检查聚乙烯管段表面划痕，判断旧管内壁清障程度。

④插入敷设的管道应热熔或电熔连接；必要时，可切除热熔对接连接的外翻边或电熔连接的接线柱。

⑤管道插入前，应对已连接管道的全部焊缝逐个进行检查，并在安全防护措施得到有效保证后，进行检漏，合格后方可施工。插入后，应随管道系统对插入管进行强度试验和严密性试验。

⑥插入敷设时，必须在旧管插入端口加装一个硬度较小的漏斗形导滑口。

⑦插入管采用拖拉法敷设时，拖拉力应符合前述4)⑤的规定。

⑧插入管伸出旧管端口的长度应满足管道缩径恢复和管道收缩，以及管道连接的要求。

⑨在两插入段之间，必须留出冷缩余量和管道不均匀沉降余量，并在每段适当长度加以铆固或固定。在各管段端口，插入管与旧管之间的环形空间应采用柔性材料封堵。管段之间的旧管开口处应设套管保护。

⑩当在插入管上接分支管时，应在干管恢复缩径并经24 h松弛后，方可进行。

6)聚乙烯燃气管道热胀冷缩比钢管大得多，其线膨胀系数为钢管的10倍以上。为减少管道的热应力，可利用聚乙烯管道的柔性，横向蜿蜒状敷设或随地形弯曲敷设。

7)聚乙烯管道硬度较金属管道小，因此在搬运、下管时要防止划伤。划伤的聚乙烯管道在运行中，受外力作用，再遇表面活性剂（如洗涤剂），会加速伤痕的扩展，最终导致管道破坏。

8)管道敷设后，留出待检查（强度与严密性试验）的接口，将管身部分回填土，避免外界损伤管道。

四、室外燃气管道工程的试验与验收

（一）室外燃气管道工程检验

敷设的质量检验应在铺管后和管道试验前进行，两者的间隔时间不宜太长，以避免外部因素对铺管质量的影响，在管道强度试验前应重新进行铺管质量检验。

1. 燃气铸铁管敷设检验要求

(1)管道中心线平面尺寸偏差应在±2 cm以内。

(2)管顶高程偏差应在±2 cm以内。

(3)管道坡度和坡向应符合设计要求，不得出现倒坡或坡度小于设计图样的情况。

(4)管道底部必须与管基紧密接触，不允许有间隙。

(5)承插口铸铁管接口的环形间隙允许偏差应符合表3-6的规定。

(6)管道口部不得有任何污物。

(7)接口材料的配方和配合料的性能应符合设计要求并应抽查投料记录。

(8)使用耐油橡胶圈，应对样品胶圈进行抽验。

(9)分支管道与渐缩之间的直管段长度不得小于0.5 m。

(10)管道与阀门、凝水缸等法兰接口部位的石棉橡胶板圈厚度应为3～5 mm，内径应大于管道内径2～3 mm，外径应距离固定螺栓内边2～3 mm。

(11)阀门、凝水缸等管道附件应符合加工质量和产品质量要求，安装前后根据有关技术及文件检查产品质量检验记录，并对实物进行抽验。

2. 燃气钢管检验要求

(1)碳素钢及合金钢焊接要求。

1)燃气管道碳素钢及合金钢焊缝根据《现场设备、工业管道焊接工程施工规范》(GB 50236—2011)，设备、卷管对接焊缝组对时，对口错边量应符合表3-17及下列规定：

①只能从单面焊接的纵向和环向焊缝，其内壁错边量不应超过2 mm。

②当采用气电立焊时，错边量不应大于接头母材厚度的10%，且不大于3 mm。

③复合钢板组对时，应以复层表面为基准，错边量不应大于钢板复层厚度的50%，且不大于1 mm。

表 3-17　碳素钢和合金钢设备、卷管对接焊缝组对时的错边量　　　　　　　　　　　mm

焊件接头的母材厚度 T	错边量	
	纵向焊缝	环向焊缝
$T \leqslant 12$	$\leqslant T/4$	$\leqslant T/4$
$12 < T \leqslant 20$	$\leqslant 3$	$\leqslant T/4$
$20 < T \leqslant 40$	$\leqslant 3$	$\leqslant 5$
$40 < T \leqslant 50$	$\leqslant 3$	$\leqslant T/8$
$T > 50$	$\leqslant T/16$，且$\leqslant 10$	$\leqslant T/8$，且$\leqslant 20$

2)焊缝不得设置在应力集中区，应便于焊接和热处理，并应符合下列规定：

①钢板卷管或设备的筒节与筒节、筒节与封头组对时，相邻两节间纵向焊缝间距应大于壁厚的3倍，且不应小于100 mm；同一筒节上两相邻纵缝间的距离不应小于200 mm。

②管道同一直管段上两对接焊缝中心间的距离，当公称尺寸大于或等于150 mm时，不应小于150 mm；当公称尺寸小于150 mm时，不应小于管子外径，且不应小于100 mm。

③卷管的纵向焊缝应置于易检修的位置，且不宜在底部。

④有加固环、板的卷管，加固环、板的对接焊缝应与管子纵向焊缝错开，其间距不应小于100 mm。加固环、板距卷管的环焊缝不应小于50 mm。

⑤加热炉受热面管子的焊缝与管子起弯点、联箱外壁及支、吊架边缘的距离不应小于70 mm；

同一直管段上两对接焊缝中心间的距离不应小于 150 mm。

⑥除采用定型弯头外，管道对接环焊缝中心与弯管起弯点的距离不应小于管子外径，且不应小于 100 mm。管道对接环焊缝距支、吊架边缘之间的距离不应小于 50 mm；需进行热处理的焊缝距支、吊架边缘之间的距离不应小于焊缝宽度的 5 倍，且不应小于 100 mm。

3）当焊件组对的局部间隙过大时，应修整到规定尺寸，并不得在间隙内添加填塞物。

4）焊件组对时应垫置牢固，并应采取措施防止焊接和热处理过程中产生附加应力和变形。

5）背面带钢垫板的对接坡口焊缝，垫板与母材之间应贴紧。

6）纵向对接焊缝两端部宜设置引弧板和引出板，其材质宜与母材相同或为同一类别。

7）不锈钢焊件坡口两侧各 100 mm 范围内，在施焊前应采取防止焊接飞溅物沾污焊件表面的措施。

8）螺柱焊的电源应单独设置，工作区应远离磁场或采取措施，防止磁场对焊接的影响；施焊构件应水平放置。

9）城镇燃气管道焊缝的检测。管道焊接完成后，立即去除渣皮、飞溅物，清理焊缝表面，进行外观检查。再进行射线照相和超声波检验焊缝内部质量，应符合下列规定：工作压力大于或等于 4.0 MPa 的城镇燃气管道，穿越铁路、公路、河流、城市主要道路的燃气管道焊缝应进行 100％射线照相与超声波检验，场、站内燃气管道焊缝均为 100％无损伤；工作压力小于 4.0 MPa 的城镇燃气管道焊缝应进行抽样射线照相和超声波检验，抽检比例由设计确定，可参照下列规定设计。设计压力 1.6 MPa＜P＜4.0 MPa 且管道为固定焊口时，探伤数量 40％，设计压力 1.6 MPa＜P＜4.0 MPa 且管道为转动焊口时，探伤数量为 10％。设计压力 P_s1.6 MPa 且管道为固定焊口时，探伤数量 10％。设计压力 P≤1.6 MPa 且管道为转动焊口时，探伤数量为 5％；根据《城镇燃气输配工程施工及验收规范》（CJJ 33—2005）规定，当设计对抽检数量无规定时，抽查数量应不少于焊缝总数的 15％。

凡规定进行无损探伤的焊缝，应对每一个焊工所施焊的焊缝按比例进行抽查。

10）当检验发现焊缝缺陷超出设计范围和规范规定时，必须进行返修。焊缝返修后应按原方法进行检验。

当抽样检验未发现需要返修的焊缝缺陷时，则该次抽样所代表的一批焊缝应认为全部合格。当抽样检验发现需要返修的焊缝缺陷时，除返修焊缝，还应按下列规定进一步检验：每出现一道不合格焊缝，应再检验两道该焊工所焊的一批焊缝，当两道焊缝均合格，应认为检验所代表的这一批焊缝合格；若两道焊缝又出现不合格时，每道不合格焊缝应再检验两道该焊工的同一批焊缝。检验均合格可认为检验所代表的这批焊缝为合格；如又出现不合格，则应对该焊工所焊的同一批焊缝全部进行检验。

11）城镇燃气管道焊缝的无损检验可采用射线照相检验。应符合《焊缝无损检测　射线检测第 1 部分：X 和伽玛射线的胶片技术》（GB/T 3323.1—2019）、《焊缝无损检测　射线检测　第 2 部分：使用数字化探测器的 X 和伽玛射线技术》（GB/T 3323.2—2019）中的规定，也可采用超声波检验，应符合《焊缝无损检测　超声检测　技术、检测等级和评定》（GB/T 11345—2013）的规定。

（2）燃气管道防腐绝缘层检验。燃气管道焊缝质量检验合格后，进行防腐绝缘检验。防腐绝缘层竣工检验、验收包括以下各项内容：

1）防腐绝缘层的等级应符合设计要求。

2）防腐绝缘层不允许有空白、裂纹、气泡、小孔、块瘤、折皱以及凹槽等缺陷。

3）检查防腐绝缘层与管壁黏着性能采用抽查一定数量管子切口的方法检查，不允许出现成片脱落现象。

4）以上各次检查合格，或对缺陷清除经检验合格后，按表 3-18 规定的电压值检测防腐层的绝缘性能。在规定电压下，以绝缘层不被击穿为合格。

表 3-18　燃气钢管防腐绝缘性能检测电压

防腐绝缘层等级	普通级	加强级	特加强级
检测电压/kV	6	12	18

（3）燃气钢管铺设质量要求。管道防腐工程验收合格后，进行钢管铺设质量检验，铺管质量应符合以下各项要求：

1）防腐绝缘层应完整无损。

2）管道坡向和坡度应符合设计要求，不允许坡向相反现象存在。

3）管道底部与管沟底紧密接触。

4）管道中心线和高程应符合设计要求，偏差在±2 cm 以内。

5）管道及其附件内部不允许残留杂质、泥沙等。

6）燃气阀门、凝水缸等管道附件的质量及与管道连接的安装质量要求同铸铁管铺管检验要求。

3. 燃气塑料管铺设检验要求

（1）燃气塑料管道埋深应按设计要求，依管道走向设金属跟踪线，距管顶大于 0.3 m 处埋设警示带。

（2）燃气塑料管连接操作结束，应进行接头处的外观质量检查，不合格者，必须进行返工，再次进行接头外观质量检查。

（3）按《城镇燃气输配工程施工及验收规范》（CJJ 33—2005）的要求进行强度试验与气密性试验。

（二）室外燃气系统吹扫

管道吹扫范围内的管道安装工程除补口、涂漆外，已按设计图纸全部完成。管道安装检验合格后，应由施工单位负责组织吹扫工作，并应在吹扫前编制吹扫方案。管道吹扫应按主管、支管、庭院管的顺序进行吹扫，吹扫出的脏物不得进入已合格的管道。

（1）公称直径小于 100 mm 或长度小于 100 m 的钢质管道，可采用气体吹扫。气体吹扫应符合下列要求：

1）吹扫气体流速不宜小于 20 m/s。

2）吹扫口与地面的夹角应为 30°～45°，吹扫管段与被吹扫管段必须采取平缓过渡对焊，吹扫口直径符合表 3-19 的规定。

表 3-19　吹扫口直径　　　　　　　　　　　　　mm

末端管道公称直径 DN	DN<150	150≤DN≤300	DN≥350
吹扫口公称直径	与管道同径	150	250

3）每次吹扫管道的长度不宜超过 500 m；当管道长度超过 500 m 时宜分段吹扫。

4）当管道长度在 200 m 以上，且无其他管段或储气容器可利用时，应在适当部位安装吹扫阀，采取分段储气，轮换吹扫；当管道长度不足 200 m，可采用管道自身储气放散的方式吹扫，打压点与放散点应分别设在管道两端。

5）当目测排气无烟尘时，应在排气口设置白布或涂白漆木靶板检验，5 min 内靶上无铁锈、尘土等其他杂物为合格。

（2）公称直径大于或等于 100 mm 的钢质管道，宜采用清管球进行清扫。

清管球清扫应符合下列要求：

1）管道直径必须是同一规格，不同管径的管道应断开分别进行清扫。

2）对影响清管球通过的管件、设施，在清管前应采取必要措施。

3）清管球清扫完成后，应按现行国家标准《城镇燃气输配工程施工及验收规范》（CJJ 33—2005）进行检验，如不合格可采用气体再清扫至合格。

（三）室外燃气管道的强度试验和严密性试验

1. 燃气管道强度试验

管道吹扫合格后，即可进行强度试验。输气干管试验管段一般限于 3 km 以内。管道试验时应连同凝水缸、阀门及其他管道附件一起进行。

（1）燃气管道试验介质及实验压力。当管道设计压力为 0.01～0.8 MPa 时，采用压缩空气进行强度试验，强度试验压力为设计压力的 1.5 倍，但不得小于 0.4 MPa。

当管道设计压力为 4.0～0.8 MPa 时，对城镇高压燃气管道一、二级地区可用压缩空气与清洁水进行强度试验，三、四级地区应用清洁水进行强度试验。但在符合下列条件时，也可采用压缩空气进行试验：试压时最大环向应力对三级地区小于 $50\% \sigma_s$、四级地区小于 $40\% \sigma_s$；最大操作压力不超过现场最大试验压力的 80%；所试验的是新管，且焊缝系数为 1.0 时。强度试验压力不小于 1.5 倍设计压力，除聚乙烯（SDR17.6）的试验压力不小于 0.2 MPa 外，均不小于 0.4 MPa。

在进行强度试验时，为保证安全，应进行必要的校核计算：水压试验时，每段自然高差应保证最低点管道环向应力不大于 0.90；气压试验时，除城镇高压燃气管道应符合采用压缩空气进行强度试验的条件外，其他情况最不利管道的环向应力不应大于 $0.80 \sigma_s$。

（2）燃气管道试验前的准备工作。

1）试验管道的焊缝、接口等部位应裸露，不得涂漆或作防腐层。

2）试验管段两端必须用盲板或堵板严密堵死，使之成为封闭系统。盲板的紧固件和密封件应符合最高试验压力的要求，以保证试验的精确性。

3）对管道端头的堵板及弯头、三通等处应取临时稳固（如铆固、加设支撑等）措施，以保证在最高试验压力下管道的稳定与安全。

4）试压前应对空压机、连接管及管件等加以检查，确保系统的严密性。

5）取压点和测温点各不得少于两个，压力表采用精度不低于 1.5 级的经过校验的弹簧压力表。

6）将试验用的肥皂和小毛刷准备好。注意肥皂水的浓度要适当。

7）对于铸铁管、管件及铸铁阀门，必须有出厂液压强度试验合格证，方可进行气压强度试验。

（3）试验步骤。

1）向燃气管道内充气升压。强度试验压力应逐级升高，步骤如下：

①管道设计压力为 0.005～0.8 MPa：

a. 一次升压至试验压力的 50%，然后检查，如无泄漏及异常现象，则可进行下一步。

b. 按试验压力的 10% 逐级升压，每一级稳压 3 min，进行观察，如无泄漏及异常现象，则可进行下一级升压。

c. 将压力升至试验压力。

②管道设计压力为 4.0～0.8 MPa：

a. 一次升压至试验压力的 30%，停止升压，稳压半小时后，对管道进行观察，无泄漏时，则进行下一级升压。

b. 第二次升压至 60%试验压力，稳压半小时，无泄漏时可进行下一级升压。

c. 将压力升至试验压力。

2)当管道内的气压达到试验压力后，稳压 10 min，用小毛刷沾肥皂水涂刷每一个接口、焊缝部位进行检查。刷肥皂水时要认真仔细，每一个焊口应反复刷 2～3 次，肥皂水吹起气泡则漏气。当发现有漏气点，则要及时划出漏洞的准确位置，待全部焊口检查完毕后，将管内的压缩空气放掉，至大气压力后方可进行漏洞的修补，修补完后重复上述步骤再进行试验，直到没有漏气为止。为了防止可能遗漏漏气点，在稳压过程中要注意观察弹簧压力表的读数有无明显下降，若有明显下降，则说明还存在漏气点，应继续查找、修补、重新试验，直到合格。

3)强度试验合格后，应填写"管道系统试验记录"，见表 3-20。

4)强度试验合格后，将压力降至气密性试验压力，然后进行气密性试验。

(4)强度试验合格标准。达到试验压力后，在稳压过程中，压力无明显下降，无异常现象，用肥皂水检查无泄漏，则为强度试验合格。

表 3-20　管道系统试验记录

工程名称					日期		年　　月　　日		
管线号	材质	设计参数			强度试验			严密性试验		
		介质	压力/Pa	温度/℃	介质	压力/Pa	鉴定	介质	压力/Pa	温度/℃
施工单位			部门负责人				技术负责人		
质量检查员			施工人员或班组长						
建设单位			部门负责人				质量检查员		

2. 燃气管道气密性试验

(1)燃气管道试验介质与试验压力。

1)气密性试验介质采用压缩空气。

2)可根据管道设计压力确定气密性试验压力，当设计压力 $P \leqslant 5$ kPa 时，试验压力应为 20 kPa；当设计压力 $P > 5 \sim 0.8$ MPa 时，试验压力应为设计压力的 1.15 倍，但不小于 100 kPa；当设计压力 $P > 0.8 \sim 4$ MPa 时，气密性试验压力为管道工作压力。

(2)燃气管道试验方法及要求。

1)取压点和测温点各不得少于两个。当试验压力不大于 0.1 MPa 时，宜采用 U 形管水银压力计；当试验压力大于 0.1 MPa 时，应采用经校验过的精度不低于 1.5 级的弹簧压力表。温度计的分度值不能超过 0.5 ℃。

2)强度试验合格后，将压力降至气密性试验压力，并将沟槽回填至管顶以上 0.5 m，但管道的焊缝、接口等应检部位应留出来，不予回填。待气密性试验合格之后，完成这些部位的防腐、再回填。

3)为了使管道内空气温度与周围土壤温度一致，避免试验时间内因温度变化而导致压力变化，气密性试验的开始时间应按下列规定执行。

①公称直径小于 200 mm 的管道，从管道内压力降到气密性试验压力时开始计时，12 h 后

为气密性试验起始时刻，即稳压 12 h。

②公称直径为 200～400 mm 的管道，从管道内压力降到气密性试验压力时开始计时，18 h 后为气密性试验起始时刻，即稳压 18 h。

③公称直径为 400 mm 的管道，从管道内压力降到气密性试验压力时开始计时，24 h 后为气密性试验起始时刻，即稳压 24 h。

在气密性试验起始时刻之前的这段时间内，若因管内空气温度下降而导致压力低于试验压力时，应向管内补充空气，以保证试验开始达到试验压力。

4)气密性试验时间一律为 24 h。从起始时刻开始观测和记录，以后每小时记录一次。观测和记录的内容包括管内空气压力和温度、大气压力。

5)若试验结果不合格，就要重新检查，查出缺陷之后，将压力降至大气压力，方可进行修补，修补后必须重新进行气密性试验，直至合格为止。

6)气密性试验合格后与强度试验一样，也应填写"管道系统试验记录"，见表 3-20。

(3)燃气管道气密性试验合格标准。

1)燃气管道气密性试验的允许压力降。

①低压管道(设计压力 $P \leqslant 0.005$ MPa)。

当同一管径时

$$\Delta P = \frac{6.47T}{d} \tag{3-15}$$

当不同管径时

$$\Delta P = \frac{6.47T(d_1L_1 + d_2L_2 + \cdots d_nL_n)}{d_1^2L_1 + d_2^2L_2 + \cdots d_n^2L_n} \tag{3-16}$$

②中、次高压 B 管道(设计压力为 0.01 MPa$<P\leqslant$0.8 MPa)。

当同一管径时

$$\Delta P = \frac{40T}{d} \tag{3-17}$$

当不同管径时

$$\Delta P = \frac{40T(d_1L_1 + d_2L_2 + \cdots d_nL_n)}{d_1^2L_1 + d_2^2L_2 + \cdots d_n^2L_n} \tag{3-18}$$

式中　ΔP——试验时间内的允许压力降(Pa)；

　　　T—试验时间(h)；

　　　d——管道内径(m)；

　　　d_1, d_2, $\cdots$, d_n——各管段内径(m)；

　　　L_1, L_2, $\cdots$, L_n——各管段长度(m)。

③次高压 A、高压管道(设计压力为 0.8 MPa$<P\leqslant$4 MPa)

$$[\Delta P] = \frac{500}{D_n}\% \tag{3-19}$$

式中　$[\Delta P]$——允许压降率(%)；

　　　D_n——管道公称直径(m)。

当钢管公称直径小于或等于 300 mm 时，允许降压率为 1.5%。

2)气密性试验的实际压力降。在进行气密性试验时观测时间要延续 24 h，在此期间内，由于管道与土壤之间的热传递，管内气体温度会产生变化，从而导致其压力的变化；另外，环境大气压的变化也会影响观测结果的准确性。所以，对于压力计实测的压力降，应根据大气压力和管内气体温度的变化加以修正，得出实际压力降，实际压力降按下式计算：

$$\Delta P_{\mathrm{p}} = (H_1 + B_1) - (H_2 + B_2)\frac{273 + t_1}{273 + t_2} \tag{3-20}$$

式中　ΔP_{p}——修正后的实际压力降(Pa)；

　　　H_1、H_2——试验开始和结束时的压力计读数(Pa)；

　　　B_1、B_2——试验开始和结束时的大气压力(Pa)；

　　　t_1、t_2——试验开始和结束时的管内气体温度(℃)。

3)气密性试验合格标准。在气密性试验时间内，实际压力降 ΔP_{p} 小于允许压力降 ΔP，则气密性试验合格。

第三节　室内燃气管道安装及质量验收

一、室内燃气管道安装工艺

燃气引入管安装应符合下列要求：

(1)在地下室、半地下室、设备层和地上密闭房间及地下车库安装燃气引入管道时应符合设计文件的规定；当设计文件无明确要求时，应符合下列规定：

1)引入管道应使用钢号为10、20的无缝钢管或具有同等及同等以上性能的其他金属管材。

2)管道的敷设位置应便于检修，不得影响车辆的正常通行，且应避免被碰撞。

3)管道的连接必须采用焊接连接。其焊缝外观质量应按现行国家标准《现场设备、工业管道焊接工程施工规范》(GB 50236—2011)进行评定，Ⅲ级合格；焊缝内部质量检查应按现行国家标准《无损检测　金属管道熔化焊环向对接接头射线照相检测方法》(GB/T 12605—2008)进行评定，Ⅲ级合格。

(2)紧邻小区道路(甬路)和楼门过道处的地上引入管设置的安全保护措施应符合设计文件要求。

(3)当引入管埋地部分与室外埋地 PE 管相连时，其连接位置距建筑物基础不宜小于 0.5 m，且应采用钢塑焊接转换接头。当采用法兰转换接头时，应对法兰及其紧固件的周围死角和空隙部分采用防腐胶泥填充进行过渡，进行防腐层施工前胶泥应干实。防腐层的种类和防腐等级应符合设计文件要求，接头钢质部分的防腐等级不应低于管道的防腐等级。

(4)当引入管采用地下引入时，应符合下列规定：

1)埋地引入管敷设的施工技术要求应符合国家现行标准《城镇燃气输配工程施工及验收规范》(CJJ 33—2005)的有关规定。

2)燃气管道穿过建筑物基础、墙和楼板所设套管的管径不宜小于表 3-21 的规定；高层建筑引入管穿越建筑物基础时，其套管管径应符合设计文件的规定。

表 3-21　燃气管道的套管公称尺寸

燃气管	DN10	DN15	DN20	DN25	DN32	DN40	DN50	DN65	DN80	DN100	DN150
套管	DN25	DN32	DN40	DN50	DN65	DN65	DN80	DN100	DN125	DN150	DN200

3)埋地引入管的回填与路面恢复应符合国家现行标准《城镇燃气输配工程施工及验收规范》(CJJ 33—2005)的有关规定。

4)引入管室内部分宜靠实体墙固定。

(5)当引入管采用地上引入时，应符合下列规定：

1)管子的现场弯制除应符合现行国家标准《工业金属管道工程施工规范》(GB 50235—2010)的有关规定外，还应符合下列规定：

①弯制时应使用专用弯管设备或专用方法进行。

②焊接钢管的纵向焊缝在弯制过程中应位于中性线位置处。

③管子最小弯曲半径和最大直径、最小直径差值与弯管前管子外径的比率应符合表 3-22 的规定。

表 3-22　管子最小弯曲半径和最大直径、最小直径的差值与弯管前管子外径的比率

	钢管	铜管	不锈钢管	铝塑复合管
最小弯曲半径	$3.5D_o$	$3.5D_o$	$3.5D_o$	$3.5D_o$
弯管的最大直径与最小直径的差与弯管前管子外径之比率	8%	9%	—	—
注：D_o 为管子的外径。				

2)引入管与建筑物外墙之间的净距应便于安装和维修，宜为 0.10～0.15 m。

3)引入管上端弯曲处设置的清扫口宜采用焊接连接，焊缝外观质量应按现行国家标准《现场设备、工业管道焊接工程施工规范》(GB 50236—2011)进行评定，Ⅲ级合格。

4)引入管保温层的材料、厚度及结构应符合设计文件的规定，保温层表面应平整，凹凸偏差不宜超过±2 mm。

(6)输送湿燃气的引入管应坡向室外，其坡度宜大于或等于 0.01。

(7)引入管最小覆土厚度应符合现行国家标准《城镇燃气设计规范(2020 年版)》(GB 50028—2006)的有关规定。

(8)当室外配气支管上采取阴极保护措施时，引入管的安装应符合下列规定：

1)引入管进入建筑物前应设绝缘装置；绝缘装置的形式宜采用整体式绝缘接头，应采取防止高压电涌破坏的措施，并确保有效。

2)进入室内的燃气管道应进行等电位联结。

二、室内燃气管道敷设

1. 一般规定

(1)燃气室内工程使用的管道组成件应按设计文件选用；当设计文件无明确规定时，应符合现行国家标准《城镇燃气设计规范(2020 年版)》(GB 50028—2006)的有关规定，并应符合下列规定：

1)当管子公称尺寸小于或等于 $DN50$，且管道设计压力为低压时，宜采用热镀锌钢管和镀锌管件。

2)当管子公称尺寸大于 $DN50$ 时，宜采用无缝钢管或焊接钢管。

3)铜管宜采用牌号为 TP2 的铜管及铜管件；当采用暗埋形式敷设时，应采用塑覆铜管或包有绝缘保护材料的铜管。

4)当采用薄壁不锈钢钢管时，其厚度不应小于 0.6 mm。

5)不锈钢波纹软管的管材及管件的材质应符合国家现行相关标准的规定。

6)薄壁不锈钢钢管和不锈钢波纹软管用于暗埋形式敷设或穿墙时，应具有外包覆层。

7)当工作压力小于 10 kPa，且环境温度不高于 60 ℃时，可在户内计量装置后使用燃气用铝

塑复合管及专用管件。

(2)当室内燃气管道的敷设方式在设计文件中无明确规定时，宜按表3-23选用。

表3-23　室内燃气管道敷设方式

管道材料	明设管道	暗设管道	
		暗封形式	暗埋形式
热镀锌钢管	应	可	—
无缝钢管	应	可	—
铜管	应	可	可
薄壁不锈钢钢管	应	可	可
不锈钢波纹软管	可	可	可
燃气用铝塑复合管	可	可	可

注：表中"—"表示不推荐。

(3)室内燃气管道的连接应符合下列要求：

1)公称尺寸不大于$DN50$的镀锌钢管应采用螺纹连接；当必须采用其他连接形式时，应采取相应的措施。

2)无缝钢管或焊接钢管应采用焊接或法兰连接。

3)铜管应采用承插式硬钎焊连接，不得采用对接钎焊和软钎焊。

4)薄壁不锈钢钢管应采用承插氩弧焊式管件连接或卡套式、卡压式、环压式等管件机械连接。

5)不锈钢波纹软管及非金属软管应采用专用管件连接。

6)燃气用铝塑复合管应采用专用的卡套式、卡压式连接方式。

(4)燃气管子的切割应符合下列规定：

1)碳素钢管宜采用机械方法或氧-可燃气体火焰切割。

2)薄壁不锈钢钢管应采用机械或等离子弧方法切割；当采用砂轮切割或修磨时，应使用专用砂轮片。

3)铜管应采用机械方法切割。

4)不锈钢波纹软管和燃气用铝塑复合管应使用专用管剪切割。

(5)燃气管道采用的支撑形式宜按表3-24选择，高层建筑室内燃气管道的支撑形式应符合设计文件的规定。

表3-24　燃气管道采用的支撑形式

公称尺寸	砖砌墙壁	混凝土制墙板	石膏空心墙板	木结构墙	楼板
$DN15\sim DN20$	管卡	管卡	管卡、夹壁管卡	管卡	吊架
$DN25\sim DN40$	管卡、托架	管卡、托架	夹壁管卡	管卡	吊架
$DN50\sim DN65$	管卡、托架	管卡、托架	夹壁托架	管卡、托架	吊架
$>DN65$	托架	托架	不得依附	托架	吊架

2. 管道连接

(1)燃气管道的连接方式应符合设计文件的规定。当设计文件无明确规定时，设计压力大于或等于10 kPa的管道，以及布置在地下室、半地下室或地上密闭空间内的管道，除采用加厚的低压管或与专用设备进行螺纹或法兰连接以外，应采用焊接的连接方式。

(2)钢质管道的焊接应符合下列规定：

1)管子与管件的坡口与组对。

①管子与管件的坡口形式和尺寸应符合设计文件的规定，当设计文件无明确规定时，应符合现行国家标准《现场设备、工业管道焊接工程施工规范》(GB 50236—2011)和《城镇燃气室内工程施工与质量验收规范》(CJJ 94—2009)附录 B 的规定。

②管子与管件的坡口及其内、外表面的清理应符合现行国家标准《工业金属管道工程施工规范》(GB 50235—2010)的规定。

③等壁厚对接焊件内壁应齐平，内壁错边量不应大于 1 mm。

④当不等壁厚对接焊件组对且其内壁错边量大于 1 mm 或外壁错边量大于 3 mm 时，应按现行国家标准《工业金属管道工程施工规范》(GB 50235—2010)的规定进行修整。

2)钢质管道宜采用手工电弧焊或手工钨极氩弧焊焊接，当公称尺寸小于或等于 DN40 时，也可采用氧-可燃气体焊接。

3)焊条(料)、焊丝、焊剂的选用。

①焊条(料)、焊丝、焊剂的选用应符合设计文件的规定，当设计文件无明确规定时，应按现行国家标准《现场设备、工业管道焊接工程施工规范》(GB 50236—2011)的规定选用。

②严禁使用药皮脱落或不均匀、有气孔、裂纹、生锈或受潮的焊条。

4)管道的焊接工艺要求。

①管道的焊接应符合现行国家标准《现场设备、工业管道焊接工程施工规范》(GB 50236—2011)的有关规定。

②管子焊接时，应采取防风措施。

③焊缝严禁强制冷却。

5)在管道上开孔接支管时，开孔边缘距管道环焊缝不应小于 100 mm；当小于 100 mm 时，应对环焊缝进行射线探伤检测，且质量不应低于现行国家标准《无损检测　金属管道熔化焊环向对接接头射线照相检测方法》(GB/T 12605—2008)中的Ⅲ级；管道环焊缝与支架、吊架边缘之间的距离不应小于 50 mm。

6)管道对接焊缝质量应符合设计文件的要求，当设计文件无明确要求时应符合下列要求：

①焊后应将焊缝表面及其附近的药皮、飞溅物清除干净，然后进行焊缝外观检查。

②焊缝外观质量不应低于现行国家标准《现场设备、工业管道焊接工程施工规范》(GB 50236—2011)中的Ⅲ级焊缝质量标准。

③对接焊缝内部质量采用射线探伤检测时，其质量不应低于现行国家标准《无损检测　金属管道熔化焊环向对接接头射线照相检测方法》(GB/T 12605—2008)中的Ⅲ级焊缝质量标准。

(3)钢管焊接质量检验不合格的部位必须返修至合格。设计文件要求对焊缝质量进行无损检测时，对检验出现不合格的焊缝，应按下列规定检验与评定：

1)每出现一道不合格焊缝，应再抽检两道该焊工所焊的同一批焊缝，当这两道焊缝均合格时，应认为检验所代表的这一批焊缝合格。

2)当第二次抽检仍出现不合格焊缝时，每出现一道不合格焊缝应再抽检两道该焊工所焊的同一批焊缝，再次检验的焊缝均合格时，可认为检验所代表的这一批焊缝合格。

3)当仍出现不合格焊缝时，应对该焊工所焊全部同批的焊缝进行检验并应对其他批次的焊缝加大检验比例。

(4)法兰焊接结构及焊缝成型应符合国家现行标准《钢制管路法兰　技术条件》(JB/T 74—2015)的有关规定。

(5)铜管接头和焊接工艺应按现行国家标准《铜管接头　第 1 部分：钎焊式管件》(GB/T

11618.1—2008)和《铜管接头　第2部分：卡压式管件》(GB/T 11618.2—2008)执行，铜管的钎焊连接应符合下列规定：

1)钎焊前，应除去钎焊处铜管外壁与管件内壁表面的污物及氧化物。

2)钎焊前，应将铜管插入端与承口处的间隙调整均匀。

3)钎料宜选用含磷脱氧元素的铜基无银或低银钎料，铜管之间钎焊时可不添加钎焊剂，但与铜合金管件钎焊时，应添加钎焊剂。

4)钎焊时应均匀加热被焊铜管及接头，当达到钎焊温度时加入钎料，应使钎料均匀渗入承插口的间隙内，加热温度宜控制为 645 ℃～790 ℃，钎料填满间隙后应停止加热，保持静止冷却，然后将钎焊部位清理干净。

5)钎焊后必须进行外观检查，钎焊缝应圆滑过渡，钎焊缝表面应光滑，不得有较大焊瘤及铜管件边缘熔融等缺陷。

(6)铝塑复合管的连接应符合下列规定：

1)铝塑复合管的质量应符合现行国家标准《铝塑复合压力管》(GB/T 18997—2020)的规定。铝塑复合管连接管件的质量应符合国家现行标准《铝塑复合管用卡压式管件》(CJ/T 190—2015)和《卡套式铜制管接头》(CJ/T 111—2018)的规定，并应附有质量合格证书。

2)连接用的管件应与管材配套，并应用专用工具进行操作。

3)应使用专用刮刀将管口处的聚乙烯内层削坡口，坡角为 20°～30°，深度为 1.0～1.5 mm，且应用清洁的纸或布将坡口残屑擦干净。

4)连接时应将管口整圆，并修整管口毛刺，保证管口端面与管轴线垂直。

(7)可燃气体检测报警器与燃具或阀门的水平距离应符合下列规定：

1)当燃气相对密度比空气轻时，水平距离应控制在 0.5～8.0 m，安装高度应距屋顶 0.3 m 之内，且不得安装于燃具的正上方。

2)当燃气相对密度比空气重时，水平距离应控制在 0.5～0.4 m，安装高度应距地面 0.3 m 以内。

(8)室内燃气管道严禁作为接地导体或电极。

(9)沿屋面或外墙明敷的室内燃气管道，不得布置在屋面上的檐角、屋檐、屋脊等易受雷击部位。当安装在建筑物的避雷保护范围内时，应每隔 25 m 至少与避雷网采用直径不小于 8 mm 的镀锌圆钢进行连接，焊接部位应采取防腐措施，管道任何部位的接地电阻值不得大于 10 Ω；当安装在建筑物的避雷保护范围外时，应符合设计文件的规定。

3. 敷设要求

(1)在建筑物外敷设的燃气管道应符合下列规定：

1)沿外墙敷设的中压燃气管道当采用焊接的方法进行连接时，应采用射线检测的方法进行焊缝内部质量检测。当检测比例设计文件无明确要求时，不应少于 5%，其质量不应低于现行国家标准《无损检测　金属管道熔化焊环向对接接头射线照相检测方法》(GB/T 12605—2008)中的Ⅲ级。焊缝外观质量不应低于现行国家标准《现场设备、工业管道焊接工程施工规范》(GB 50236—2011)中的Ⅲ级。

2)沿外墙敷设的燃气管道距公共或住宅建筑物门、窗洞口的间距应符合现行国家标准《城镇燃气设计规范(2020 年版)》(GB 50028—2006)的规定。

3)管道外表面应采取耐候型防腐措施，必要时应采取保温措施。

4)在建筑物外敷设燃气管道，当与其他金属管道平行敷设的净距小于 100 mm 时，每 30 m 之间至少应采用截面面积不小于 6 mm² 的铜绞线将燃气管道与平行的管道进行跨接。

5)当屋面管道采用法兰连接时，在连接部位的两端应采用截面面积不小于 6 mm² 的金属导线进行跨接；当采用螺纹连接时，应使用金属导线跨接。

(2)管子切口应符合下列规定：

1)切口表面应平整，无裂纹、重皮、毛刺、凹凸、缩口、熔渣等缺陷。

2)切口端面(切割面)倾斜偏差不应大于管子外径的1%，且不得超过3 mm；凹凸误差不得超过1 mm。

3)应对不锈钢波纹软管、燃气用铝塑复合管的切口进行整圆。不锈钢波纹软管的外保护层，应按有关操作规程使用专用工具进行剥离后，方可连接。

(3)管子的现场弯制除应符合现行国家标准《工业金属管道工程施工规范》(GB 50235—2010)的有关规定外，还应符合下列规定：

1)弯制时应使用专用弯管设备或专用方法进行。

2)焊接钢管的纵向焊缝在弯制过程中应位于中性线位置处。

3)管子最小弯曲半径和最大直径、最小直径差值与弯管前管子外径的比率应符合表3-22的规定。

(4)法兰连接应符合国家现行标准的有关规定，并应符合下列规定：

1)在进行法兰连接前，应检查法兰密封面及密封垫片，不得有影响密封性能的缺陷。

2)法兰的安装位置应便于检修，不得紧贴墙壁、楼板和管道支架。

3)法兰连接应与管道同心，法兰螺孔应对正，管道与设备、阀门的法兰端面应平行，不得用螺栓强力对口。

4)法兰垫片尺寸应与法兰密封面相匹配，垫片安装应端正，在一个密封面中严禁使用2个或2个以上的法兰垫片；当设计文件对法兰垫片无明确要求时，宜采用聚四氟乙烯垫片或耐油石棉橡胶垫片，使用前宜将耐油石棉橡胶垫片用机油浸泡。

5)不锈钢法兰使用的非金属垫片，其氯离子含量不得超过$50×10^{-6}$。

6)应使用同一规格的螺栓，安装方向应一致，螺母紧固应对称、均匀；螺母紧固后螺栓的外露螺纹宜为1～3扣，并应进行防锈处理。

7)法兰焊接检验合格后，方可与相关设备进行连接。

(5)螺纹连接应符合下列规定：

1)钢管在切割或攻制螺纹时，焊缝处出现开裂，该钢管严禁使用。

2)现场攻制的管螺纹数宜符合表3-25的规定。

表3-25　现场攻制的管螺纹数

管子公称尺寸 d_n	$d_n≤DN20$	$DN20<d_n≤DN50$	$DN50<d_n≤DN65$	$DN65<d_n≤DN100$
螺纹数	9～11	10～12	11～13	12～14

3)钢管的螺纹应光滑端正，无斜丝、乱丝、断丝或脱落，缺损长度不得超过螺纹数的10%。

4)管道螺纹接头宜采用聚四氟乙烯胶带做密封材料，当输送湿燃气时，可采用油麻丝密封材料或螺纹密封胶。

5)拧紧管件时，不应将密封材料挤入管道内，拧紧后应将外露的密封材料清除干净。

6)管件拧紧后，外露螺纹宜为1～3扣，钢质外露螺纹应进行防锈处理。

7)当铜管与球阀、燃气计量表及螺纹连接的管件连接时，应采用承插式螺纹管件连接；弯头、三通可采用承插式铜管件或承插式螺纹连接件。

(6)室内明设或暗封形式敷设的燃气管道与装饰后墙面的净距，应满足维护、检查的需要并宜符合表3-26的要求；铜管、薄壁不锈钢钢管、不锈钢波纹软管和铝塑复合管与墙之间净距应满足安装的要求。

表 3-26　室内燃气管道与装饰后墙面的净距

管子公称尺寸	$<DN25$	$DN25 \sim DN40$	$DN50$	$>DN50$
与墙净距/mm	≥30	≥50	≥70	≥90

(7)敷设在管道竖井内的燃气管道的安装应符合下列规定：

1)管道安装宜在土建及其他管道施工完毕后进行。

2)当管道穿越竖井内的隔断板时，应加设套管；套管与管道之间应有不小于 10 mm 的间隙。

3)燃气管道的颜色应明显区别于管道井内的其他管道，宜为黄色。

4)燃气管道与相邻管道的距离应满足安装和维修的需要。

5)敷设在竖井内的燃气管道的连接接头应设置在距该层地面 1.0～1.2 m 处。

(8)采用暗埋形式敷设燃气管道时，应符合下列规定：

1)埋设管道的管槽不得伤及建筑物的钢筋。管槽宽度宜为管道外径加 20 mm，深度应满足覆盖层厚度不小于 10 mm 的要求。未经原建筑设计单位书面同意，严禁在承重的墙、柱、梁、板中暗埋管道。

2)暗埋管道不得与建筑物中的其他任何金属结构相接触，当无法避让时，应采用绝缘材料隔离。

3)暗埋管道不应有机械接头。

4)暗埋管道宜在直埋管道的全长上加设有效的防止外力冲击的金属防护装置，金属防护装置的厚度宜大于 1.2 mm。当与其他埋墙设施交叉时，应采取有效的绝缘和保护措施。

5)暗埋管道在敷设过程中不得产生任何形式的损坏，管道固定应牢固。

6)在覆盖暗埋管道的砂浆中不应添加快速固化剂。砂浆内应添加带色颜料作为永久色标。当设计无明确规定时，颜料宜为黄色。安装施工后还应将直埋管道位置标注在竣工图纸上，移交建设单位签收。

(9)铝塑复合管的安装应符合下列规定：

1)不得敷设在室外和有紫外线照射的部位。

2)公称尺寸小于或等于 DN20 的管子，可以直接调直；公称尺寸大于或等于 DN25 的管子，宜在地面压直后进行调直。

3)管道敷设的位置应远离热源。

4)灶前管与燃气灶具的水平净距不得小于 0.5 m，且严禁设在灶具正上方。

5)阀门应固定，不应将阀门自重和操作力矩传递至铝塑复合管。

(10)燃气管道与燃具之间用软管连接时应符合设计文件的规定，并应符合以下要求：

1)软管与管道、燃具的连接处应严密，安装应牢固。

2)当软管存在弯折、拉伸、龟裂、老化等现象时不得使用。

3)当软管与燃具连接时，其长度不应超过 2 m，并不得有接口。

4)当软管与移动式的工业用气设备连接时，其长度不应超过 30 m，接口不应超过 2 个。

5)软管应低于灶具面板 30 mm 以上。

6)软管在任何情况下均不得穿过墙、楼板、顶棚、门和窗。

7)非金属软管不得使用管件将其分成两个或多个支管。

(11)立管安装应垂直，每层偏差不应大于 3 mm/m 且全长不大于 20 mm。当因上层与下层墙壁壁厚不同而无法垂于一线时，宜做乙字弯进行安装。当燃气管道垂直交叉敷设时，大管宜置于小管外侧。

(12)当室内燃气管道与电气设备、相邻管道、设备平行或交叉敷设时，其最小净距应符合表 3-27 的要求。

表 3-27　室内燃气管道与电气设备、相邻管道、设备之间的最小净距　　　cm

名称		平行敷设	交叉敷设
电气设备	明装的绝缘电线或电缆	25	10
	暗装或管内绝缘电线	5(从所做的槽或管子的边缘算起)	1
	电插座、电源开关	15	不允许
	电压小于 1 000 V 的裸露电线	100	100
	配电盘、配电箱或电表	30	不允许
相邻管道		应保证燃气管道、相邻管道的安装、检查和维修	2
燃具		主立管与燃具水平净距不应小于 30 cm；灶前管与燃具水平净距不得小于 20 cm；当燃气管道在燃具上方通过时，应位于抽油烟机上方，且与燃具的垂直净距应大于 100 cm	

注：1. 当明装电线加绝缘套管且套管的两端各伸出燃气管道 10 cm 时，套管与燃气管道的交叉净距可降至 1 cm；

2. 当布置确有困难时，采取有效措施后可适当减小净距；

3. 灶前管不含铝塑复合管。

(13)管道支架、托架、吊架、管卡(以下简称"支架")的安装应符合下列要求：

1)管道的支架应安装稳定、牢固，支架位置不得影响管道的安装、检修与维护。

2)每个楼层的立管至少应设支架 1 处。

3)当水平管道上设有阀门时，应在阀门的来气侧 1 m 范围内设支架并尽量靠近阀门。

4)与不锈钢波纹软管、铝塑复合管直接相连的阀门应设有固定底座或管卡。

5)钢管支架的最大间距宜按表 3-28 选择；铜管支架的最大间距宜按表 3-29 选择；薄壁不锈钢管道支架的最大间距宜按表 3-30 选择；不锈钢波纹软管的支架最大间距不宜大于 1 m；燃气用铝塑复合管支架的最大间距宜按表 3-31 选择。

表 3-28　钢管支架最大间距

公称直径	最大间距/m	公称直径	最大间距/m
DN15	2.5	DN100	7.0
DN20	3.0	DN125	8.0
DN25	3.5	DN150	10.0
DN32	4.0	DN200	12.0
DN40	4.5	DN250	14.5
DN50	5.0	DN300	16.5
DN65	6.0	DN350	18.5
DN80	6.5	DN400	20.5

表 3-29　铜管支架最大间距

外径/mm	15	18	22	28	35	42	54	67	85
垂直敷设/m	1.8	1.8	2.4	2.4	3.0	3.0	3.0	3.5	3.5
水平敷设/m	1.2	1.2	1.8	1.8	2.4	2.4	2.4	3.0	3.0

表 3-30　薄壁不锈钢管道支架最大间距

外径/mm	15	20	25	32	40	50	65	80	100
垂直敷设/m	2.0	2.0	2.5	2.5	3.0	3.0	3.0	3.0	3.5
水平敷设/m	1.8	2.0	2.5	2.5	3.0	3.0	3.0	3.0	3.5

表 3-31　燃气用铝塑复合管支架最大间距

外径/mm	16	18	20	25
水平敷设/m	1.2	1.2	1.2	1.8
垂直敷设/m	1.5	1.5	1.5	2.5

6)水平管道转弯处应在以下范围内设置固定托架或管卡座:

①钢质管道不应大于 1.0 m。

②不锈钢波纹软管、铜管道、薄壁不锈钢管道每侧不应大于 0.5 m。

③铝塑复合管每侧不应大于 0.3 m。

7)支架的结构形式应符合设计要求,排列整齐,支架与管道接触紧密,支架安装牢固,固定支架应使用金属材料。

8)当管道与支架为不同种类的材质时,二者之间应采用绝缘性能良好的材料进行隔离或采用与管道材料相同的材料进行隔离;隔离薄壁不锈钢管道所使用的非金属材料,其氯离子含量不应大于 50×10^{-6}。

9)支架的涂漆应符合设计要求。

(14)室内燃气钢管、铝塑复合管及阀门安装后的允许偏差和检验方法宜符合表 3-32 的规定,检查数量应符合下列规定:

1)管道与墙面的净距,水平管的标高:检查管道的起点、终点,分支点及变方向点间的直管段,不应少于 5 段。

2)纵横方向弯曲:按系统内直管段长度每 30 m 应抽查 2 段,不足 30 m 的不应少于 1 段;有分隔墙的建筑,以隔墙为分段数,抽查 5%,且不应少于 5 段。

3)立管垂直度:一根立管为一段,两层及两层以上按楼层分段,各抽查 5%,但均不应少于 10 段。

4)引入管阀门:100%检查。

5)其他阀门:抽查 10%,且不应少于 5 个。

6)管道保温:每 20 m 抽查 1 处,且不应少于 5 处。

表 3-32　室内燃气管道安装后检验的允许偏差和检验方法

项目			允许偏差
标高			±10 mm
水平管道纵横方向弯曲	钢管	管径小于或等于 DN100	2 mm/m 且≤13 mm
		管径大于 DN100	3 mm/m 且≤25 mm
	铝塑复合管		1.5 mm/m 且≤25 mm
立管垂直度	钢管		3 mm/m 且≤8 mm
	铝塑复合管		2 mm/m 且≤8 mm
引入管阀门	阀门中心距地面		±15 mm
管道保温	厚度 δ		+0.1δ −0.05δ
	表面不整度	卷材或板材	±2 mm
		涂抹或其他	±2 mm

(15)可燃气体检测报警器安装后应按国家现行有关标准进行检查测试。

(16)室内外燃气管道的防雷、防静电措施应按设计文件要求施工。

(17)室内燃气管道的除锈、防腐及涂漆应符合下列规定：

1)室内明设钢管、暗封形式敷设的钢管及其管道附件连接部位的涂漆，应在检查、试压合格后进行。

2)非镀锌钢管、管件表面除锈应符合现行国家标准《涂覆涂料前钢材表面处理　表面清洁度的目视评定　第2部分：已涂覆过的钢材表面局部清除原有涂层后的处理等级》(GB/T 8923.2—2008)中规定的不低于 St2 级的要求。

3)钢管及管道附件涂漆的要求：

①非镀锌钢管：应刷两道防锈底漆、两道面漆。

②镀锌钢管：应刷两道面漆。

③面漆颜色应符合设计文件的规定；当设计文件未明确规定时，燃气管道宜为黄色。

④涂层厚度、颜色应均匀。

4. 敷设施工

工艺流程：定位→剔凿孔洞→绘制施工草图→下料→配管→管道预制→管道安装→管道试压。

(1)定位。

1)根据埋地敷设燃气管立管甩头坐标，在顶层楼地板上找出立管中心线位置，先打出一个直径 20 mm 左右的小孔，用线坠向下层吊线，直至地下燃气管道立管甩头处(或立管阀门处)，核对各层楼板孔洞位置并进行修整。若立管设在管道井内，则可用量棒定位。

2)根据施工图的横支管的标高和位置，结合立管测量后横支管的甩头，按土建给定的地面水平线、抹灰层(或装修层)厚度及管道设计坡度，排尺找准支管穿墙孔洞的中心位置，并用"十"字线标记在墙面上。

(2)剔凿孔洞。开孔洞时，采用空心钻，它劳动强度低，易操作，可以不破坏墙体与楼板，使孔洞开孔尺寸一致，美观实用。当使用电锤和钢凿打孔时，应注意防止损坏其他物件。打孔洞时如遇到钢筋不得随意折断。必须征得土建负责人的同意，并采取可靠的技术措施才能切断。空心楼板孔要堵严，防止杂物进入空心板内。孔洞的大小根据表 3-33 确定。孔洞开口不宜过大，否则可能破坏土建结构，给堵塞孔洞带来不便。

表 3-33　穿管孔洞直径　　　　　　　　　　　　　　　　　mm

管道公称直径	孔洞直径	管道公称直径	孔洞直径
15	45	50	90
20～25	50	65	115
32	60	80	140
40	75	100	165

(3)绘制施工草图。在剔凿孔洞完成后，即可绘制施工草图，具体步骤如下：

1)安装长度的确定。在现场实测出管道的建筑长度。管道系统中管件与管件间或管件与设备间的尺寸称为建筑长度，其与安装长度的关系如图 3-17 所示，具体按下式计算：

$$L_安 = L_建 - 2a \tag{3-21}$$

式中　$L_安$——管道安装长度(mm)；

　　　$L_建$——管道建筑长度(mm)；

　　　a——管道预留量(mm)。

管道的建筑长度是管道安装、管段加工的依据，因此实测时，应使用钢卷尺，读数要准确到 1 mm，应记录清楚。

2)确定立管上各层横支管的位置尺寸。根据图纸和有关规定，按土建给定的各层标高线确定各横支管中心线，并将中心线划在临近的墙面上。

3)逐一量出各层立管上所带各横支管中心线的标高，将其记录在草图上，直到一层阀门甩头处为止。

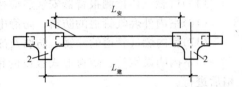

图 3-17　建筑长度与安装长度关系
1—钢管；2—螺纹三通

(4)下料。按先测立管后测横支管的顺序，测得实际长度，绘制成草图，按实测尺寸进行下料。

(5)配管。

1)管子配制前应仔细检查，不符合质量的不能使用，必要时进行调直和清理。

2)使用球墨铁管时，要先除锈，刷防锈漆后方可使用。

3)管端螺纹由套丝方法加工成型，$DN \leqslant 20$ mm 时，一次套成；$DN = 25 \sim 40$ mm 时，分两次套成；$DN > 50$ mm 时，分三次套成。

4)切割管子时若用切管器切断管子，应该用铣刀将缩径部分铣掉，若采用气割割断时，要用手动砂轮磨平切口。

5)根据施工图纸中的明细表，对管材、配件、气嘴，管件的规格、型号进行选择，其性能符合质量标准中的各项要求。

(6)管道预制。

1)为使施工操作方便快捷，管道需提前预制。预制时尽量将每一层立管所带的管件、配件在操作台上完成其连接。在预制管段时，若一个预制管段带数个需要确定方向的管件，预制中应严格找准朝向，然后将预制好的主立管按层编号，待用。

2)将主立管的每层管段预制完后，在预制场地垫好木方。然后将预制管段按立管连接顺序自下而上或自上而下层层连接好。连接时，注意各管段间需要确定位置的管件方向，直至将主立管所有管段连接完成，然后对全管段调直。有的管件螺纹不够标准有偏丝的情况，连接后，有可能出现管段弯曲的现象。注意管道走向，操作时应由两人进行，将管子依正式安装一样连接后，一人持管段一端，掌握方向指挥，一人用锤击管身法进行调直。

3)调直后，将各管段连接处相邻两端(管端头与另一管段上的管件)标出连接位置的轴向标记，以便于在室内实际安装时管道找中。再依次把各管段(管段上应带有管件)拆开，将一根立管的全部管段和立管上连接的横支管管段集中在一起，这样每根管道就可以在室内安装了。

(7)管道安装。

1)套管安装。管道穿过承重墙基础、地板、楼板、墙体时，必须安装套管。套管尺寸见表3-34，做法如图3-18所示。套管在穿过楼板、地板和楼板平台时，应高出地面50 mm，套管的下端应与楼板相平；套管穿过承重墙时，套管的两端应伸出墙壁两端各50 mm。管道与套管之间环形间隙先填油麻，再用沥青堵严；套管与墙基础、楼板、地板、墙体间的空隙，用水泥砂浆填实。

表 3-34   室内燃气管道套管规格   mm

管道公称直径	20	25	32	40	50	70	80	100	125	150
套管公称直径	32	40	50	70	80	100	125	150	150	200

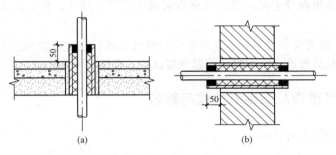

图 3-18   套管做法
(a)穿过地板、楼板、隔墙；(b)穿过承重墙基础

2)支架安装。安装立管，横支管，支、托架，卡子时，应根据规定的间距，凿出栽卡子和支托架的孔洞。燃气管的卡子、支架、钩钉均不得设在管件及丝扣接头处，主立管每层距离地面2.0 m设固定卡子一个，横支管用支架或钩钉固定，按管径大小而定。使用钩钉固定时，除木结构墙壁外，均应先在孔洞塞进木楔再钉钩钉。

3)当安装立管时，从一层阀门处开始向上逐层安装。安装时注意将每段立管端头的划痕与另一端头的划痕记号对准，以保证管件的朝向准确无误，找正立管。还要注意主立管甩头位置阀门上应安装临时封堵。若下层与上层因墙壁厚不相同时，应揻制灯叉弯使主立管靠墙，不能使用管件使其急转弯，焊缝安装不能在靠墙处。主立管安装完成后，可以先用铁钎临时固定。在立管的最上端应装放散丝堵，以便于管道通气时空气的放散。

对于高层建筑而言，其立管较长、自重大，需在立管底端设置支墩支撑。同时，为补偿温差产生的变形，需将管道两端固定，并在中间设置如图3-19所示的可吸收变形的挠性管或波纹管补偿装置。这种补偿装置还可以消除地震和大风时建筑物震动对管道的影响。

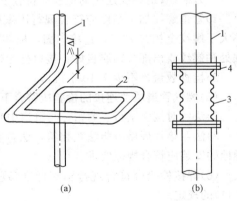

图 3-19   燃气立管补偿装置
(a)挠性管；(b)波纹管
1—供气立管；2—挠性管；3—波纹管；4—法兰

4)当安装横支管时，将已预制好的横支管依次按顺序安放在支架上，接口调直，找准找正立支管甩头的朝向，然后紧固横水平管。对返身的水平管应在最低点设有丝堵，以便于管道排污，如图3-20所示。

丝堵   丝堵

图3-20　返身燃气水平管的丝堵设置

5)当安装立支管时，从横水平管的甩头管件口中心，吊一线坠，根据双叉气嘴距炉台的高度及离墙弯曲角度，测量出支立管加工尺寸，然后根据尺寸下料接管到炉台上。

6)管道安装好后，封堵楼板眼，对燃气管道穿越楼板的孔隙周围，先用水冲湿孔洞四周，吊模板，再用小于楼板混凝土强度等级的细石混凝土灌严、捣实，待卡具及堵眼混凝土达到强度后拆模。

(8)管道试压。管道安装完毕后，应按有关规范规定进行强度试验和严密性试验，合格后才能交付使用。对于暗敷管道，应在隐蔽前做强度试验，合格后才能隐蔽。

三、室内燃气管道及设施的检验与验收

(一)室内燃气管道的检验

(1)引入管严禁附设在冻土和未经处理的积土上，通过外观检查或查看隐蔽工程记录。

(2)燃气引入管和室内燃气管道与电气设备、相邻管道之间的最小平行、交叉净距应符合表3-27的要求。检查数量不小于20％，通过外观检查和尺寸检查。

(3)燃气管道的坡度、坡向符合设计文件的要求，并应符合下列规定：

1)抽查管道长度的5％，但不少于5段。

2)用水准仪(水平尺)拉线和尺量检查。

(4)燃气管道螺纹连接的检验应符合下列规定：

1)管道螺纹加工精度应符合现行国家标准的规定，并应达到螺纹整洁、规整、断位或缺丝不大于螺纹全扣的10％，连接牢固，根部管螺纹外露1～3扣。镀锌碳素钢管和管件的镀锌层破损处和螺纹露出部分防腐良好；接口处无外露密封材料。

2)检查数量，不少于10个接口。

(5)燃气管道法兰连接的检验应符合下列规定：

1)法兰对接应平行、紧密，与管道中心线垂直、同轴。

2)法兰垫片规格应与法兰相符，法兰及垫片材质应符合国家现行标准的规定，法兰垫片和螺栓的安装应符合规范要求。

(6)焊接检验应符合现行国家标准《现场设备、工业管道焊接工程施工规范》(GB 50236—2011)的规定。

(7)阀门安装后的检验应符合下列规定：

1)型号、规格、强度和严密性实验结果符合设计文件的要求，安装位置、进口方向正确，连接牢固紧密，开闭灵活，表面洁净。

2)检查数量，按不同规格、型号抽查全数的5％，但不少于10个。

(8)管道支架及管座(墩)安装后的检验应符合下列规定:

1)构造正确,安装平正牢固,排列整齐,支架与管道接触紧密,支架间距不应大于有关规定。

2)检查数量,各抽查8%,但不少于5个。

(9)安装在墙壁和楼板内的套管的检验应符合下列规定:

1)套管内无接头、管口平整、固定牢固。

2)穿楼板的套管,顶部高出地面50mm,底部与顶棚齐平,封口光滑。

3)穿墙套管与墙壁(或楼板)之间用水泥砂浆填实。

4)检查数量各不少于10处。

(10)引入管防腐层的检验,材质和结构符合设计文件的要求,防腐层表面平整,无皱折、空鼓、滑移和封口不严等缺陷,抽查20%,但不少于1处。

(11)管道和金属支架涂漆的检验:

1)油漆种类和涂刷遍数符合设计文件的要求。

2)涂料附着良好,无脱皮、起泡和漏涂,漆膜厚度均匀,色泽一致、无流淌及污染现象。

(12)室内燃气管道安装后检验的允许偏差和检验方法宜符合表3-35的规定,检验数量应符合下列规定:

表3-35 室内燃气管道安装后检验的允许偏差和检验方法

序号	项目			允许偏差/mm	检验方法
1	标高			±10	用水准仪和直尺尺量检验
2	水平管道纵、横方向弯曲	每1m	管径小于或等于DN100	0.5	用水平尺、直尺、拉线和尺量检验
			管径大于DN100	1	
		全长(25m)以上	管径小于或等于DN100	≤13	
			管径大于DN100	≤25	
3	立管垂直度	每1m		2	吊线和尺量检查
		全长(5m以上)		≤10	
4	进户管阀门	阀门中心距地面		±15	尺量检查
5	阀门	阀门中心距地面		±15	
6	管道保温	厚度/δ		$+0.1\delta$ -0.05δ	用钢针刺入保温层检查
		表面不整度	卷材或板材	±2mm	用1m靠尺、楔形塞尺和观察检查
			涂抹或其他	±2mm	

1)管道与墙面的净距、水平管的标高:检查管道的起点、终点,分支点及变向点的直管段,不少于5段。

2)纵横方向弯曲:按系统内直管段长度每30m抽查2段,有分隔墙的建筑,以分隔墙为分段数,抽查5%,但不少于5段。

3)立管垂直度:一根立管为一段,两层及两层以上按楼层分段,各抽查5%,不少于10段。

4)进户管阀门全数检查。

5)其他阀门抽查10%,但不少于5个。

6)管道保温每20m抽查1处,但不少于5处。

(13)隐蔽工程现场跟踪观察和查阅设计文件及安装记录。

（二）燃气计量表安装的检验

（1）燃气计量表必须经过法定计量机构的检定，检定日期应在有效期内。检查燃气计量表上的检定标志查看检定记录。

（2）燃气计量表的性能、规格、适用压力应按设计文件的要求检验。

（3）燃气计量表安装方法应按产品说明书或设计文件的要求检验，燃气计量表前设置的过滤器应按产品说明书检验。

（4）燃气计量表的安装位置应符合设计文件的要求。燃气计量表的外观应无损伤，油漆膜应完好。

（5）燃气计量表与用气设备、电气设备的最小水平净距应按设计文件的要求检验。

（6）使用加氧的富氧燃烧器或使用鼓风机向燃烧器供给空气时，应检验燃气计量装置后设的止回阀是否符合设计文件的要求。

（7）燃气计量表与管道的螺纹连接和法兰连接，应符合规范的要求。

（8）膜式表钢支架安装应符合设计文件的要求，安装端正牢固，无倾斜。

（9）支架涂漆检验应符合下列规定：

1）油漆种类和涂漆遍数应符合设计文件的要求。

2）漆膜附着良好，无脱皮、起泡和漏涂，漆膜厚度均匀，色泽一致，无流淌及污染现象。

（10）燃气计量表安装后的允许偏差和检验方法应符合表3-36的规定。

表 3-36　燃气计量表安装的允许偏差和检验方法

序号	项目		允许偏差/mm	检验方法
1	<25 m³/h	表底距地面	±15	吊线和尺量
		表后距墙饰面	5	
		中心线垂直度	1	
2	≥25 m³/h	表底距地面	±15	吊线、尺量、水平尺
		中心线垂直度	表高的 0.4%	

（三）室内燃气管道及设施试验

室内燃气管道安装竣工，先由施工单位自检合格之后，再经质量检查部门按质量检查标准，逐项检查合格之后，方可移交使用。

在施工单位自检合格之后，质量检查部门组织的技术验收大致可分为三个阶段：审阅和检查技术文件、施工图和竣工图；室内燃气管道系统的外观检查，重点检查管道的施工质量和燃气表、燃具等安装质量；管道系统的强度试验及严密性试验资料。

1. 一般规定

（1）室内燃气管道安装完毕后，必须按规范的要求进行强度和严密性试验。

（2）试验介质宜采用空气，严禁用水。

（3）室内燃气管道试验前应具备下列条件：

1）已制定试验方案和安全措施。

2）试验范围内的管道工程除涂漆、隔热层和保温层外，已按设计图样全部完成，安装质量符合规范的规定。

3）焊缝、螺纹连接接头、法兰及其他待检部位尚未做涂漆和隔热层。

4）按试验要求管道已加固。

5)待试验的燃气管道已与不参与试验的系统、设备、仪表等隔断，泄爆装置已拆除或隔断，设备盲板部位及放空管已有明显标记或记录。

（4）试验用压力表应在检验的有效期内，其量程应为被测最大压力的 1.5～2 倍。弹簧管压力表精度应为 0.4 级。

（5）试验由施工单位负责实施，并通知燃气供应单位和建设单位参加。燃气工程的竣工验收，应根据工程性质由建设单位组织相关部门、燃气供应单位按规范要求进行联合验收。

（6）试验时发现的缺陷，应在试验压力降至大气压等同时进行修补。修补后应进行复试。

（7）民用燃具的试验与验收应符合国家现行标准《家用燃气燃烧器具安装及验收规程》（CJJ 12—2013）的有关规定。

2. 强度试验

（1）试验范围：居民用户为引入管阀门至燃气计量表进口阀门（含阀门）之间的管道；工业企业和商业用户为引入管阀门至燃具接入管阀门（含阀门）之间的管道。

（2）进行强度试验前燃气管道应吹扫干净，吹扫介质宜采用空气或氮气，不得使用可燃气体。

（3）试验压力应符合下列规定：

1）设计压力小于 10 kPa 时，试验压力为 0.1 MPa。

2）设计压力大于或等于 10 kPa 时，试验压力为设计压力的 1.5 倍，且不得小于 0.1 MPa。

（4）设计压力小于 10 kPa 的燃气管道进行强度试验时可用发泡剂涂抹所有接头，不漏气为合格。设计压力大于或等于 10 kPa 的燃气管道进行强度试验时，应稳压 0.5 h，用发泡剂涂抹所有接头，不漏气为合格；或稳压 1 h，观察压力表，无压力降为合格。

（5）强度试验压力大于 0.6 MPa 时，应在达到试验压力的 1/3 和 2/3 时各停止 15 min，用发泡剂检查管道所有接头无泄漏后方可继续升至试验压力，并稳压 1 h，用发泡剂检查管道所有接头无泄漏，且观察压力表无压力降为合格。

3. 严密性试验

（1）严密性试验范围应为引入管阀门至燃具前阀门之间的管道。

（2）严密性试验应在强度试验合格之后进行。

（3）中压管道的试验压力为设计压力，但不得低于 0.1 MPa，在试验压力下稳压不得少于 2 h，以发泡剂检查全部连接点，无渗漏、压力计量装置无压力降为合格。

（4）低压管道试验压力不应小于 5 kPa。试验时间，居民用户试验 15 min，商业和工业用户试验 30 min，观察压力表，无压力降为合格。

低压管道进行严密性试验时，压力测量可采用最小刻度为 1 mm 的 U 形压力计。

（四）室内燃气管道及设施的验收

施工单位在工程竣工后，应先对燃气管道及设备进行外观检验和严密性试验，合格后通知有关部门验收。新建工程应对全部装置进行检验；扩建或改建工程可仅对扩建或改建部分进行检验。

（1）工程验收应包括下列内容：

1）按规范提供完整的资料。

2）其他附属工程有关施工的完整资料。

3）工程质量验收会议纪要。

（2）工程验收时，应提交下列文件，并填写相关表格：

1）设计文件及设计变更文件。

2)设备、制品、主要材料的合格证和阀门的试验记录。

3)隐蔽工程验收记录。

4)管道和用气设备的安装工序质量检验记录。

5)焊缝外观检查记录和无损探伤记录。

6)管道系统压力试验记录。

7)防腐绝缘措施检查记录。

8)质量事故处理记录。

9)工程交接检验评定记录。

本章小结

地下燃气管道施工包括土方工程、管道敷设、管道设备安装等内容。本章主要介绍了室外燃气管道安装及质量验收、室内燃气管道安装及质量验收的内容。

思考题

1. 燃气工程设计要求有哪些？

2. 简述顶管施工的方法。

3. 室外架空的燃气管道的敷设有哪些要求？

4. 室外燃气系统吹扫有哪些要求？

5. 室内燃气管道的连接应符合哪些要求？

6. 燃气管子的切割应符合哪些规定？

7. 敷设在管道竖井内的燃气管道的安装应符合哪些规定？

第四章 燃气管道安全运行

第一节 燃气管道安全运行的基本要求及特性

一、城镇燃气运行的基本要求

城镇燃气经营企业利用燃气为载体，为大量不同类型的用户服务，企业的经营活动与大众生活和社会经济息息相关，企业担负着支持经济发展、维护社会稳定的责任。持续、稳定、安全地供应符合国家质量标准的燃气，是对城镇燃气运行的基本要求，是燃气经营企业的责任。

(1)应准确地预测用气需求：要落实这项基本要求，燃气经营企业的运行调度决策必须精细化、科学化，要根据燃气市场的具体特征、用气需求制订不同时段、时间的气源采购计划并予以落实，保持气源充足、持续、稳定的供应，保持供需平衡。

(2)应建设能够持续发展、不断满足需求的输配系统，按照用户对流量、压力的需求将燃气持续、稳定地输送给用户，保证供气安全。就要积极地采用先进的材料、设备和技术来提升燃气输配设施的可靠性；采用先进的报警系统、站控系统、SCADA系统、GIS系统等系统加强运行监测监控，提升运行管理方式的先进性；制定和完善管理标准、工作标准和技术标准，实行标准化管理，不断提高运行管理的科学性。

(3)应建立健全安全评估和风险管理体系，应用安全系统工程的科学理论和方法，判断燃气运行系统发生故障和职业危害的风险，通过风险识别、风险评估、风险驾驭、风险监控等一系列活动来防范风险，进行科学决策和正确处置、强化管理，使供气服务系统运行安全、稳定、可靠。

（4）要提高运行管理、维护技术水平和装备能力，加强安全管理，实现安全运行、安全操作（使用）、安全保护。防止和减少燃气安全事故，保障公民生命、财产安全和公共安全。企业应重视安全事故的应急管理，应建立专业、高效的运行、管理、维护及应急抢险队伍，制定全面、完善的突发事件应急预案，及时应对发生的突发事件。同时，企业应完善自身的应急储备和应急保障能力，明确自身在当地城镇燃气应急预案中的工作任务，以备在发生燃气供应严重短缺、供应中断等突发事件时保障安全供气。

（5）有责任感、有实力的燃气经营企业共同行动，提高我国城镇燃气的运行管理和设施维护技术水平，将国家有关法律法规、标准规范、行业有效成熟的运行管理技术和企业完善的制度有机地体现在实现燃气安全管理的社会责任中；将先进的理念、方法、新材料、新工艺、新技术应用到城镇燃气运行管理的各个环节、所有层面，使企业的运行管理和维护技术水平能适应、推进、保障城镇燃气事业的快速发展。

二、城镇燃气运行的特性

1. 连续性

城镇燃气的用户都对供气的连续性有要求，所以，保证持续、稳定的供气是城镇燃气运行的特点之一。对城镇燃气管网能够满足用气压力和用气量的用户可以采用接驳管网的方式向其供气；对于用气压力高、用气量大、对压力波动敏感且与管网现有压力级制不适应的用户，可采用供气专线或升压的方式供气。因施工等的计划停气和因抢险维修的临时停气在运行过程中是难以避免的，为减少停气对用户的影响，燃气企业应加强停气管理，提前与受影响的用户沟通，协商停气时间，按照规定提前告知用户，给用户充足的时间调整生产或启用备用应急气源。在技术上采用不停气施工，保证维护、抢修与正常供气的连续。

2. 不均衡性

城镇燃气的各类用户数量众多，单个用户的用气具有随机性，外部的社会因素、自然因素的变化也具有随机性。多种因素的共同作用，导致了用气工况的随机性，随机性在小时不均匀性和日不均匀性方面表现得更为突出。燃气经营企业要运用先进的预测调度技术、精细的经营管理方法，依据当地的各种外部条件，科学地决策日、时气量调度，依靠燃气供应系统调节气源资源和用户资源，来平复、填补不均衡。

3. 周期性

生产、生活的周期性使燃气供求的运行工况也具有周期性。以日为周期的小时用气量、以周为周期的日用气量，受气候、季节变化周期的影响。以年为周期的月用气量及不同城镇的功能定位和燃气用户结构都会显示出明显的周期性规律。周期性反映了供求状况的规律，要求城镇燃气经营企业要认真做好负荷曲线的收集、统计、研究，有准备地做好运行管理。

4. 突发性

突发性和偶然性是联系在一起的，主要是城镇燃气运行过程中燃气安全事故的发生因素众多、复杂，与社会环境、全社会燃气安全意识水平联系紧密，使得燃气供应时，伴生的安全事故隐患和事故难于预知和全面受控。这给遍及城镇所有区域的燃气设施运行保护，提出了"万无一失"的运行管理要求。

第二节　燃气管道投运

新建、扩建或改建的城镇燃气管道工程施工安装完成并经竣工验收后，城镇燃气部门应立即组织燃气管道的投运工作，这是城镇燃气管道投入使用阶段的第一个环节。燃气管道投运工作主要是做好投运前准备与燃气管道置换。当燃气管道置换完成，管道系统中充满燃气后，即可投入运行使用。

一、燃气管道投运前准备

由于燃气管道在投运前后完全处于两种不同状态，因此在投运前，一定要将所有需要修改、调整的地方，特别是需要动火才能解决的问题，全部加以解决，才能考虑投产运行。这是燃气管道投运的前提。

1. 制定燃气管道投运方案

在确定燃气管道已具备投运的前提条件下，首先必须制定管道投运方案。投运方案主要包括以下内容：

（1）投运燃气管道系统的范围，并绘制出系统图。

（2）投运燃气管道的管径、压力、长度应分段标于系统图上，并要明确表示出阀门、阀门井、放散口的位置。

（3）制定燃气管道的置换方案，确定置换气体。

（4）确定置换顺序，安排放散口位置，分段进行置换。

置换完毕后，管道系统处于带气状态。

2. 检查燃气管道清洁状况

为保证燃气管道在施工完后能够清除管内的泥土杂物等残留物质，在施工完成后需进行吹扫，以保证管道内的清洁。如已经确认进行过吹扫，则应在燃气管道投运前检查管道吹扫记录。

3. 检查燃气管道试压情况

燃气管道的试压是保证管道安全运行的重要环节。因此，在燃气管道投运前，应严格审查强度试验与气密性试验记录，确认投运的燃气管道压力试验合格。

4. 检查管道的封闭状况

燃气管道在吹扫、试压合格后，管道应进行封闭，以避免燃气管道受到污染，在管道投运前应审查管道封闭记录与检查现场封闭状况。

二、燃气管道的换气投产

新建燃气管道的投产是将燃气输入管道内，管道和附属设备（阀门、聚水井等）必须处于完好及制定的工作状态。由于向新建管道内输入燃气时将会出现混合气体，所以，对新建燃气管道内混合气体的置换，必须在严密的安全技术措施保证前提下进行。

（一）换气投产前的准备

换气投产前需要做大量细致的准备工作，各项准备工作（特别是现场的落实）充分与否将直接关系到换气投产的成败。准备工作分技术（安全）准备和组织准备，其内容汇集成"换气投产方案"，明确分工，分别落实。

1. 核对相关内容

应了解换气投产管道的口径、长度、材料、输气压力及附属设备规格和数量，按照测绘图纸至现场逐一核对，核对的主要内容如下：

（1）阀门检查：阀门安装和窨井安装应符合设计和质量要求，每只阀门的实际启闭转数应与测绘卡填写的转数相符合。

应根据方案规定各个阀门开启或关阀的要求，现场将阀门调整至规定的状态。

（2）聚水井检查：聚水井、抽水梗和窨井的安装应符合质量要求。将聚水井内积水抽清，并关闭井、梗阀门。

（3）管道检查：核查敷设管道必须符合设计和质量要求，核对"质量鉴定书""验泵合格证"等资料，核对设计图纸，检查属于工程内容的工程（预留三通、孔和附属设备等）是否有遗漏。

检查管道端部必须有管塞封口，并做好支撑（以防管道输气后产生压力将管盖推离封口）。特别对引入室内支管要逐一重点检查，确认管塞已封口或相连，燃气表阀门处于关阀状态（注意：新建管道气密性试验完成后，测试点往往容易疏忽封口）。

上述工作内容繁复，如因细小疏忽而留下隐患，待管道通气后再进行处理将十分被动。

2. 置换方式的选择

（1）间接置换法。间接换气法是指用不活泼的气体（一般用氮气）先将管内空气置换，然后再输入燃气置换。该工艺在置换过程中虽然安全可靠，但是费用高昂，顺序繁多，一般很少采用。

（2）直接置换法。直接换气法是指将相连原有管道的燃气输入新建管道直接置换管内空气。该工艺操作简便、迅速，在新建管道与原有管道相接连通后，即可利用燃气的工作压力直接排放管内空气，当置换到管道燃气含量达到合格标准（取样及格后），即可正式投产使用。

由于在用燃气直接置换管道内空气的过程中，燃气与空气的混合气体随着燃气输入量的增加，其浓度可达到爆炸极限。此时，在常温和常压下遇到火种就会爆炸。所以，从安全角度上讲，新建燃气管道（特别是大口径管道）用燃气直接置换空气方法是不够安全的。但是，鉴于施工现场条件限制和节约的原则，如果采取相应的安全措施，用燃气直接置换法是一种既经济又快速的换气工艺。长期实践证明，这种方法基本上是安全的，所以，目前广泛地被应用于新建燃气管道的换气操作。燃气置换现场布置如图 4-1 所示。

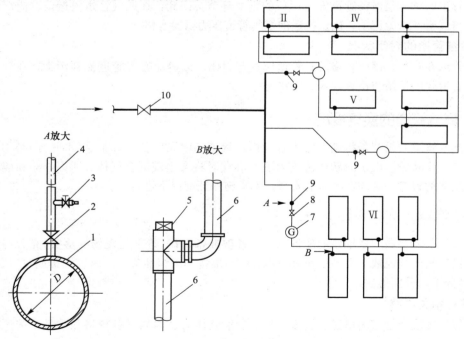

图 4-1 燃气置换现场布置图

1—置换管道；2—放散阀门；3—取样旋塞；4、9—放散管；

5—管塞；6—立管；7—调压器；8—末端阀门；10—进气阀门

3. 换气压力的确定

换气时，选用输入燃气的工作压力过低会增加换气时间，但若压力过高则燃气在管道内流速增加，使管壁产生静电。同时，残留在管内的碎石等硬块会随着高速气流在管道内滚动，产生火花带来危险。

用燃气置换空气，其最高压力不能超过 4.9 万 Pa。一般情况下，中压管道采用 0.98 万～1.96 万 Pa 的压力置换，低压燃气管可直接用原有低压管道的燃气工作压力置换。

4. 放散管的数量、口径和放散点位置的确定

(1)放散管的数量根据置换管道长度和现场条件而确定。但是在管道的末端均需设放散点，忌防"盲肠"管道内的空气无法排放。

(2)放散管安装在远离居民住宅及明火的位置。放散管必须从地下管上接至离地坪 2.5 m 以上的高度，放散管下端接装三通安装取样阀门。

如果放散点无法避开居民住宅，则在放散管顶端装 90°活络弯管，根据放散时的风向旋转至安全方向放散。并在放散前，通知邻近住宅的居民将门窗关闭和杜绝火种。

(3)放散孔口径的确定。放散孔的口径太小会增加换气时间，口径太大会给安装放散管带来困难。一般在 $\phi500$ mm 以上管道采用 $\phi75\sim\phi100$ mm 的放散孔，管径在 $\phi300$ mm 以下则根据其最大允许孔径钻孔(孔径应小于 1/3 管径)。

5. 现场通信器材准备

新建管道换气操作现场分散，而阀门开启、放散点的控制及现场安全措施落实均需协调进行，各岗位操作有先后顺序和时间要求，仅仅依靠车辆或有线通信效果差。因此，在换气管道超过 1 km 长度时应配备无线电通信设备，配若干只"对讲机"，事先调试，确定现场指挥和工作人员编号。

6. 现场安全措施落实

对邻近放散点居民、工厂单位逐一宣传，现场检查，清除火种隐患。并出安民告示，在换气时间内杜绝火种，关闭门窗，建立放散点周围 20 m 以上的安全区。对于放散点上空有架空电缆部位，应预先将放散管延伸避让。组织消防队伍，确定消防器材现场设置点。

7. 换气现场组织

由于换气投产中各项工作需同步协调进行，所以对较大的工程则应建立现场换气指挥班子，由建设单位、施工单位和安全(消防)等部门参加，处理和协调换气过程中的各类问题，换气投产时管道工程竣工拨交的"交换点"，而且在换气前后往往暴露工程扫尾的各类问题，需要施工和建设单位现场协调解决。因此，施工单位必须组织一支精悍的技工队伍驻在换气现场，排除故障，处理换气过程中出现的各类技术和安全问题。

8. 管内"稳压"测试

换气投产的管道虽然预先进行过"气密性试验"，但是到换气时已相隔一个阶段。在此期间因各种因素造成已竣工管道损坏(如土层沉陷或其他地下工程造成已敷设管道断裂或接口松动)，或管道上管塞被拆除(管道气密性试验完成后往往容易遗忘安装管塞)。由于管道分散，上述情况在管道通气之前是无法了解的，而在通气投产时再发现处理则相当被动。所以，在换气投产前必须完成以下两项技术措施：

(1)系统试压。往管道内输入压缩空气，压力一般为 3 kPa，作短时间稳压试验(一般为30 min左右)，如压力表指针下跌，则说明管道已存在泄漏点，必须找到并修复，直至压力稳定为止。

气密性试验合格，但至通气时间超过半年的管道，必须重新按照规定进行气密性试验，合格后方可换气投产。

(2)管内压力"监察"。为防止换气准备过程中管道被破坏或发生意外，在管道上安装"低压自动记录仪"监察管内压力。如管道被损坏，记录仪上就会立即显示。

监察时间一般为换气前 24 h，并由专人值班。

(二)换气投产的实施

换气投产的实施步骤如下：

(1)根据方案规定的时间，换气工作人员和指挥人员提前进入施工现场，逐一检查放散管接装，放散区的安全措施，阀门和聚水井井梗阀门的启闭，以及通信、消防器材的配备等，它们必须符合"方案"的规定。各岗位人员就位。

(2)由现场指挥部下达通气指令：开启气源阀门，同时开启放散管阀门，即进入置换放散阶段(管内压缩空气同时放散)。

(3)逐一开启聚水井井梗阀门(低压则拆除井梗管盖)，待排清井内积水、燃气溢出后即关闭井梗阀门(安装管塞)。

(4)各放散点进入放散阶段。各放散点人员及时与指挥部联系，注意现场安全，当嗅到燃气臭味即可用橡皮袋取样。

(5)"试样"及判断方法。"试样"即判断换气管道内经过燃气置换后是否达到合格标准[指管内混合气体中燃气含量(容积)已大于爆炸上限]。"试样"常采用以下两种方法：

1)点火试样：将放散管上取到的燃气袋，移至远离现场的安全距离外，点火燃烧袋内的燃气，如火焰呈扩散式燃烧(呈橘黄色)，则说明管道内已基本置换干净，达到合格标准。由于该方法使用简便，故得到广泛应用。

2)测定气体含氧量：预先计算输入燃气爆炸极限，根据计算所得输入燃气的爆炸上限计算出此时最小含氧量。计算式为

$$Z = Z_1 Q_1 + Z_2 Q_2 \tag{4-1}$$

式中　Z——混合气体中含氧量极限；

　　　Z_1——燃气爆炸上限(即混合气体中燃气的含量)；

　　　Z_2——混合气体中空气的含量；

　　　Q_1——燃气中氧气的含量；

　　　Q_2——空气中氧气的含量。

当对取得样袋的燃气用测氧仪(快速)测定得到的读数小于规定含氧量时，则说明取样合格；反之将继续放散，直至合格。该方法适应于较大的管道工程换气投产。

(6)换气的收尾工作：

1)当各放散管"取样"全部合格后，即拆除放散管，放散管用管塞旋紧，并检查不得泄漏。

2)检查每只聚水井，井梗阀门应均处于关闭状态。

3)对通气管道全线仔细检查，是否有燃气泄漏的迹象，特别要重点检查距离居民住宅较近的管道。

(三)管道换气时间的估算

管道换气时间按下式估算：

$$T = \frac{KV}{3\,500 f W} \tag{4-2}$$

$$W = n\sqrt{\frac{2p}{\gamma}}$$

式中　　T——达到合格标准所需换气时间(h)；

　　　　V——需要换气的管道容积(m^3)；

　　　　f——放散孔的截面面积(m^3)；

　　　　K——置换系数，取 2～3；

　　　　W——通过放散孔的气体流速(m/s)；

　　　　p——管内气体压力(Pa)；

　　　　γ——管内气体密度(kg/m^3)；

　　　　n——孔口系数，取 0.5～0.7。

(四)换气投产的有关注意事项

(1)换气投产之前，施工部门应提供完整的管线测绘图，阀门、聚水井和特殊施工的设备保养单，以及有关技术资料。换气投产后应及时办理交接手续。

(2)换气工作不宜选择在晚间和阴天进行。因阴雨天气压较低，置换过程中放散的燃气不易扩散，故一般选择在天气晴朗的上午。风量大的天气虽然能加速气体扩散，但应注意下风向处的安全措施。

(3)在换气开始时，燃气的压力不能快速升高。特别对大口径的中压管道，在开启阀门时应逐渐进行，边开启边观察变化情况。因为阀门快速开启容易在置换管道内产生涡流，出现燃气抢先至放散(取样)孔排出，会产生取样"合格"假象。施工现场阀门启闭应由专人控制，并听从指挥的命令。

第三节　城镇燃气管道日常检查

一、管网巡查

燃气管网巡查是城镇燃气管网地下工程系统管理的核心组成部分，也是管道完整性管理的基础工作之一。是保证输配管网设施正常、安全运行，及时发现、处置燃气设施故障，防止事故发生的重要措施。

1. 管网巡查的基本要求

(1)有稳定的能满足巡查工作需要的专业队伍和专职巡查人员；按照管网级制和设施负荷状况配备人员。

(2)有完善的巡查管理制度。含巡查人员岗位责任制；巡查操作规程；按管道材质、工程状况、使用年限、敷设条件、外部环境等因素制定管网分类巡查周期、设施点检周期、分级排水周期、检查考核方法、定期分析、针对处置等制度。

(3)有对巡查工作实施监督的制度。

(4)有满足巡查需要的车辆、通信设施、检测探查设备仪器和按处置预案储备的备用品；采用新技术、新设备、多种方式和监控手段实施巡查工作。

(5)有巡查人员的培训计划和定期教育计划。巡查人员必须经考核合格，持证上岗。管理人员在有需要时，应定期为巡线员解释有关的更新资料，并讲述一些同类个案，使巡线员能丰富经验，避免事故重演。

(6)建立规范的管网档案资料，含管段、阀门、水缸、调压等设施；将管段的管材、壁厚、使用年限、泄漏记录、腐蚀情况等资料作为判断是否改变对该段设施的行动的依据，包括计划更换、局部维修或加强巡检等，做到资料准确、检修有据。每月应有巡查记录统计报表。根据巡查管理情况，定期修订管网的技术资料。

(7)实行以预防为主，主要由巡查人员查证、报告管网事故隐患的"第一报告人制度"（包括责任段内联动单位和协管人员的报告）。

(8)巡查管理应做到"五定"，即定人、定时、定区、定责和定量。

(9)有针对各种可能事故的处理预案。

2. 巡查人员应具备的条件

(1)掌握燃气的基本知识，对管网设施和巡查的检漏、检修器材、监控设备做到四懂四会（懂原理、懂结构、懂性能、懂用途、会使用、会保养、会检查、会排除故障）。

(2)具有按预案处理突发事故和一般技术问题的能力。

(3)掌握责任区的管网情况，包括管道的走向、管径、调压设施、凝水缸、阀门的准确位置和警示标志及周边的其他地下设施（下水、上水、电信、供热、供电）等。

(4)掌握巡查的基本方法、处理问题的工作程序，发现问题按规定时限、程序向有关部门报告。

(5)岗前培训合格，持证上岗。

3. 管网巡查的基本职责

(1)按照规定的巡查周期，携带规定的巡查器具，对责任区的管网设施和管道两侧规定范围内的其他地下设施进行检查。保证各类警示标志明显、完整、紧固。

(2)准确、完整、真实地做好巡查记录，不同燃气公司的巡线员，工作范围会存在一定差异，例如，在巡线工作外要兼顾其他工作，如泄漏测量、阀门保养、抽排液等，对上述工作也应做好记录，留意不同季节负荷时的变化规律，发现异常现象要立刻报告。

(3)及时处理巡查发现的问题，对不能处理的问题应按照规定的时限、程序，向有关部门报告，并做好现场监护。

(4)在巡查周期内，对管线安全范围内的违章行为，要及时对违章者及其法人组织，填发违章整改通知书，制止或督促整改其违章行为，对拒绝改正者，按规定的时限、程序向有关部门报告。

(5)对在管网安全范围内的施工单位要及时示警，并组织现场监护。

(6)对管网安全范围内的地上、地下变化的情况，要及时记录并通知修订竣工图。

(7)严格执行管网巡查的劳动纪律、工艺纪律和安全纪律。

二、管网的测漏与巡线

1. 周期频次的确定

测漏与巡线的工作目的、工作性质和工作内容均不同，分别起着不同的作用，故此职责分工要清晰，需配备专业队伍执行，测漏与巡线的频率也应分别界定。测漏与巡线的频率须根据地区的分类、管道材质和工作压力及风险评估等因素确定，如管道重复泄漏或位于沉降地区、管材为灰口铸铁管或管道旁有工地施工等，其泄漏或第三方破坏的风险及后果较高、较严重，这些类别管道的巡线频率须相应增加。对于新投产管线，巡线频率可按安装时间递减，如每天1次，随时间推移改为每周1次或每月1次等。

2. 资料准备

在进行测漏与巡线工作之前，须掌握以下资料：

(1)被检查的输配管道分布图，主管道及分支管道的压力和材料。

（2）该路段应特别注意的位置：建于燃气管道上的建筑物；设置燃气管道的密闭场地；燃气管道容易遭受损坏的位置，如接近大型道路工程、地下工程或有沉降迹象的位置。埋深不足，易被损坏的位置；周围有下水管、热力管及电力、通信、照明沟槽等重点隐患部位的管线。

3. 测漏与巡线内容

测漏工作根据预定间隔对管道进行日常气体泄漏测量，巡线是对管道附近工地进行重点的巡查和监护，避免第三方破坏。使用对特定燃气成分没有选择性的可燃气体检漏仪，会产生大量误报，测漏人员必须携带与燃气成分相适应的燃气检漏仪，测漏速度要与燃气检漏仪的工作状态相适应。

无论是进行测漏还是巡线工作，均应特别注意：

（1）检查管道规定距离内有无土壤坍陷、开挖取土、堆积物及有无植树、安装线杆、设置配电箱、搭建或拆迁构筑物等。

（2）检查管道沿线有无燃气异味、水面冒泡、草木枯黄、死亡等异常现象或燃气泄漏声响。

（3）利用检测仪器，对沿管道方向及管道附近 5 m 范围内的井室、地沟等地下构筑物进行检测，对公共配气管（立管）、钢塑转换接头处应重点检测。

（4）在巡查中发现管道有漏气现象时，应检查燃气浓度，除采取一定的防范措施外，还应保护现场，及时上报。

（5）检查管道沿线有无其他工程施工或可能造成管道及设备设施裸露、损害、悬空等。在燃气管道附近不允许进行任何机械挖掘、爆破等危害管道的工程。若发现由于施工造成聚乙烯管道表面受损时应立即上报，再根据受损程度决定是否对受损管道予以更换。

（6）对原有违章的建（构）筑物，应与业主单位或其上级主管部门取得联系，督促整改。对在建违章建筑，在第一时间处置，报告风险（安全）管理部门，立即与政府相关部门联系，予以制止。

（7）发现管道与电话、通信、照明电缆及热力管线距离较近时，更应与设施业主单位联系，督促整改。

（8）燃气输配管道绝大多数都被埋于地下，测漏或巡线时要注意发现外露的管道，尤其是聚乙烯管道，因为此类管道遇火可迅速熔化甚至燃烧，导致灾难性破坏。对外露的聚乙烯管道部分应临时隔离或以防火物料保护。应明确警示为带气管道，在这些管道上加上警告带，并围封。聚乙烯管道附近应禁止进行焊接等产生明火和热能的作业或使用对管道有害的化学品。聚乙烯管道切不可穿越密闭的空间，如被覆盖的大型挖掘隧道内。因其遇意外着火后会迅速熔化产生大量气体泄漏，造成灾难性后果。如不可避免，应考虑将其改为钢管或将其设在密闭空间外。另外，小口径的聚乙烯管道抗剪力较弱，特别是与金属管道或管件接合处，如无适当保护则容易损坏。

4. 测漏和巡线记录

测漏与巡线人员必须填写记录，主要内容如下：

（1）工作日期、时间、部位、基本情况、记录人员、运行人员及相关人员签字。

（2）隐患、违章、险情及处理方法。

（3）巡线要记录第三方工程类别、配合施工工程对管道的保护措施。

（4）测漏要记录燃气检漏仪读数（如百万分含量值、爆炸下限百分比及燃气百分比），如有异常应调查该处是否有过检修作业等，以供参考。

5. 反馈与资料修改

反馈与资料修改是非常重要的一项工作，是完整性的城镇燃气管网信息管理的重要源头，也是管网运行管理的一项基础和常规性工作。这也是目前城镇燃气经营企业管理上的弱项。

测漏与巡线人员要记录所有对燃气设施的改动，如阀门开关状况、管线改建、临时旁通管等，并将改动反馈于相关部门。

采用现代化设备能有效提高效率，确保数据的准确性。如进行测漏时，使用配备全球定位系统的火焰电离子燃气检测仪，即可直接记录测漏路径，回馈采集的数据有助于分析管道健康状况，找出重复泄漏，及时制订管道维修计划等。

三、违章占压建筑物的处理

地下燃气管道被违章建筑物的占压，直接威胁到安全供气。此类情况在各地均较为普遍存在，因此，必须始终把清理或消除对燃气管道的违章建筑作为管道安全维护的一项重要工作内容。

1. 建立清理违章建筑的专门机构

地下燃气管道的管理单位应有专人作违章处理的工作，做到对管道占压情况清楚。对占压管道的违章户逐一下达违章整改通知书，促使违章户限期整改和拆除违章建筑物。对一些老违章用户可采取重复发送违章整改通知书或采用综合执法的形式，敦促其早日整改或拆除。

2. 处理违章建筑物的一般程序

(1)首先向当事人出示证件，说明违章事由及可能产生的严重后果，并向当事人或责任方出示违章的有关文件及规定。

(2)对违章状况及程度不清或不详的，要尽快通过查竣工图或探管等手段查明情况。确属违章的，要落实违章的单位或个人姓名、联系电话等，并立即向上级领导或安全员汇报此事。

(3)发现违章，应立即向违章单位或责任人送达违章整改通知书。若对方拒签或拒收，则应通过邮寄挂号信的方式送达，并保留存根，存档备案。

(4)当发现已接违章整改通知者未在限期内拆除或整改违章建筑物，应再发送违章整改通知书，促使其尽早拆除或整改。对严重危及管道安全的老违章户，可依靠当地政府、公安、消防、城管部门的支持和配合，共同联合处理。

(5)对较重大的违章事件，必须及时向上级部门作出明确的书面报告，以便引起上级的高度重视，设法尽快消除违章隐患。

四、管线位置探测

对于城区的老旧管网如管道已安装示踪带或线的，可使用管道定位器探测示踪带或线的位置来确定管道的位置及埋深。如管道没有安装示踪带或线，应按有关的示踪标志(如有安装)和管线图来确定。或采用探土雷达来探测金属或聚乙烯管道的位置。地下管线探测应查明地下管线的平面位置、走向、埋深、规格、性质、材料等，探测后的资料应编绘或更新地理信息系统内的管线图，并补充管线标识，以方便日常的管道维护及运行管理。

五、警示带的敷设

为保护管道的日常运行，不受人为的意外损坏，应在管道的上方，距管顶上方若干距离敷设一条警示带，警示带应与管道一样，具有不低于50年的寿命。警示带上应印有醒目的提示字样，标示内容包括燃气公司的名称、处理紧急事件的联系电话等。如要提供更好的保护，可考虑安装带警示的保护板。强度型(能防止一定力度的冲击)、示踪型(带有电信号、利于探测)、兼顾检测型(装有敏感元件，接收管道周边的变化信息并传给控制中心)等多功能的警示带也为城镇燃气管道的保护提供了多方位效能。因此，警示带的安装必须有质量要求和施工质量管理要求。

第四节　埋地燃气管道的检测

一、埋地燃气管道防腐防护检测

为保证城镇燃气管网埋地管道不被腐蚀，采用适当的腐蚀防护措施是必要的。腐蚀防护技术状况的检测主要是围绕防腐层状况展开的。因此，城镇燃气管网日常维护中必须经常对埋地燃气管道进行不开挖防腐绝缘层的检测工作，以便能随时发现问题、进行修复，保证城镇燃气管网的安全运行。

埋地管道防腐绝缘层的不开挖检测方法诸多，下面介绍几种常用的方法。

1. 交流电流衰减法

交流电流衰减法可用于管道外防腐层总体状况评价与防腐层破损点定位。土壤与环境状况对检测结果有一定的影响。其方法原理为：当在有防腐绝缘层的埋地钢管中输入一个交流电信号在其中传播时，就会和通信线路一样沿线传播，由于管道存在纵向电阻和横向电阻，所传输的信号电流按一定规律衰减，其衰减情况取决于管道防腐层的绝缘状况、信号频率和土壤电阻率。图 4-2 为检测系统示意。如果管道防腐绝缘层的电导率是一致的，那么电流衰减率也应是一样的。其表达式为

$$I = I_0 e^{-ax} \tag{4-3}$$

式中　I——某点管道电流(mA)；

　　　I_0——供入点管道电流(mA)；

　　　a——电流衰减系数，与管道电特性参数(纵向电阻、横向电导、管道与地间的分布电容、管道的自感)有关；

　　　x——距离(m)。

一旦衰减率发生突变，则说明绝缘防腐层导电性能有了变化，衰减率上升表明信号电流的泄漏增加，以此为依据来判断绝缘防腐层的缺陷，可以得到近似的防腐层绝缘性能参数。

检测的现场工作分两步：第一步，用发射机向管道送入信号电流，要用直接法向管道送入电流，将发射机的一端接在管道上，另一端接到远极上。远极与管道的垂直距离最好在 20 m以上，远极接地桩与地要有良好的接触。接通发射机，在选定的频率上调整输出电压，检查供入电流大小，一般情况下，应将输出电流调

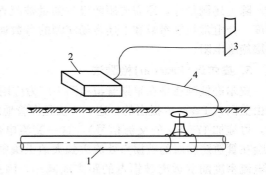

图 4-2　电流法检测系统示意

1—被测管道；2—信号发射机；3—远极点；4—导线

节到最大，需要使待测管段的终端能有 0.1 mA 的电流。第二步，用接收机沿管道路由测量管道中的电流大小，应选定与发射机相对应的频率值，应确认管道中无相同频率的干扰信号。测量间距根据工作目的和探测对象决定，若要在不长的管段上准确找破损点，在城市中点距离可以为 10~20 m，必要时加密到 5 m 或更短。当管线路线不确切时，要采用边定位、边量距、边读电流的办法。

目前，常用的检测频率为 937.5 Hz(最大输出电流为 750 mA)，4 Hz+8 Hz+128 Hz+640 Hz(最大输出电流为 3 A)，检测效率较高。如果具有全球定位系统(GPS)测量系统，则可进行同步

比较，并能有效提高检测效率与定位准确性。

2. 变频选频法

变频选频法是完全由国内研究开发的检测技术。与交流电流衰减法一样，根据交流信号的传输理论，当有交流电信号通过埋地钢管传输时，可视为单线—大地回路，这是一个十分复杂的不平衡网络。反映这个网络特性的参数很多，而且往往是变量，管道防腐层绝缘电阻就是其中之一。经过复杂的理论推导，可确定变频信号沿管线—大地回路传输的数学模型。当防腐层材料、结构、管材等参数为已知时，通过对现场信号频率、衰减量等参数的测量，可计算出传播常数，从而实现防腐层的在线测量。图4-3是变频选频法检测示意。

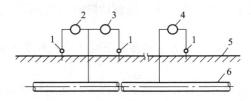

图 4-3 变频选频法检测示意
1—接地铜棒；2—变频信号源；3—发端选频指示器；
4—收端选频指示器；5—地面；6—被测管道

现场测量时所用仪器为管道防腐层绝缘电阻测量仪。该仪器由变频信号源（1台）及选频指示器（2台）组成。测量时，在相距1 km的两个管道测试桩或任意管段长管道的两端，一端接变频信号源及选频指示器，另一端接选频指示器。

测量时在收、发两端设对讲机。接线完成后，开机使信号源及指示器工作，当不知道防腐层绝缘状况时，可试送1 kHz左右的信号，此时通过对讲机联络，读出收、发两端的指示电频。如果电频差小于23 dB时，应增高输入信号频率，直至指示电频差稍大于或等于23 dB，记录下此时的频率值及实测电频值。

除上述测量外，还需要用四极法测量被测管段的土壤电阻率。将管道半径、壁厚、防腐层厚度、介电常数等参数和上述现场实测的参数通过专用软件进行处理，可计算出所测管段的防腐层绝缘电阻。

3. 皮尔逊（Pearson）检测法

皮尔逊检测法是在早期管道检测中广为应用的一种方法，主要用于确定防腐层破损点位置，是由美国人Pearson提出的。这一方法是在管地之间加1 000 Hz的交流信号（当为熔接环氧涂层时，可施加175 Hz的交流信号），这一交流电流便会在管道防腐层的破损点处流失到大地土壤中，其电流密度随着远离破损点的距离而减小，因此在破损点的上方地表面形成一个交流电压梯度，可由两名操作者相距3～6 m沿线提取。两名操作者脚穿铁钉鞋，将各自提取的电压信号通过链式电缆送入接收装置，经滤波放大后，由指示电路指示检测结果。其具体方法如图4-4所示。

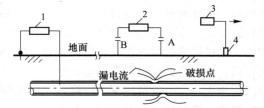

图 4-4 皮尔逊检测法
1—发射机；2—检测仪；3—定位仪；4—探头

这种检测力法具有较高的检测效率，破损面积是定性地估计的。由于其检测的是交流电流在地表形成的电压梯度，因此不可避免地受到土壤、操作人员与地之间的接触电阻等因素的影响，容易造成漏检和误报。此方法不能对管道防腐层状况进行整体评价。

4. 密间隔电位测试(CIPS)法

密间隔电位测试法类似于标准 P/S 电位测试法，但它是以较小的距离(2～5 m)测取数据。它包括"ON"电位测试和"ON/OFF"电位测试，通过使用先进的同步中断器和便携微处理器连续记录管道的通断电位。检测到的通断电位是两条相邻的曲线，有缺陷时，ON 电位向正向偏移，ON、OFF 电位曲线互相接近，IR 压降减少，说明涂层电阻

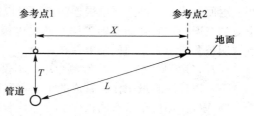

图 4-5　CIPS 方法的破损计算

减少，从而可以根据电位差的大小及向正向偏移的程度来判断腐蚀的程度。如针对某一破损点，只需测出该点的 ON、OFF 电位 V_{ON}、V_{OFF}，再测出该点和另两个参考点电位 V_1、V_2，即可计算出防腐层破损的大小，如图 4-5 所示。

设土壤的电阻率为 ρ，因为 $V_1 = I_0/(2T\pi)$，$V_2 = I_0/(2L\pi)$，其中 $L = \sqrt{T^2 + X^2}$，则有 $V_1 - V_2 = I_0/(2\pi)(1/T - 1/L)$，由因涂层缺陷对地电阻为 $R = (V_{ON} - V_{OFF})/I$ 及 $R = \rho/(2D)$，其中 D 为破损点的直径；I 为留到该破损点的电流，从而可以计算出该破损点的破损直径为

$$D = \frac{(V_1 - V_2)(L - T)}{(V_{ON} - V_{OFF})TL\pi} \tag{4-4}$$

式中　D——破损点直径(mm)；

V_1、V_2——参考点 1、2 的电位(V)；

V_{ON}、V_{OFF}——中断阴极保护电流前、后的电压(V)；

X——参考点 1、2 间距(m)；

T——参考点 1 与管道间距(m)；

L——参考点 2 与管道间距(m)。

密间隔电位测试法适用于带有阴极保护的埋地管道，是目前最具复杂性的一种检测法。它能够测定防腐层破损面积的大小，并具有较高的检测准确度，同时可以记录被测管道的阴极保护状态。检测过程中，使用计算机进行数据自动采样。CIPS 法也同样受到各种环境因素如杂散电流、土壤电性变化等因素的影响，其检测的进程也取决于地形和防腐层缺陷的程度。

5. 直流电压梯度(DCVG)法

当直流信号如阴极保护(CP)电流一样输入管道时，通过管道防腐层破损漏点和土壤将形成电压梯度。在接近破损漏点部位，电流密度增大，电压梯度增大。一般电压梯度与漏点面积成正比增长。这就是直流电压梯度法原理。

DCVG 法通过使用一个灵敏的高阻毫伏表，测量插入地表的两个饱和 $Cu/CuSO_4$ 半电池电极在地表的电压梯度平衡输出值。如果两个电极相距大于 0.5 m，其中一个半电池的电压就会比另一个高，进而建立电流方向及两电极之间的电压梯度。

DCVG 法采用不对称信号加载到管道上，即将频率 $f=1$ Hz，通断占空比为 2：1 的方波信号加载到管道已有的 CP 系统上，或者由管道的 CP 校正器(T/R)中使用相应的开关装置，进行同样的信号加载。其测量过程如图 4-6 所示。

测量过程中，操作人员沿管道以 1～2 m 间隔，用饱和硫酸铜参比电极平行于管线排列进行测量。当接近防腐层破损点时，可以看到毫伏表开始沿地下的电流方向出现相应变化。当操作员

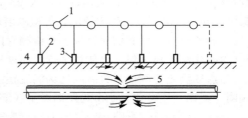

图 4-6　直流电压梯度检测法

1—毫伏表；2—参比；3—电极；4—地面；5—破损处

继续前进而远离破损点时，指针将因为电流反向而出现反偏，而且其大小将随着远离而逐渐减小。返回复测，仔细选择电极检测点，可以找到毫伏表指针不偏为零的位置，这就是在漏电正上方的情况，这时破损点即为两个测量电极的中间点；若在一定的距离内毫伏表不出现反偏，则说明被测管道有相邻的漏电存在。

通常，用 DCVG 法在实际测量中，不仅要沿着管道纵向排列电极，而且要在其垂直方向再测一下，以保证测量工作在管道的正上方进行和确保破损点定位准确。

DCVG 法适用于带有阴极保护的埋地管线，具有较高的定位准确度和测量准确度，且不受周围平行管道的影响，同时可以间接地估算破损面积的大小，但其检测的效果较多地取决于操作者的经验和水平，杂散电流、地表土壤的电阻率等环境因素也能引起一定的测量误差。此方法不能对管道防腐层状况进行整体评价。DCVG 法与 CIPS 法通常糅合在一起使用。

二、管体腐蚀状况导波检测技术

由于城市燃气管道不同于长输管道，要想通过非开挖手段获得管体腐蚀状况信息，采用导波检测技术是重要选择项目之一。

管道低频超声检测系统发射低频测量导向超声波(几十千赫)，测量波沿管壁传播，当管壁壁厚发生变化时，产生回波信号，探头通过检测回波增益的大小确定该位置的壁厚变化，通过技术人员分析与再检验，确定管道金属损失情况。此方法对于"截面损失率＞9％"的腐蚀检出率为100％，对于"9％＜截面损失率＜3％"的腐蚀，视具体情况检出率不等。开挖一点的一次检测长度分别为：±100 m(清洁、装满液体和带环氧涂层管道)、±35 m(严重腐蚀管道)、±15 m(带沥青涂层管道)，对于埋地管道一次检测长度会有所缩短。腐蚀部位定位准确度为±100 mm。

三、管道内检测

在城镇燃气管道内壁产生腐蚀等缺陷时，国外常采用一种叫作清管器的检测仪进行检测。检测仪由自身组成部分的驱动装置或利用管道内流体流动的能量装置带动在管道内边移动边进行检测，可分为有缆型检测装置和无缆型检测装置。采用有缆型检测装置时，通常采用分段封闭式检测，需要敷设临时管线，对待测管道进行输送流体置换，并对其清管，然后进行检测。

无缆型检测装置则适用于在线检测。在这类检测装置内配置各种检测仪器：

(1)照相机或摄像机检测仪。用于管道内涂层及腐蚀状态的检测。前者适用于管径为 300 mm以上的管道，后者则适用于管径为 500～600 mm 的管道。

(2)漏磁法检测仪。利用其内部的磁化装置将管壁局部磁化，产生轴向磁通，用磁敏传感器检测因管壁减薄、磁阻增大而导致管轴方向的漏磁磁通量的变化，以此检测出因腐蚀等原因而造成的管内外壁表面减薄及其他缺陷，适用于内径为 100～1 200 mm 的管道。

(3)超声波距离法检测仪。其内装有环向配置的超声波探头，在随管内压力流体移动的同时，测量管壁厚度及探头与管内表面距离，从而测出管壁厚度及其变形情况。其特点是可直接检测出管壁厚度变化，可区别出管内缺陷，可检测出焊缝周围的外表缺陷，还能测出管壁上较浅的凹陷。

(4)涡流检测仪。利用涡流传感器检测管内表面产生的强涡流，可检测内壁腐蚀。

(5)磁化涡流检测仪。可使整个管壁厚度磁化，测出管外壁腐蚀。

(6)远场涡流检测仪。典型的远场涡流检测探头有两个与管道同轴的螺线管，其中一个为激励线圈，通以交流电；另一个为距离激励线圈 2～3 倍管径远的检测线圈，当激励线圈通过低频交流信号时，沿管子内部对激励线圈直接耦合的屏蔽效应，使得随着检测线圈距离的增大，其接收的信号急剧衰减。另外，激励线圈附近周向管壁上的涡流场沿径向扩散到管子外部，并沿外壁向前后两个方向传播，在距离 2 倍管径处磁场再次返回到管内，通过设在远场区的检测线圈接收感应电压和与激励电压的相位差变化，从而检测出管壁的缺陷和厚度。在该检测方法中，激励线圈近场区或过渡区内的直接耦合信号是有害的干扰信号，在予以屏蔽后，可在一倍内径处接收远场信号，并可大大缩短探头的长度。该检测装置由振荡器及功率放大器、相位及幅值检测放大器、单片机系统、探头及定位编码器、爬行器或清管式控制器及电源系统组成。远场涡流检测装置的特点如下：

1）传感器和管壁无须接触，无须特殊耦合，受间隙变化及偏心因素影响小，不受深度影响，对管子内外壁的缺损具有同样灵敏度，且可以测出整根管子的壁厚。

2）可适用于碳素钢、铸铁、镍合金、非铁磁金属材料。

3）适用管径为 9～1 000 mm。

管道内检测装置一般比较庞大、价格昂贵、使用费高且专用性强，如超声波管道检测装置只能用于一种规格的管道。以直径为 720 mm 的管道为例，其设备长 6.6 m，重数吨，价值数百万美元，70 km 管道检测费用达 130 万元人民币。新研制的检测仪器，如远场涡流管道检测装置虽然适用范围扩大了，造价也低得多，但也绝非一般检验单位所能拥有。随着我国经济的发展，无论是长输管道还是城镇燃气管道，由于泄漏事故所造成的人员伤亡、经济损失、环境污染将越来越严重，因此，开展管道内检测工作将越来越迫切。

第五节　燃气管道故障处理

一、漏气

经常对城镇燃气管网及其附属设备进行检查、维护保养，迅速消除城镇燃气管网的漏气及故障，以保证城镇燃气设施的完好，是燃气管道日常维护管理的主要工作之一。

由于地下燃气管道处于隐蔽状态，如果发生漏气，气体会沿地下土层孔隙扩散，使查漏工作十分困难。但可以根据土壤中燃气浓度的大小，确定大致的漏气范围。一般采用下列方法查找。

（一）钻孔查漏

定期在道路上沿燃气管线的走向，在地面上隔一定距离（如铸铁管一般按管长 6 m，选在接口部位），用尖头铁棒打洞，用一根与铁棒直径差不多的塑料管置于洞口，凭嗅觉或检漏仪进行检查。发现有漏气时，可加密钻孔，根据燃气浓度判断出漏气点，然后破土查找。

（二）地下管线的井、室检查

地下燃气管道漏气时，燃气往往会从土层的孔隙渗透至各类地下管线的闸井内。在查漏时，可将检查管插入各类闸井内，凭嗅觉或检漏仪检测有无燃气泄漏。

（三）挖掘探坑

必要时，可在管道接头或需要的位置挖坑，露出管道或接头，用皂液检查是否漏气。探坑挖出后，如果没有找到漏气点，至少也可从坑内燃气浓淡程度，判断漏气点的大致方位。

（四）植物生态观察

对邻近燃气管的植物进行观察，也是查漏的一种有效措施。如果有泄漏，当燃气扩散到土壤中时，将引起花草树木的枝叶变黄，甚至枯死。

（五）利用排水器的排水量判断检查

燃气管道的排水器须定期进行排水。若发现水量骤增，情况异常时，应考虑有可能是地下水渗入排水器，由此推测燃气管道可能出现破损，须进一步开挖检查。

（六）仪器检漏

各种类型的燃气检漏仪是根据不同燃气的物理、化学性质设计制造的。使用比较广泛的有以下两种。

1. 半导体检漏仪

半导体检漏仪（又称为嗅敏检漏仪）利用金属氧化物（如二氧化锡、氧化锌和氧化铁等）半导体作为检测元件（又称嗅敏半导体元件），在预热到一定温度后，如果与燃气接触，就会在半导体表面产生接触燃烧的生成物，从而使其电阻发生显著的变化，经过放大、显示或报警电路，就会将检测气体的浓度转换成电信号指示出来（图 4-7）。

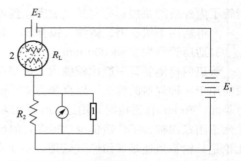

图 4-7　半导体检漏仪电路图

1—报警装置；2—半导体元件

2. 热触媒检漏仪

热触媒检漏仪利用铂螺旋丝作为触媒，遇到泄漏的燃气，会在其表面发生氧化作用，氧化时所产生的能量会使铂丝温度上升，引起惠斯顿电桥四个桥臂之一的铂丝电阻变化，使电桥各臂电阻值的比例关系失去平衡，电流计指针产生偏移，根据燃气的不同浓度，指示出不同的电流值（图 4-8）。

二、漏气的紧急处理

（一）铸铁管机械接口处理

挖出漏气接口后，可将压兰上的螺母拧紧，使压兰后的填料与管壁压紧密实。如果漏气严重，对有两道胶圈（密封圈与隔离圈）的接口，可松开压兰螺栓，将压兰后移，拉出旧密封圈，换入新密封圈（将新胶圈沿管面呈 30°切开，套在管上，用胶粘剂粘牢），然后将压兰推入，重新拧紧压兰螺栓即可。

（二）铸铁管砂眼修理

铸铁管上的砂眼可采用钻孔、加装管塞的方法进行修理。

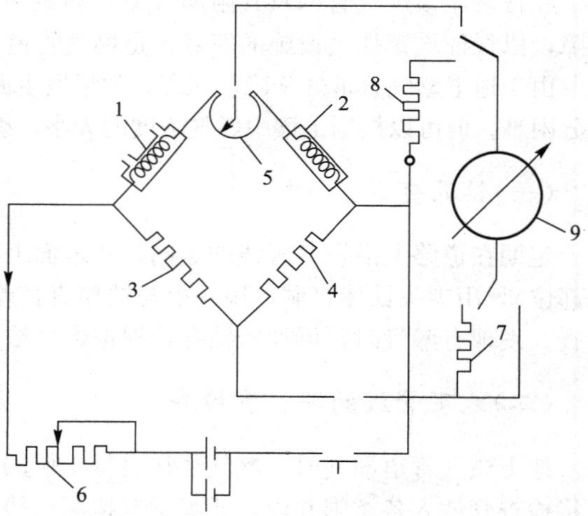

（三）燃气管裂缝修理

图 4-8　热触媒检漏仪电路图

1—测量电桥臂；2—比较电桥臂；3、4、7、8—线圈；5—零电阻器；6—可变电阻；9—指示器

燃气管上的裂缝可采用夹子套筒修理，如图 4-9 所示。夹子套筒由两个半圆形管件组成，其长度应比裂缝长 50 cm 以上。将它套在管身裂缝处，在夹子套筒与管子外壁之间用密封填料填实，用螺栓连接，拧紧即可。

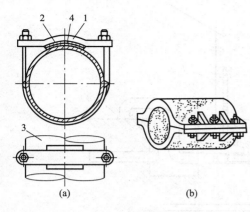

图 4-9　夹子套筒示意

(a)钢质夹子套筒；(b)铸铁夹子套筒

1—盖板；2—纤维垫片；3—燃气管道；4—破坏点

(四)腐烂管段调换

当腐烂或损坏的管段较长时，应予以切除，调换新管。调换长度应大于腐烂或损坏管段的 50 cm 以上。

(五)钢管漏气修理

1. 管内气流衬里法

管内气流衬里法如图 4-10 所示。将快干型的环氧树脂用压缩空气送入管内，在其尚未固化前，送入维尼龙纤维黏附于环氧树脂表面，再用压缩空气连续地将高黏度的液状树脂送入管内，沿管壁流动，形成均匀的、厚度为 1.0～1.5 mm 的薄膜而止漏。

这种方法无论管径变化或有弯头、丁字管等均可修理，适用于低压钢管的接口、腐烂漏气修理，修理工作段长度约 50 m。

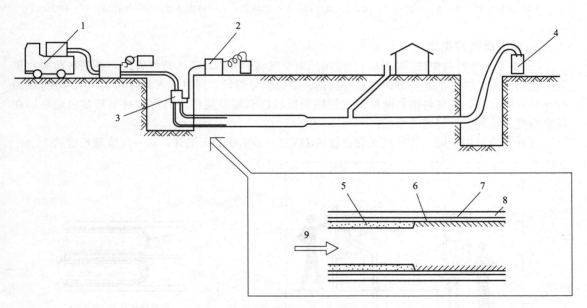

图 4-10　管内气流衬里法

1—空压机；2—树脂注入机；3—流量控制器；4—集尘器；5—树脂薄膜；
6—维尼龙纤维；7—涂层；8—燃气管；9—空气流

2. 管内液流衬里法

管内液流衬里法如图 4-11 所示。将常温下能固化的环氧树脂送入管内，再用 0.07 MPa 压力的空气流推入两个工作球，在管内即可形成一层均匀的树脂薄膜而止漏。

这种方法适用于 $DN25～DN80$ 低压钢管的漏气修理，修理工作段长度在 40 m 左右。若管内有积水或铁屑等杂质，则不可使用这种方法修理。

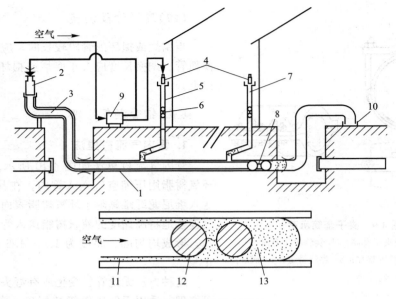

图 4-11 管内液流衬里法

1—支管；2—运管用加压短管；3—工作球引入管；4—供气管用加压短管；5—供气管；6—供气管用工作球；
7—未衬里供气管；8—支管用工作球；9—操作台；10—接收器；11—树脂薄膜；12—工作球；13—树脂

3. 管内反转衬里法

(1) 支管内反转衬里法(图 4-12)。先用压缩空气将引导钢丝送入待修管内，在塑料薄膜衬里管内注入适量的胶粘剂。一方面转动卷扬机，牵拉引导钢丝，同时送入具有 $0.1 \sim 0.2$ MPa 压力的反转液(皂液)，即可将塑料薄膜衬里管顺利反转，靠胶粘剂将塑料薄膜衬里管紧密地粘贴在待修内壁，达到更新管道的目的。

这种方法适用于同一管径且无分支管的 $DN25 \sim DN50$ 低压钢管，其一次修理长度约 25 m。

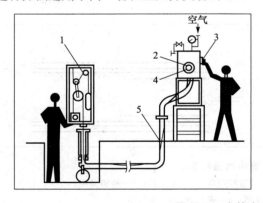
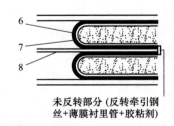

未反转部分(反转牵引钢丝+薄膜衬里管+胶粘剂)

图 4-12 支管内反转衬里法

1—卷扬机(牵引侧)；2—薄膜衬里管；3—反转机；4—皂液面；5—三角接头；
6—薄膜衬里管；7—胶粘剂；8—反转牵引钢丝

(2) 干管内反转衬里法(图 4-13)。当埋设在车行道路下的燃气管道需修理时，为减少开挖道路，降低修理费用，开发了大口径管内反转衬里法，即只需开挖修理管段两端工作坑，切断燃气管道，用压缩空气将引导钢丝送入待修管内，在聚酯衬里软管内注入胶粘剂，一面从前端牵拉引导钢丝，一面从后端送入压缩空气，衬里软管就会在待修管内顺利反转并粘贴在管道内壁，由于衬里软管具有伸缩性，故在管道弯曲部位也可粘贴完好。

这种方法适用于同一管径且无分支管的低压钢管、铸铁管，一次修理长度可达 100 m。

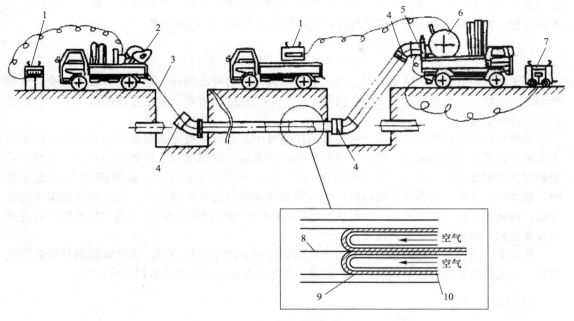

图 4-13　干管内反转衬里法

1—发电机；2—牵引机；3—牵引钢丝；4—弯管；5—压紧连接件；6—反转机；
7—空压机；8—牵引钢丝；9—胶粘剂；10—衬里软管

三、管道阻塞及处理

（一）积水

燃气中往往含有水蒸气，温度降低或压力升高时，都会使其中的水蒸气凝结成水而流入凝水缸或管道最低处，如果凝结水达到一定数量，而不及时抽除，就会堵塞管道。

为了防止积水堵塞，必须定期排除凝水缸中的凝结水。每个凝水缸应建立位置卡片和抽水记录，将抽水日期和抽水量记录下来，作为确定抽水周期的重要依据，并且还可尽早发现地下水渗入等异常情况。

一般中、高压管道中凝结水较多，低压管道中凝结水量较少。同时，有时由高压、中压管道或储气罐给低压管网供气时，低压管道内也有轻油、焦油等与凝结水一起凝结下来。应注意这种凝结水的排放会造成污染，同时，如流散在道路上或流入排水系统，则会散发出强烈的臭味，容易被误认为漏气，如排入灌溉水渠，则损害农作物。所以，这种凝结水必须用槽车运至水处理厂排放处理。

凝水缸内如有铁屑、焦油等沉积物，会影响它的出水功能，应检查清除。

（二）袋水

由于各种原因引起燃气管道发生不均匀沉降，冷凝水就会积存在管道下沉的部分，形成袋水。

寻找袋水的方法是先在燃气管道上钻孔，然后将橡胶球胆塞于钻孔的左侧，充气后，听钻孔左侧的管道是否有水波动的声音。如无水声，再将橡胶球胆塞在钻孔的右侧，听钻孔右侧的管道是否有水波动的声音。如有水声，可根据水声的远近，再钻一孔，反复试听，直到找出袋水的位置。找出后，或者校正管道坡度，或者增设凝水缸，以消除袋水。

(三)积萘

人工燃气中常含有一定量的萘蒸气，温度降低时就会凝成固体，附着在管道内壁使其流动断面减小或堵塞。在寒冷季节，萘常积聚在出厂1～2 km的管道、管道弯曲部分或地下管道接出地面的分支管处。

要防止和消除积萘，首先要严格控制出厂燃气中萘的含量符合质量标准的规定，可以从根本上解决管道上积萘的问题。另外，还要定期清洗管道。可用喷雾法将加热的石油、挥发油或粗制混合二甲苯等喷入管内，使萘溶解流入凝水缸，再经凝水缸排出。萘能被70 ℃的温水溶解，如果在清洗管段的两端予以隔断，灌入热水或水蒸气也可将萘除掉，但这种方法由于热胀冷缩，容易使管道的接头松动。因此清洗之后，应作管道气密性试验(在使用二甲苯时，应注意人身安全和对周围环境造成的污染)。

低压干管的积萘一般都是局部的，可以用钢丝接上刷子进行清扫，或将阻塞部分的管段挖出后，用比较简单的方法予以清扫。一般采用真空泵将萘吸出的办法清扫用户支管。

(四)其他杂质

管道内除水和萘外，积聚其他杂质也可能引起堵塞事故。杂质的主要成分是铁锈屑，但常与焦油、尘土等混合积存在管道内。一般在燃气厂附近的输气管道内杂质主要是焦油，而在管道末端附近则以铁锈屑为主。无内壁涂层或内壁涂层处理不好的钢管，其腐蚀情况比铸铁管严重得多，产生的铁锈屑也更多，更容易造成管道堵塞。

高压和中压管道内的燃气流速大，且离气源厂或储配站越远燃气越干燥，铁锈屑和灰尘能带出很远，易积存在弯头、阀门、凝水缸、调压设备处，影响管道正常输气。为保证调压设备正常工作，还需在其前设过滤器。对于低压管道内的铁锈屑等杂质，不但使管道有效流通面积减小，还常在分支管处造成堵塞。

清除杂质的办法是对管道进行分段清洗，一般按50 m左右作为一个清洗管段。可用人力摇动绞车拉动特别刮刀及钢丝刷，沿管道内壁将铁锈屑刮松并刷净。遇到铁屑过多，且牢固黏附在管壁上的情况，除去将很困难，则可采用高压水专业清洗，或拆卸清洗。管道转弯部分、阀门和凝水缸如有阻塞也可将其拆下清洗。

本章小结

城镇燃气经营企业持续、稳定、安全地供应符合国家质量标准的燃气，是对城镇燃气运行的基本要求，是燃气经营企业的责任。本章主要介绍了燃气管道安全运行的基本要求、燃气管道投运、城镇燃气管道日常检查、埋地燃气管道的检测、燃气管道故障处理的内容。

1. 城镇燃气运行的基本要求有哪些？
2. 燃气管道投运前准备工作有哪些？
3. 燃气管道换气投产的置换方式有哪些？
4. 城镇燃气管道日常管网巡查的基本要求有哪些？
5. 简述违章占压建筑物处理的一般程序。
6. 埋地管道防腐绝缘层检测方法有哪些？
7. 燃气漏气的紧急处理方法有哪些？

第五章　燃气设施维护

知识目标

1. 熟悉管道阴极保护系统的日常维护和管理、绝缘保护的功能。

2. 了解静电产生的原因、雷电的产生及危害；熟悉静电的防护、雷电的防护。

3. 了解调压器工作原理及构造、种类、选择；熟悉调压装置及附属设备；掌握调压装置安全维护管理。

4. 掌握燃气预热系统维护、管网系统的隔离保护装置与措施。

5. 了解SDACA系统；熟悉利用声音、频振技术检测的声学系统、声波识别技术、燃气安全警示标识。

能力目标

1. 能进行管道阴极保护系统的维护，能进行防雷、防静电设备的维护。

2. 能进行调压站的巡回检查及定期检修，以保证燃气输配系统安全、正常地运转。

3. 能进行燃气预热系统的维护、隔离保护装置的维护。

第一节　管道阴极保护系统的维护

一、管道阴极保护系统的日常维护和管理

管道阴极保护系统的日常维护和管理，牺牲阳极防腐系统应最少每三个月测量一次管道/土壤电位，外加电流式防腐系统至少每六个月测量一次，所有记录应进行分析并存留。所有阳极、外加电流系统的接地及整流器、测试点、绝缘接口均需记录在适合比例的图纸上，并供日常维护人员使用。

（1）月检。

1）测量及记录安装在桥梁上及隧道上管道的绝缘接头数值。

2）检查强制电流阴极保护系统恒电位仪的输出电流及电压。

3）测量及记录受强制电流阴极保护的管道保护电位及电流量。

（2）季检。

1）月检工作。

视频：阴极
保护

2）检查阴极保护系统，检查井盖及附近地面环境。

3）测量及记录受牺牲阳极保护的管道保护电位及电流。

（3）应定期审核所有阴极保护系统记录，以确保该系统能有效地发挥其保护功能：

1）受保护管道电位应不大于－0.85 V（相对于铜/饱和硫酸铜参比电极）。

2）应真实记录。任何不正常的波幅、任何不正常电流量的重大变动和电位变动应记录在案。

3)定期或实时分析记录数据。按需要安排维护、维修事项。

二、城镇燃气钢管及管道的阴极保护系统维护

1. 城镇燃气地下钢管必须设置阴极保护装置

现行的标准有《埋地钢质管道阴极保护技术规范》(GB/T 21448—2017)中有如下要求：

(1)埋地油气长输管道、油气田外输管道和油气田内埋地集输干线管道应采用阴极保护；其他埋地管道宜采用阴极保护。

(2)阴极保护应与防腐层联合实施。

(3)阴极保护工程应与主体工程同时勘察、设计、施工和投运。当阴极保护系统在管道埋地3个月内不能投运时，应采取临时阴极保护措施保护管道；在强腐蚀性土壤环境中，应在管道埋地时施加临时阴极保护措施；临时阴极保护措施应维持至永久阴极保护系统投运；对于受到直流杂散电流干扰影响的管道，阴极保护系统及排流保护措施应在3个月之内投运。

(4)埋地管道阴极保护可采用强制电流法、牺牲阳极法或两种方法结合的方式，应视工程规模、土壤环境、管道防腐层绝缘性能等因素，经济合理地选用。

(5)对于高温、防腐层剥离、隔热保温层、屏蔽、细菌侵蚀及电解质的异常污染等特殊条件下，阴极保护可能无效或部分无效，在设计时应予以考虑。

(6)站场埋地管道阴极保护应符合现行国家标准的规定。

(7)牺牲阳极系统适用于保护敷设在电阻率较低的土壤、水、沼泽或湿地环境中的小口径管道或距离较短并带有优质防腐层的管道。

(8)选用牺牲阳极时，应考虑以下因素：

1)无合适的可利用电源。

2)电器设备难以维护保养的情形。

3)临时性保护。

4)强制电流系统保护的补充。

5)永冻土层内管道周围土壤融化带。

6)存在阴极保护屏蔽的地方。

(9)牺牲阳极上应标记材料类型(如商标)、阳极质量(不含阳极填充料)和炉号。供货商应提供完整的文件资料说明阳极的数量、类型、质量、直径、化学成分和性能数据等。

2. 管线的阴极保护系统的注意事项

(1)管道是否会受到附近的铁路设施、地铁、电车、供电塔、高压线、变电压器、大型用电设施、直流电或其他公用设施的阴极保护系统的影响。

(2)对于钢质管道的非焊接管道连接头，应在管道连接头处安装永久性跨接，确保阴极保护电流畅通，是埋地钢质燃气管道阴极保护发挥作用的必要条件，运行过程中，必须保证管道的电连续性。非焊接钢质燃气管道，连接方式有法兰、丝扣、快装等。这些连接方式，接头电阻过大，使管道纵向电阻不能满足阴极保护要求，必须采取电跨接的方式来保证管道的连续性。应在管道连接接头处安装永久性跨接，通常设计阶段对此均有足够的考虑，往往是施工阶段，不能保证跨接的质量，常见的现象有材料选择不符合设计标准，安装不规范等。运行阶段，由于维修、抢修、定期涂刷防腐漆等工作，临时拆除电连接，但不能保证及时、有效地恢复，这些是城镇燃气企业应该关注的环节。

(3)焊接的燃气管道，因焊接电阻较小，完全可以满足阴极保护电连续性的要求，可实现管道的电连续性。

(4)实施阴极保护的管道与未保护的设施之间应设置电绝缘装置，电绝缘装置应有绝缘性能测试装置。

(5)阴极保护的系统寿命应不低于50年。

三、绝缘保护的功能

为了防止阴极保护电流流到与大地连接的非保护管道上，应对带有阴极保护的燃气管道系统进行电绝缘。电绝缘所起到的作用有：防止电流流失；减轻电偶腐蚀；减轻杂散电流干扰；避免不必要的干扰；控制电流方向。常用的电绝缘方法有绝缘法兰、整体型绝缘接头、绝缘短管。

1. 城镇燃气工程对绝缘设施的一般技术措施

(1)所有门站、调压站的进出口管道应设有绝缘隔离装置。绝缘隔离装置必须采用阻抗较高的一体式绝缘接头以隔离采用阴极保护的管网。不应使用绝缘法兰。

(2)中低压绝缘接口。

1)使用阴极保护的城镇燃气系统必须与其他地下管道及设备电绝缘，与没有阴极保护的城镇燃气系统连接时，应使用绝缘接口。

2)安装绝缘法兰可使两段管道之间电绝缘。两段管道内壁须涂上非传导性底油以防短路。在接合后应用适合的非传导性胶布包裹两面法兰的周围，将其间的空隙密封。

3)使用同一企业制造的绝缘接口或绝缘联轴节，或用一段聚乙烯管道将两段钢质管道电绝缘。

4)在安装绝缘接口完成后，应进行导电测试以确认其不导电。

(3)绝缘装置两侧都应设有预埋的电阻测试装置。

2. 绝缘连接的绝缘性能测试

(1)安装前的测试。对于组装好的绝缘法兰或整体型绝缘接头，在安装前要进行电绝缘性能测试，一般可采用兆欧表直接遥测其绝缘电阻值(图5-1)。要清除管内积水、袋水或水迹，这会影响测量精度。

(2)安装后的测试。常用的有电位差法和漏电率测试。当绝缘接头与管道管体焊接后，因两侧的管道均可视为接地，成为导通状态，所以不能再用兆欧表法遥测其电阻，可用电位差法来检测其性能，如图5-2所示。电位差法的测量步骤如下：

1)通电前先测出 a、b 两点的对地电位，分别为 V_{a1} 和 V_{b1}。

2)接通电源 E，并使点 b 电位达到保护电位值，再测 a、b 两点的对地电位，为 V_{a2} 和 V_{b2}。

3)分析数据，若 V_{a2} 值等于 V_{a1} 值，则说明绝缘接头性能良好；若 V_{a2} 值变负或接近，则说明绝缘接头性能不好；若 V_{a2} 值变正，则可考虑内部输送燃气导电的影响。

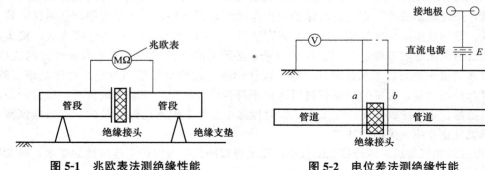

图5-1　兆欧表法测绝缘性能　　　　　图5-2　电位差法测绝缘性能

对于绝缘装置来讲，V_{a2} 值稍有变化应该是允许的，但允许值目前的研究尚无定论，主要是介质的影响、外覆盖层漏电的影响及测量误差等因素。

漏电率的测试：对于阴极保护管道，测量绝缘装置的漏电率可以有效检测出绝缘装置的绝缘性能，其原理如图 5-3 所示。

测试说明：先标定测试系数 $K=I_k/E_k$；然后计算漏电率百分数，即 $K\times E_m\times 100/I_m$ 电压电流法。该测量方法要求毫伏表两端的管道长度大于 1 m，且其间没有管道分支。

测量原理如图 5-4 所示。

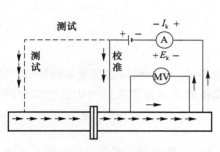

图 5-3　漏电率测试原理

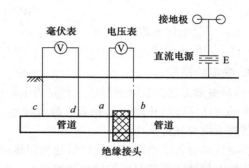

图 5-4　绝缘电阻测试原理

测量时依图接好线路，调节外加电流源 E，使 b 侧管道达到保护电位；用数字万用表测量 V_{ab}，用直流电位差计(UJ33 a)测量 V_{cd}；调节 E 的输出，再测 ΔV_{ab} 和 ΔV_{cd}，重复两次，取 3 组以上的平均值，作为测量结果；测量 L_{ab} 管长，精确到 0.01 m。按照公式 $R=\Delta V_{ab}\times \rho L\times L_{ab}/\Delta V_{cd}$ 计算。

在燃气行业，为保证绝缘接头有效，需要在燃气管道验收和日常的维护管理中对绝缘接头的绝缘情况和套管是否短路进行测试，随时可以判断阴极保护的效果，及时发现燃气管道因腐蚀产生的破损，提高运行安全性。

第二节　防静电、防雷电设施的维护

防静电、防雷电的技术标准有《建筑物防雷设计规范》(GB 50057—2010)、《爆炸危险环境电力装置设计规范》(GB 50058—2014)、《化工企业静电接地设计规程》(HG/T 20675—1990)、《城镇燃气防雷技术规范》(QX/T 109—2009)。

一、防静电

静电是绝缘物质上携带的相对静止的电荷。电阻率为 1 010～1 015 Ω·cm 时在绝缘材料上容易产生静电，静电为高电压(几千至几万伏)、小电流(微安数量级)，易放电发生静电火花。

1. 静电产生的原因

(1)物体间的摩擦、压电效应、感应起电、吸附带电都会产生静电，城镇燃气场站员工在运行操作过程中，设施器件间、人机间、人与人间、人体活动的物件间都会导致产生静电；人体静电放电对于进行城镇燃气易燃易爆的运行操作而言是一个事故之源。人体静电电容为 200 pF，对地电压为 2 000 V，则人体带静电能量为 0.4 mJ，远大于燃气点火能量。

(2)流体流动产生静电。流体(城镇燃气)内部总有一定数量的离子电荷载体或夹杂物的分子离子电荷载体，当流体在管道或设备内流动时，在流体固相、液相界面、截面、速度等发生变化处（阀门、三通、变径等），流体的导电率越小，沿管道输送的速度越快，与管壁、设备通道的接触面积越大，则管道内输送的流体的静电荷密度越大。流体在经过过滤器时，起电现象特别严重。

2. 静电放电

静电放电是导致爆炸灾害的直接、重要原因之一，若放电能量大于最小点火能量就会点燃可燃气体与空气的混合物。静电火花的放电能量可由下面公式计算：

$$W = CU^2/2 \tag{5-1}$$

式中　C——带电体电容；

　　　U——物体的静电点位。

3. 静电的防护

(1)静电泄漏法。静电泄漏法主要是为了防止静电积累。采用将设备接地和增加电介质表面导电率的方法可以防止静电的积累。静电接地，将设备的某部分用金属与大地作良好的连接，使设备静电电位接近大地。

静电接地分为静电跨接、直接接地和间接接地。

防静电接地装置常与保护接地装置接在一起，防静电接地电阻一般规定不大于 $100\ \Omega$。

接地电阻的大小取决于收集电荷速率和安全要求。

$$R < V_{max}/Q_f$$

式中　R——接地电阻(Ω)；

　　　V_{max}——最大安全电位(V)；

　　　Q_f——最大起点速率(mA)，最大为 10^{-4}，一般为 10^{-6}。

燃气管线阀门、法兰两端用铜线跨接，也是为了导走静电，防止静电积聚。在槽车装车、卸车等装置上设置多处接地；进入城镇燃气场站时，入口处的接地金属棒、防静电柱都是为了导走静电。城镇燃气场站内的储罐、汽化器、混合器、过滤器、调压器、计量器、管道等金属体跨接为一个连续的导电整体接地时，必须注意设施内部不得有与地绝缘的导体部件。

(2)静电消除法。即静电中和，在设备上安装静电中和器或隔离转移放电位装置是预防静电的有效措施。静电中和器是将带电材料进行电离，产生消除静电所必要的离子的装置。当带电物体的附近安装静电中和器时，静电消除器产生的与带电物体极性相反的离子便向带电物体移动，并与带电物体的电荷进行中和，从而达到消除静电的目的。目前，较为有效的静电中和器有自感应式静电中和器、外接电源式静电中和器、放射线式静电中和器、离子流静电中和器、组合式静电中和器。在城镇燃气设施场所安装静电中和器要注意选型和安装位置，并严格遵照产品的使用安装说明和设计要求。

(3)工艺控制法。工艺控制是指从工艺流程、设备结构、材料选择和操作管理上采取相应措施，用以限制静电的产生和积聚。为保证燃气输送过程的安全，应该控制其在管道中的流速，最大允许安全流速由下式计算：

$$v^2 d \leqslant 0.64 \tag{5-2}$$

式中　v——流速(m/s)；

　　　d——管径(mm)。

降低流速便降低了摩擦程度，可减少静电的产生。流体在管道中流动所产生的静电量，与流体流速的二次方成正比，所以，控制流速是减少静电电荷产生的一个有效办法。还包括安全操作的动作设计，在燃气场站，不穿脱衣服、鞋、靴及不进行剧烈活动；对燃气储存容器(LNG)设置静置时间和缓和时间；控制充装、卸气时间和速率等。

（4）人体静电的消除。人穿皮鞋在树脂砖或大理石上行走时，人体电位可达 1 000～1 500 V，穿化纤衣服与人造革摩擦（沙发、墙面等）可达 10 000 V，脱衣时的电位会有 5 000 V。可见人体静电的消除，对于燃气安全是重要的环节。可利用接地，穿防静电鞋、防静电工作服等具体措施，减少静电在人体上的积累。为确保安全操作，在工作中，尽量不做与人体带电有关的事情。如不接近或接触带电体，在工作场所不穿、脱工作服。在有静电的危险场所操作、巡检不得携带与工作无关的金属物品，如钥匙、硬币、手表、戒指等。

（5）工作环境要求。地面导静电，保持一定的湿度（如洒水），采用导静电地板；采用金属门、扶手、支架等接地；人员穿防静电服、手套和鞋；不穿钉鞋，不携带与工作无关的金属物件；不使用化纤材料的卫生清洁工具擦洗地面等。

二、防雷电

1. 雷电的产生及危害

雷电是自然界的静电放电现象。雷电危害分为直接雷击、感应雷击、雷电高电压波侵入和球形雷击等。其强大的电流（20～300 kA）、特高电能电压（亿伏级）、强烈的电磁辐射、极短的放电时间等物理效应能够在瞬间产生巨大的破坏作用，导致人员伤亡，击毁建筑物、电气系统，引发房屋建筑、运行和储存设施设备燃烧甚至爆炸，威胁人们的生命和财产安全。

燃气管道和设备遍及全国各地，许多地区雷暴日数很多，如果没有采取有效的防雷措施或防雷设施失效，一旦遭到雷击，发生事故的后果会特别严重。通常情况下，室内的燃气管道和设备受到建筑物防雷设施的保护，地下的燃气管道受到土层覆盖保护，受到直接雷击的可能性较小。而不在建筑物防雷设施保护范围内的室外露天的燃气管道（含放散管）、调压计量设备、储罐等设施等都可能成为雷电的最好通路，在运行过程中有遭受雷击的可能性，需要燃气运行企业在设计、施工和运行管理中予以特别关注。

2. 雷电的防护

直击雷的防护一般是用接闪杆针、接闪带、线、网作为避雷措施，通过良好的接地装置迅速而安全地将它送回大地。而感应雷的防护则比较复杂，要从电源防雷、信号系统防雷、等电位连接、金属屏蔽及重复接地等方面考虑。

燃气场站内防雷等级应符合现行的国家标准《建筑物防雷设计规范》（GB 50057—2010）的第二类设计规定。燃气场站的静电接地设计应符合现行标准《化工企业静电接地设计规程》（HG/T 20675—1990）的规定。设于空旷地带的站应单独设置避雷装置，其接地电阻值应小于 10 Ω。主要设备装置宜置于站址的中央，并应根据《爆炸危险环境电力装置设计规范》（GB 50058—2014）对站的设计列出危险区域，确定所有 0 区、1 区、2 区危险区的范围。站内所采用的组件或仪器、电力装置设计必须符合现行国家标准《爆炸危险环境电力装置设计规范》（GB 50058—2014）的有关危险区 2 的设计规定。站区内储气罐、罐区、露天工艺装置及建（构）筑物之间的间距应符合防雷安全距离的要求。

电气和电子系统设备所在建筑物，应根据《建筑物防雷设计规范》（GB 50057—2010）的要求进行防直击雷设计。场站建筑物内的配电系统电源防雷应采用一体化防护；与电源防雷一样，城镇燃气企业通信网络的防雷主要采用通信避雷器措施。计算机网络系统有电话线、专线、X.25、DDN 和中继等，通信网络设备主要有 MODEM、DTU、路由器和远程中断控制器等。要根据通信线路的类型、频带、线路电平等选择避雷措施，将通信防护雷击器串联在通信线路上。等电位连接的目的在于减小需要防雷的空间内各金属部件和各系统之间的电位差，防止雷电反击。将机房内的主机金属外壳、UPS 及电池箱金属外壳、金属地板框架、金属门框架、设施管路、电缆桥架、铝合金窗等电位连接，并以最短的线路连到最近的等电位连接带或其他已作等电位连接的金属物上，且各导电物之间尽量附加多次相互连接。在做好以上措施的基础上，还应采用有效屏蔽、重复接地等办法，避免架空导线直接进入建筑物楼内和机房设备，尽可能埋地缆进入，并用金属导管屏蔽，屏蔽金属管在进入建筑物或机房前重复接地，最大限度地衰减从各种导线上引入的雷电高电压。

在城镇燃气场站等危险区域使用的自控系统应该是防雷和防爆技术相结合的。这些场所的防爆措施也应选择本安型设备设施，场站中带有集成芯片和电路的各种变送器、阀门定位器、接近开关、指示器和报警器等设备，需要安装现场型浪涌保护器。采用质量可靠的浪涌保护器，保护设备免受高压浪涌信号的干扰和破坏，延长设备使用寿命，且不会降低供气系统的可靠性。加装浪涌保护器后，浪涌保护器常损坏，可能是接地系统有问题或浪涌保护器的配置电压过低、泄放电流的能力太低。防静电接地和保护接地其实属于同一概念的接地，IEC 364-5-548-1996、IEEE STD 1100-1992 和 IEC61312-1-1995 标准中规定：本安系统接地、防雷接地、防静电接地和保护接地不建议独立、分开设置接地装置，需要采用等电位接地处理(图 5-5)。

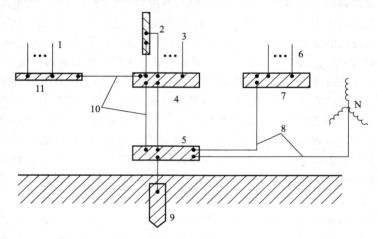

图 5-5　几种接地的系统示意

1—接地线；2、11—本安汇流排；3、6、8、10—接地干线；
4—工作接地汇总板；5—总接地板；7—保护接地汇总板；9—接地极

3. 防雷设施要注意的常见问题

(1)现场仪表至控制室连接电缆宜采用双绞屏蔽电缆，置于金属保护管或封闭电缆槽中，保护管及电缆槽应与就近保护接地网有效连接。

(2)引下线的数量和间距要符合现场设施的要求。要避免电缆槽和防雷带的引下线近距离并行排布。

(3)控制系统、变送器等应采取等电位接地。

(4)SPD 的安装位置尽可能靠近被保护仪表设备。

(5)放散装置要单独接地。

(6)城市燃气的防雷设计、雷电灾害风险评估应依据国家和地方的相关法规、规章和防雷技术标准。

1)城镇燃气防雷工程应根据其施工进度适时进行跟踪监测，投入使用后应定期检测。因为防雷工程大多是隐蔽工程，如不进行跟踪检测极易埋下安全隐患。

2)城镇燃气经营企业应做好防雷装置日常检查、维护与维修。防雷装置投入使用后，随着时间的推移，防雷器件必然遭受大气、土壤腐蚀和遭受雷击，防雷性能将会受到影响。维护工作分为周期性维护和日常性维护两类，根据防雷器件的重要性和运行规律开展维护。一个值得注意的重要内容是接地、引下线的连接方式、材料、锈蚀和截面积等往往在运行过程中，由于自行更换或其他设施维护造成不符合要求。

3)《防雷减灾管理办法》第二十五条规定："遭受雷电灾害的组织和个人，应当及时向当地气象主管机构报告，并协助当地气象主管机构对雷电灾害进行调查和鉴定。"因此，城镇燃气经营企业如发生雷电灾害事故，应及时向当地有关主管机构报告，协助做好雷电灾害调查工作，并及时排除隐患，进行整改。

4)在储罐区内架设独立的接闪装置应将被保护物置于雷电防护区内。此条款为强制性条款，强调要仔细核算需要设立独立接闪杆、接闪线(网)的保护范围，使被保护物处于该保护范围内，但要注意的是并非一律要求设立独立的避雷措施。

5)钢储罐必须做防雷接地，接地点沿储罐周长的间距不应大于 30 m，且接地点不应少于两处。

6)罐区内储罐顶法兰盘等金属构件应与罐体可靠电气连接，不少于 5 根螺栓连接的法兰盘在非腐蚀环境下可不跨接。放散塔顶的金属构件也应与放散塔可靠电气连接。很多城市的储罐区螺栓腐蚀一般都比较严重，要从严掌握。

7)防冲击接地电阻值不大于 10 Ω。不同地区的燃气场站(城区、空旷地带、高纬度、高雷暴日数、采用高架遥测天线等)应针对性地考虑防雷击措施。

8)当调压站内、外燃气金属管道为绝缘连接时，调压装置必须接地，接地电阻应小于 10 Ω。

9)架空敷设的金属燃气管道的始端、末端、分支处以及直线段每隔 200~300 m 处，应设置接地装置，其冲击接地电阻不应大于 30 Ω，接地点应设置在固定管墩(架)处。

10)进出建筑物的燃气管道的进出口处，室外的屋面管、立面管、放散管、引入管和燃气设备等处均应有防雷(静电)接地装置。《城镇燃气设计规范(2020 年版)》(GB 50028—2006)中有对此条的表述，但较笼统，而《石油库设计规范》(GB 50074—2014)提出了更为具体的要求。

11)燃气管道不应翻越屋面敷设公共配气管(立管)，有些燃气设施的放散管、排烟管、锅炉、直燃机、分布式能源等布置在顶层屋外时：

①应设置在接闪器保护范围之内，并远离建筑物屋檐、屋角、屋脊等雷击率较高的部位。

②屋面放散管和排烟管处应加装阻火器，并就近与屋面防雷装置可靠电气连接。

③为了防止雷电波沿着燃气金属管道从户外进入室内，当燃气金属管道由 LPZ0 区进入 LPZ1 区时，应设绝缘法兰或钢塑接头，绝缘法兰或钢塑接头两端的管道应分别接地，接地电阻不应大于 10 Ω。在《等电位联结安装》(15D502)中对燃气管道安装绝缘段提出了明确要求。

12)防止雷电波沿着燃气金属管道从户外进入室内，沿外墙竖直敷设的燃气金属管道的防雷、绝缘、接地应结合安装实际和周边环境条件与建筑物一并考虑。

13)当燃气金属管道螺纹连接的弯头、阀门、法兰盘等连接处的过渡电阻不大于 0.03 Ω 和不少于 5 颗螺栓连接的法兰可不跨接。

14)城镇燃气系统的低压配电线路宜全线采用金属铠装电缆或护套电缆穿钢管埋地敷设，在各防雷分区交界处应将电缆的金属外皮或外套钢管接到等电位连接带上。

(7)城镇燃气场站设施接地、引下线布置应避免在雷击时，较大的雷电流形成跨步电压、高电压降的触电危害。接地装置与设施通道，建、构筑物出入口不应小于 3 m。如达不到要求，要考虑均压措施。

第三节 调压器的维护

调压器是燃气输配系统的重要设备，其作用是将较高的入口压力调至较低的出口压力，并随着燃气需用量的变化自动地保持其出口压力的稳定。

一、调压器工作原理及构造

调压器一般均由感应装置和调节机构组成。感应装置的主要部分是敏感元件（薄膜、导压管等），出口压力的任何变化均通过薄膜使节流阀移动。调节机构是各种形式的节流阀。敏感元件和调节机构之间用执行机构相连。图 5-6 所示为调压器工作原理图。图中 P_1 为调压器进口压力，P_2 为调压器设定的出口压力，则

$$N = P_2 F_a \tag{5-3}$$

式中 N——燃气作用在薄膜上的力（N）；

F_a——薄膜有效表面积（m^2）。

当燃气作用在薄膜上的力与薄膜上方重块（或弹簧）向下的重力相等时，阀门开启程度不变。当出口处的用气量增加或进口压力降低时，燃气出口压力下降，造成薄膜上、下压力不平衡，此时，薄膜下降，阀门开大，燃气流量增加，使压力恢复平衡状态。反之，当出口处用气量减少或入口压力增大时，燃气出口压力升高，此时，薄膜上升，使阀门关小，燃气流量减少，又逐渐使出口压力恢复至原来状态。可见，无论用气量和入口压力如何变化，调压器总能自动保持稳定的供气压力。

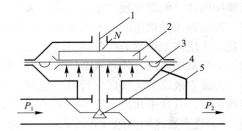

图 5-6 调压器工作原理图
1—气孔；2—重块；3—薄膜；4—阀；5—导压管

二、调压器的种类

（一）直接作用式调压器

直接作用式调压器只依靠敏感元件（薄膜）所感受的出口压力的变化移动阀门进行调节，不需要消耗外部能源。敏感元件就是传动装置的受力元件。

常用的直接作用式调压器有液化石油气调压器、用户调压器及各类低压调压器。

1. 液化石油气调压器

目前采用的液化石油气调压器安装在液化石油气钢瓶的角阀上，流量为 $0\sim0.6\ m^3/h$。其构造如图 5-7 所示。

调压器的进口接头由手轮旋入角阀，压紧于钢瓶出口上，出口用胶管与燃具连接。当用气量增加时，调压器出口压力就降低，作用在薄膜上的压力也就相应降低，横轴在弹簧与薄膜作用下开大阀口，使进气量增加，经过一定时间，压力重新稳定在给定值。当用气量减少时，调压器薄膜及调节阀门动作与上述相反。当需要改变出口压力设定值时，可调节调压器上部的调节螺钉。

这种弹簧薄膜结构的调压器，随着流量增加、弹簧增长、弹簧力减弱，给定值降低；同时，

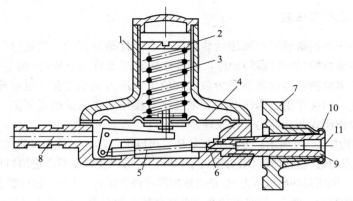

图 5-7　液化石油气调压器

1—壳体；2—调节螺钉；3—调节弹簧；4—薄膜；5—横轴；6—阀口；

7—手轮；8—出口；9—进口；10—胶圈；11—滤网

随着流量增加，薄膜挠度减小，有效面积增加。气流直接冲击在薄膜上，将抵消一部分弹簧力。所以，这些因素都会使调压器随着流量的增加而使出口压力降低。

液化石油气调压器是将高压的液化石油气调节至低压供用户使用，故为高低压调压器。

2. 用户调压器

用户调压器可以直接与中压管道相连，燃气减至低压后送入用户，可用于集体食堂、小型工业用户等。其构造如图 5-8 所示。

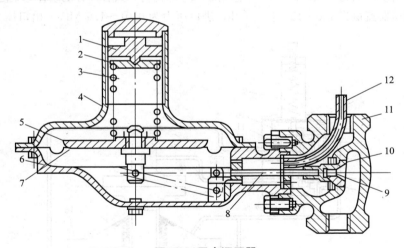

图 5-8　用户调压器

1—调节螺钉；2—定位压板；3—弹簧；4—上体；5—托盘；6—下体；

7—薄膜；8—横轴；9—阀垫；10—阀座；11—阀体；12—导压管

用户调压器具有体积小、质量轻、性能可靠和安装方便等优点。由于通过调节阀门的气流不直接冲击到薄膜上，因此，改善了由此引起的出口压力低于设计理论值的缺点。另外，由于增加了薄膜上托盘的质量，则减少了弹簧力变化对出口压力的影响。导压管引入点置于调压器出口管流速最大处。当出口流量增加时，该处动压头增大而静压头减小，使阀门有进一步开大的趋势，能够抵消由于流量增大弹簧推力降低和薄膜有效面积增大而造成的出口压力降低的现象。

(二)间接作用式调压器

间接作用式调压器的敏感元件和传动装置的受力元件是分开的。当敏感元件感受到出口压力的变化后，使操纵机构(如指挥器)动作，接通外部能源或被调介质(压缩空气或燃气)，使调压阀门动作。由于多数指挥器能将所受力放大，故出口压力微小变化，也可导致主调压器的调节阀门动作，因此，间接作用式调压器的灵敏度比直接作用式的灵敏度要高。下面以轴流式调压器为例介绍间接作用式调压器的工作原理。

这种调压器结构如图5-9所示。进口压力为P_1，出口压力为P_2，进出口流线是直线，故称为轴流式。轴流式的优点为燃气通过阀口阻力损失小，所以，可以使调压器在进出口压力差较低的情况下通过较大的流量。调压器的出口压力P_2是由指挥器的调节螺丝8给定。稳压器13的作用是消除进口压力变化对调压的影响，使P_4始终保持在一个变化较小的范围。P_4的大小取决于弹簧7和出口压力P_2，通常比P_2大0.05 MPa，稳压器内的过滤器主要防止指挥器流孔阻塞，避免操作故障。

在平衡状态时，主调压器弹簧17和出口压力P_2与调节压力P_3平衡，因此$P_3 > P_2$，指挥器内由阀5流进的流量与指挥器阀4和校准孔11流出的流量相等。

当用气量减少，P_2增加时，指挥器阀室10内的压力P_2增加，破坏了与指挥器弹簧的平衡，使指挥器薄膜2带动阀柱1上升。借助阀杆3的作用，指挥器阀4开大，指挥器阀5关小，使指挥器阀5流进的流量小于指挥器阀4和校准孔11流出的流量，使P_3降低，主调压器薄膜上、下压力失去平衡。主调压器阀向下移动，关小阀门，使通过调压器的流量减小，因此使P_2下降。如果P_2增加较快时，指挥器薄膜上升速度也较快，使排气阀12打开，加快了降低P_3的速度，使主调压器阀尽快关小甚至完全关闭。当用气量增加，P_2降低时，其各部分的动作与上述相反。

该系列调压器流量为$160 \sim 15 \times 10^4$ m³/h，进口压力为0.01～1.6 MPa，出口压力为500 Pa～0.8 MPa。

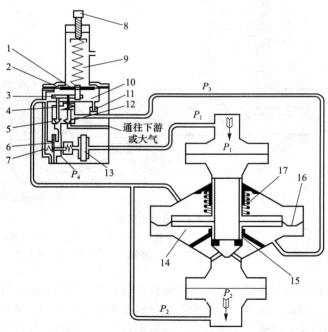

图5-9　轴流式间接作用调压器

1—阀柱；2—指挥器薄膜；3—阀杆；4、5—指挥器阀；6—皮膜；7—弹簧；8—调节螺丝；
9—指挥器弹簧；10—指挥器阀室；11—校准孔；12—排气阀；13—带过滤器的稳压器；
14—主调压器阀室；15—主调压器阀；16—主调压器薄膜；17—主调压器弹簧

三、调压器的选择

(一)选择调压器应考虑的因素

1. 流量

通过调压器的流量是选择调压器的重要参数之一，所选择调压器的尺寸既要满足最大进口压力时通过最小流量，又要满足最小进口压力时通过最大流量。当出口压力超出工作范围时，调节阀应能自动关闭。若调压器尺寸选择过大，在最小流量下工作时，调节阀几乎处于关闭状态，则会产生颤动、脉动及不稳定的气流。实际上，为了保证调节阀出口压力的稳定，调节阀不应在小于最大流量的10%情况下工作，一般在最大流量的20%~80%使用为宜。

2. 燃气种类

燃气的种类影响所选用调压器的类型与制造材料。

由于燃气中的杂质具有一定的腐蚀作用，故选用调压器的阀体宜为灰铸铁等耐腐蚀材料，阀座宜为不锈钢、薄膜、阀垫及其他橡胶部件宜采用耐腐蚀的腈基橡胶，并用合成纤维加强。

3. 调压器进、出口压力

进口压力影响所选调压器的类型和尺寸。调压装置必须承受压力的作用，并使高速燃气引起的磨损达到最小。要求的出口压力值决定了调节器薄膜的尺寸，薄膜越大对压力变化的反应越灵敏。

当进、出口压力降太大时，可以采用串联两个调压器的方式进行调压。

4. 调节精度

在选择调压器时，应采用满足所需调节精度的调压装置。调节精度是以出口压力的稳压精度来衡量的，即调压器出口压力偏离额定值的偏差与额定出口压力的比值。稳压精度值一般为±5%~±15%。

5. 阀座形式

在压差作用下，调节阀需经常启闭。当需完全切断燃气流时，应选用柔性阀座为宜。而在高压气流作用下，选用硬性阀座可以减少高速气流引起的磨损，但噪声较大。

6. 连接方式

调压器与管道连接可以用标准螺纹或法兰连接。

(二)选择方法

在实际应用中，常按产品样本来选择调压器。产品样本中给出的调压器通过能力，是按某种气体(如空气)在一定进、出口压力降和气体密度下实验得出的，在使用时要根据调压器给定的参数进行换算。

如果产品样本中给出的试验调压器时所用的参数流量 Q'_0(m³/h)、压降 $\Delta P'$、出口压力 P'_2(绝对压力)、气体密度 ρ'_0(kg/m³)，则换算公式有如下形式：

(1)亚临界状态($P_2/P_1 > v_0$)：

$$Q_0 = Q'_0 \sqrt{\frac{\Delta P P_2 \rho'_0}{\Delta P' P'_2 \rho_0}} \tag{5-4}$$

(2)临界状态($P_2/P_1 \leqslant v_0$)：

$$Q'_0 = 0.5 Q'_0 P_1 \sqrt{\frac{\rho'_0}{\rho'_0 \Delta P' P'_2}} \tag{5-5}$$

式中　Q_0——调压器实际通过最大能力（m^3/h）；

　　　ΔP——调压器实际压降（Pa）；

　　　ρ_0——燃气实际密度（kg/m^3）；

　　　P_1——调压器入口燃气绝对压力（Pa）；

　　　P_2——调压器出口燃气绝对压力（Pa）；

　　　v_0——临界压力比。

　　按上述公式计算所得调压器的通过能力，是在可能的最小压降和阀门完全开启条件下的最大流量。在实际运行中，调压器阀门不宜处于完全开启状态下工作，因此选用调压器时，调压器的最大流量与调压器的计算流量（额定流量）有如下关系：

$$Q_0^{max}=(1.15\sim1.2)Q_P \tag{5-6}$$

式中　Q_0^{max}——调压器的最大流量（m^3/h）；

　　　Q_P——调压器的计算流量（m^3/h）。

　　为保证调压器在最佳工况下工作，调压器的计算流量，应按该调压器所承担的管网计算流量的1.2倍确定。调压器的压降，应根据调压器前燃气管道的最低压力与调压器后燃气管道需要的压力差值确定。

四、调压装置及附属设备

（一）调压装置及其分类

　　调压装置就是以调压器为主并将其必需的阀门、过滤器、安全装置、测量仪表、旁通管和计量设备等安装配置连接成一个整体的压力调节与控制的系统。

　　调压装置是城镇燃气输配系统中重要组成部分，可以按在输配系统中的位置与作用、装置围护构造、建筑形式，压力调节范围等进行分类。

1. 按在输配系统中的位置与作用分类

　　（1）站、场调压装置。站、场调压装置是指气源、门站、储配站、配气站、汽化站、混气站、加气站等的调压系统。它是根据站、场的工艺需要进行设计与建造的。一般站、场等调压装置的进、出口压力较高，并根据条件与要求可露天设置也可设在室内。站、场调压装置一般均设有计量设备，以便对进出站、场的燃气进行计量。

　　（2）网路调压装置。网路调压装置是指在输配系统中的各级管网上为改变压力所设置的调压系统。其进出口压力由输配系统的压力级制确定。网路调压装置一般均设在专用建筑物内。在网路调压装置中一般不需设置计量设备，网路调压装置又可分为网路连接调压装置与区域调压装置。

　　1）网路连接调压装置。燃气输配系统中管网的压力级制是三级或以上时，调压装置出口压力为中压以上、其管网不直接与大量用户相连接的网路调压装置。

　　2）区域调压装置。输配系统中调压装置出口压力为低压、其管网直接与大量用户相连接的网路调压装置。区域调压装置在一定区域范围内向用户供气。

　　（3）专用调压装置。专用调压装置是城镇燃气输配系统直接向工业用户或大型商业用户单独供气的调压系统。专用调压装置应设计量设备。根据进口压力大小与环境条件可设在露天、单独、单层建筑物内、用气建筑物毗连单层建筑物内、单独、单层建筑生产车间内、用气建筑物顶层内和屋顶平台上。专用调压装置也可根据规模大小设在调压柜或调压箱内。

　　（4）用户调压装置。用户调压装置是用以供应一户或一栋（或数栋）住宅居民用户使用的调压系统。供应一户的调压装置一般设置在燃气用具处，其进口管段的压力相对较高，并敷设在室内，因此，应采取必要的安全措施，保证安全运行。供应一栋(或数栋)住宅用户的调压装置，一般设置在庭院或悬挂在楼栋建筑物外墙上的金属箱内。

2. 按调压装置围护构造分类

(1)露天调压装置。当自然条件和周围环境许可时，站、场调压装置和设在用气建筑物屋顶平台的专用调压装置可采用露天敷设，称为露天调压装置。在其周围应设置护栏或围墙。

(2)调压站。设于单独建筑物内的网路调压装置与专用调压装置称为网路调压站与专用调压站。

(3)调压柜。设于预制的柜式围护结构内的调压装置称调压柜。一般网路调压站与专用调压站可采用调压柜形式。

(4)调压箱。设于金属箱内的调压装置称调压箱。用户调压装置中供应一栋(或数栋)住宅用户的调压装置均采用调压箱。专用调压装置也可采用调压箱形式。

3. 按压力调节范围分类

与按进、出口压力对调压器分类一样，调压站按压力调节范围分为以下几种。

(1)高—高调压站。燃气进口压力与额定出口压力均为高压时的调压站。一般在站、场调压装置与网路连接调压站时可为高—高调压站。

(2)高—中调压站。燃气进口压力为高压，额定出口压力为中压的调压站。用于站场调压装置与网路连接调压站。

(3)高—低调压站。燃气进口压力为高压，额定出口压力为低压的调压站，用于区域调压站。

(4)中—中调压站。燃气进口压力与额定出口压力均为中压的调压站，用于网路连接调压站。

(5)中—低调压站。燃气进口压力为中压，额定出口压力为低压的调压站，用于区域调压站。

(6)低—低调压站。燃气进口压力与额定出口压力均为低压的调压站，用于区域调压站与用户调压装置。

4. 按建筑形式分类

(1)地上调压装置。为保证调压装置安全运行和便于操作管理，调压装置一般均设于地上。

(2)地下调压装置。当在地上建设调压装置受到限制，且进口压力小于 0.4 MPa 时，可考虑采用地下调压装置。但由于地下调压装置检修操作不便并容易发生安全事故，因此，只有在建设地上调压装置十分困难时才会采用。

(二)调压装置的附属设备

调压装置除调压器外，还包括下列辅助设备。

1. 阀门

为了检修调压器、过滤器及停用调压器时切断气源，在每台调压器进出口处必须设置阀门。高—高调压站与高—中调压站的旁通管上一般设置双阀门，以保证旁通严密不渗漏，而中—低调压站、低—低调压站的旁通管上可只设置一个阀门。

2. 过滤器

人工燃气和天然气含有各种杂质，在管道输送过程中也会有铁锈等灰尘产生，易使管道、阀门、调压器等堵塞。为了清除这些杂质，保证调压器的正常运行，应在调压装置内的调压器前安装过滤器(或分离器)。所选的过滤器应结构简单，使用可靠，过滤效率高，气体通过时压降小，这样就不用经常更换或清洗其部件，减少维修工作量。常用的过滤器有重力式分离器、离心式旋风分离器及气体管道过滤器。

重力式分离器分立式和卧式两种，由分离、沉降、捕雾、沉淀四部分组成。工作时，气体切向进入分离器，靠离心力及急剧改变气流方向的作用使微粒初步得到分离，微粒靠重力沉降，再由捕集器捕集更小的尘粒。收集到的固体、液体由排污孔与液体出口排出。重力分离器一般只能分离粒径大于 20～30 μm 的颗粒。立式重力式分离器的构造如图 5-10 所示。

旋风分离器处理能力大、分离效率高，结构简单，是我国油气集输上用得最广泛的设备，分离粒径可至 10 μm，含尘气体进入旋风分离器后，在旋转过程中形成离心力，悬浮在气流中的固（液）体微粒，在离心力和重力作用下向下运动，由排污口排出，气体向上旋转，由出口管道逸出，其构造如图 5-11 所示。

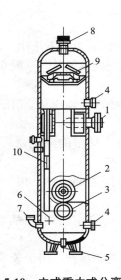

图 5-10　立式重力式分离器

1—进气管；2—自动排液器接管；3—人孔；
4—液面计接管；5—排污孔；6—液体出口；
7—遥测液面计接管；8—气体出口；
9—捕集器；10—泄漏管

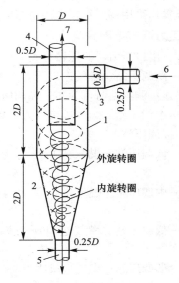

图 5-11　旋风分离器

1—圆筒体；2—圆锥体；3—进气管；
4—出气管；5—排污管；6—气体入口；7—气体出口

在砌体管道过滤器中，所使用过滤介质种类很多，通常有马鬃、长玻璃丝、瓷环、金属丝网、泡沫塑料等，国外还采用海绵状醋酸乙烯板等材料。气体管道过滤器的构造如图 5-12 所示。

在长距离的天然气输气干管上，宜采用重力式及旋风分离器。允许压降较大时，可选用旋风式；允许压降较小时，可选用重力式。

天然气门站及城镇环网系统中的各级调压站，当进口压力小于 1.2 MPa 时，均选用气体管道过滤器。对净化要求高而一般分离器达不到净化要求时，也常用气体管道过滤器。

在选定过滤器型号及管径后，应校核其压力损失是否超过允许数值。输送压力超过 0.3 MPa 时，常用圆筒形管道过滤器，允许压力降一般为 0.01 MPa。输送压力低于 0.3 MPa 时，常用扁形管道

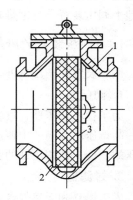

图 5-12　管道过滤器

1—外壳；2—夹圈；3—填料

过滤器，允许压力降一般为 0.005 MPa。在过滤器前后应安装压力表。运行时可根据过滤器前后压力降的数值，判断过滤器堵塞情况。高压燃气通过过滤器的压力降不得超过 0.01 MPa，压力降过大时，应及时清洗过滤器。

3. 安全装置

由于调压器或指挥器的薄膜破裂、阀口关闭不严、弹簧故障、阀杆卡住等原因，会使调压器失去自动调节及降压能力。这样，高、中压燃气就会未经调压由进口直接流向出口，造成调压器后的中、低压燃气系统超压。如低压系统超压就会冲坏燃气表，发生管道、设备漏气或引起燃具不完全燃烧，直接危及用户的安全。因此，调压站必须设置安全装置，以保证城镇燃气系统安全运行。

调压装置一般采用安全阀、安全切断阀、并联监视器装置、串联监视器装置等安全措施。

(1)安全阀。安全阀设在调压器出口，当出口压力超过规定值时，安全阀启动，将一定量燃气排入大气中，使出口压力恢复到允许压力范围内，并保持不间断地供气。

安全阀分为重块式、弹簧式和水封式，分别如图 5-13~图 5-15 所示。

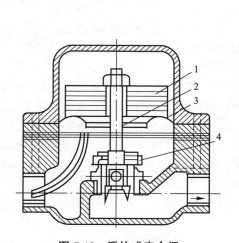

图 5-13　重块式安全阀

1—重块；2—主轴；3—薄膜；4—阀瓣

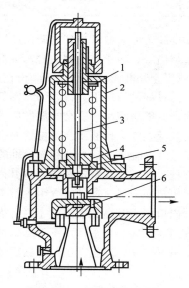

图 5-14　弹簧式安全阀

1—弹簧压盖；2—弹簧罩；3—阀杆；
4—弹簧；5—弹簧座；6—阀瓣

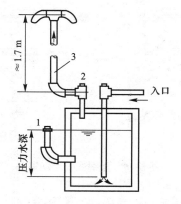

图 5-15　水封式安全阀

1—管塞(检查水位用)；2—管塞(检查有无燃气放散用)；3—放散管

弹簧式安全阀可分为封闭式和开放式两种。

1)封闭式安全阀是将排除的介质全部沿着出口排泄到指定的地方而不随地放散。人工燃气及天然气宜采用封闭式弹簧安全阀。

2)弹簧式安全阀和重块式安全阀的工作原理基本相同。当压力上升超过弹簧或重块作用力时,阀门即开启,燃气经放散管排出,以达到系统泄压的目的。放散压力取决于弹簧调节螺钉的拧紧程度(或重块质量),有时安全阀因生锈等原因而失灵,因此,要注意做日常维护工作。

水封式安全阀构造简单,被广泛使用。当超压时,燃气即冲破水封放散到大气中。采用水封式安全阀时,随时要注意液位的变化;在寒冷季节,调压站内应采暖或在水封内注入防冻液。水封的放散压力应根据调压器出口压力确定,其值可参考表5-1。

表 5-1 水封放散压力值

调压器出口压力/MPa	水封放散压力/MPa	调压器出口压力/MPa	水封放散压力/MPa
0.001	0.001 5	0.002	0.003
0.001 4	0.002 1	0.005	0.006 5

安全装置的放散管应高出调压站屋顶1.0 m,并应注意周围建筑物的高度、距离及风向,并采取适当措施,防止燃气放散时发生危险。

(2)安全切断阀。安全切断阀设在调压器进口,是一种带自动控制的切断阀,用以在调压器出口压力过高的情况下,自动切断燃气。其切断压力应低于燃气表安全工作压力和灶具安全工作压力,一般应略小于安全阀放散压力。安全切断阀有重锤式与弹簧式两种。

1)重锤式安全切断阀。重锤式安全切断阀如图5-16所示,切断阀圆盘1可沿着垂直方向上下移动,并与轴上的插头2相连,轴的外端有带重块的杠杆8。在将阀门装在工作位置时,人工提起杠杆,并用杠杆锚定螺栓4将其固定在上部。薄膜杆7安装在切断阀的上部。需要控制的调压器出口压力经过连通管5引入膜下空间。由于调压器出口压力的波动,将使薄膜上下移动,当由于出口压力升高到极限状态时,横杆13与销钉脱开并下降打击在杠杆8上,锚定螺栓4松开,阀门在重块和自重作用下下降,切断燃气通道。

重锤式安全切断阀在阀门重新启动前要中断燃气供应且需人工重新复位。

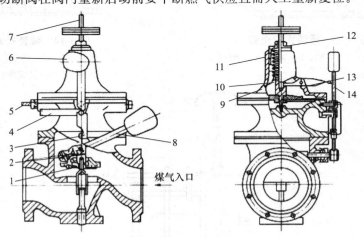

图 5-16 重锤式安全切断阀

1—圆盘;2—插头;3—锚杆;4—锚定螺栓;5—连通管;6—锤;7—薄膜杆;8—带重块的杠杆;
9—螺母;10—弹簧盘;11—弹簧;12—调节套筒;13—横杆;14—锤销子

2)弹簧式安全切断阀。弹簧式安全切断阀如图 5-17 所示。

正常情况下，阀口打开，当压力上升且超过规定压力时，薄膜带动切断杆 17 上升，止动杆 10 脱钩，此时，在切断弹簧 7 的作用下阀口 3 关闭。当管内压力恢复正常时，拉止动杆 10，并按下复位螺钉 B_b，即可使切断阀恢复开启状态。

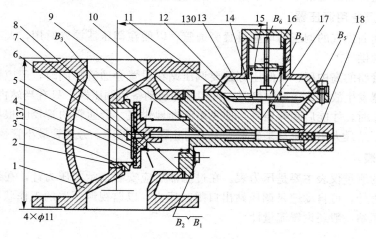

图 5-17　弹簧式安全关断阀

1—阀体；2—矩形密封圈；3—阀圈；4—压板；5—活门垫片；6—切断活门；7—切断弹簧(a)；
8—O 形密封圈；9—切断阀下体；10—止动杆；11—切断阀上体；12—托盘；13—切断皮膜；
14—切断弹簧(b)；15—弹簧压帽；16—顶盖；17—切断杆；18—丝堵

(3)并联监视器装置。所谓并联监视器装置实际是两个调压器并联形式的工作方式。如图 5-18 所示。这种并联形式工作时，一个调压器正常工作，另一个关闭备用。当正常工作的调压器出故障时，另一个自动启动，开始工作。

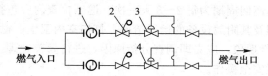

图 5-18　调压器的并联装置

1—过滤器；2—安全切断阀；3—正常工作的调压器；4—备用调压器

正常工作的调压器出口压力略大于备用调压器的出口压力，所以，备用调压器呈关闭状态。当正常工作的调压器因故障使出口压力增加到超过允许范围时，其线路上的安全阀关闭，致使出口压力下降，当下降到备用调压器给定的出口压力时，备用调压器自行启动正常供气。备用线路上的安全阀的动作压力应略高于正常工作线路上的安全阀的动作压力。两条线路的工作状态可每半年交换一次。

(4)串联监视器装置。串联监视器装置实际是两个调压器串联形式的工作方式。如图 5-19 所示。

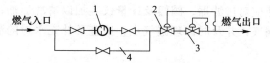

图 5-19　监视器装置图

1—过滤器；2—备用调压器；3—正常工作调压器；4—旁通管

作为监视器的备用调压器 2 给定的出口压力略高于正常工作调压器 3 的出口压力，因此，正常工作时监视器的调节阀是全开的。当正常工作调压器 3 失灵，出口压力上升达到监视器给定的出口压力时，作为监视器的备用调压器 2 投入运行。监视器也可以放在正常工作调压器的下游，但这时监视器的规格不得小于正常工作调压器。

4. 旁通管及备用调压器

凡不允许间断供气的调压站均应设置旁通管，以便在调压器检修时用，人工操纵旁通管阀门，以保持正常供气。

厂(站)及管路的高中压、中低压等重要调压站在设置旁通管的同时，还应设置备用调压器管路。当调压器发生故障或定期维修时，可切换并启动备用调压器。只有当站内设备发生故障，又不能切换操作时，才能启动旁通管，使之不间断地供气。旁通管的管径应根据该调压站最低进口压力和调压站最大出口流量来确定。为了防止噪声和振动，旁通管最小管径不小于 Dg50。

5. 测量仪表

调压装置的测量仪表主要是压力表。在过滤器后应安装指示式压力计，在调压器出口安装自动记录式压力计，可自动记录调压站出口瞬时压力，以监视调压器的工作状况。厂、站调压装置及用户调压站一般还设置流量计。

五、调压装置安全维护管理

无论管网负荷或进口压力如何变化，调压装置均能保持稳定的出口压力，以保证燃气输配系统安全、正常地运转。因此，调压站的安全维护管理工作十分重要。调压站的维护管理工作分为巡回检查及定期检修两部分。

(一)巡回检查

对于门站、储配站中的调压装置和高—中调压站每天须巡回检查一次；对于中—调压站，根据其负荷大小一般取其巡回周期为每 2～3 天一次。巡回检查内容包括：更换自动压力记录纸及添加墨水；检查调压器及其附属设备的运行情况；打扫室内卫生；检查水封的液位及加液(水或不冻液)等。如发现异常现象，应立即调查分析原因，进行妥善处理。巡回检查时至少要有两名以上熟练工人，并注意安全操作。

(二)定期检修

调压器除在运转失灵时需要修理外，应建立定期检修制度。门站、储配站中的调压室与高—中调压站及负荷大的区域调压站须每 3 个月检修一次；中—低调压站一般每半年检修一次。

调压站要检修的主要设备是调压器，其内容有：拆卸清洗调压器、指挥器、排气阀的内腔及阀门；擦洗阀杆和研磨已磨损的阀口；更换失去弹性或漏气的薄膜；更换阀垫和密封垫；更换已疲劳失效的弹簧；吹洗指挥器的信号管；疏通通气孔；更换变形的传动零件；加润滑油使之动作灵活；最后组装好调压器。检修完的调压器应按规定的关闭压力值调试，以保证调压器自动关闭严密。投入运行后，调压器出口压力波动范围应不超过 ±8% 为检修合格。

除检修调压器外，还应对过滤器、阀门及计量仪表加以清洗加油；更换损坏的阀垫；检查各法兰、丝扣接头有无漏气，并及时修理漏气点；检查及补充水封的油质和油位；最后进行设备及管道的除锈刷漆。

进行定期检修时，必须有两名以上熟练的操作工人，严格遵守安全操作规程，按预先制定且经过上级批准的检修方案执行。操作时，要打开调压站的门、窗，保证室内空气中燃气浓度低于爆炸极限。

调压站的房屋建筑及其附属设备也应安排维修检查。

第四节　燃气预热系统维护

管道中输送的燃气在经过降压后或某些变径节流环节之后，温度必然有所降低，特别是秋、冬季节燃气受环境影响，本身温度较低，调压降温之后管道内部气体温度常常低于 0 ℃，使得设施设备如调压器、切断阀附近管道结霜(冰)，如果燃气含水量过高的话还会使设备阀口、信号管等横截面积较小的位置产生冰堵和水合物冻堵，即使干气，在管道出口结霜，也会隆起地面、基础、支柱和道路。为解决这种设施隐患，经常会使用燃气预热系统，通常采用电预热及热水换热的方法。预热系统的位置选取在容易发生冰堵和结霜设备的前端，设置加热及保温措施，在环境温度较低的地区，为避免冻堵现象的发生，管道和箱体应采取加装保温带、保温层或采取其他保温措施。由于加热设备是工艺设施的附加部分，所以也称为伴热设施。

(1)压降较大的调压，出口燃气温度会下降，要结合以下因素考虑设计伴热系统。

1)调压出口管道及装置，尤其是塑料或含橡胶的组件，是否能于低温的环境下正常操作。

2)烃、水或水化合物液化后对管道是否构成不良影响。

3)流经辅助系统的低温燃气是否会影响其功能发挥。

4)是否能确保任何气体成分的调节过程都能有效运作。

5)是否能防止调压系统、辅助系统等出现结霜现象。

(2)预热装置的数量及输出功率，必须根据工艺设施和燃气最高需求量及进、出端的压力来决定。

(3)采用水热式预热装置，必须保证该装置不受结冰影响和内部腐蚀的情况发生。

1)烟囱排烟温度不可大于 300 ℃，烟囱出口与燃气安全放散管出口的水平距离应大于 5 m或在《爆炸危险环境电力装置设计规范》(GB 50058—2014)规定的二区范围外。

2)用燃气锅炉生产热水，必须有熄火防护装置。

3)应防止燃气与预热介质之间有直接接触的机会(如热交换器的管道泄漏)。

(4)装置中的塑料、橡胶件必须能抵受装置加热器运作所达至的最高温度。对于冬季和寒冷地区，调压设施内的所有密封还要考虑密封件的材料对低温的适应性，避免密封失效导致供气事故。

(5)装有流量表及监控系统以保证预热装置进行最有效率的运作。

(6)考虑装置于热转换过程中对燃气设施受热部分所产生的应力。

第五节　隔离保护装置维护

隔离保护装置是城镇燃气重要的运行设施和预防、控制及减少事故发生的安全设施。使用最多、数量最大的隔离保护设施莫过于各式各样的燃气阀门。阀门的质量和功能直接影响城镇燃气的运行安全。对于天然气使用场所，多数危险都可以通过切断阀门来制止和控制。隔离保护装置对于城镇燃气运行中的调度、流量调节、改变运行参数、燃气分区置换、维修区段隔离、抢修控制甚至特殊条件下的调节压力都有具体的使用功能。

一、场站内的隔离

(1)每路过滤器前后须配有截断阀，当其中一路需要维修进行隔离时，其余各路仍能以最低进口压力满足最高流量要求。

(2)调压装置、超压自动紧急切断装置、监控调压器与安全放散阀进出口的截断阀。

(3)每一路均设工作调压器、监控调压器，超压自动紧急切断装置及独立的放散阀，都装有阀门。对其中一件或几件设施需要维修、更换时，关闭阀门，就可以极其方便地进行设施作业。

(4)每一路的前后必须装设截断阀。进行维修、抢修等作业时，不会影响其他路的正常工作。

(5)所有压力测量位置及压力表、计量设施、安全阀前必须设置隔离阀门，以便定期检测时更换。

(6)有的城镇燃气场站有一路常闭隔离的旁通管道，以便场站检修时或有特殊要求时，打开旁通的隔离阀门，维持整个站继续以最高流量供气。

(7)预留的隔离措施，如汇管预留接头阀门加盲板、阀门加阀门加堵头，管道预留处的盲板，吹扫、取样、置换口的阀门出口端的堵件等都是运行管理中实用的隔离装置，也往往会被忽视。

(8)储存设施的隔离保护措施，储罐与储罐之间、储罐与各种管道之间、储罐的安全附件与储罐之间都有阀门起着隔离和保护作用，维持着储罐的正常运行。

(9)出站管道上应设置紧急关闭系统。站外进、出口管道上阀门距站的距离不宜小于 10 m。当出口燃气管道采用检管工艺时，其隔断、检管装置宜设置在站内。

(10)站内主要阀门、调压装置进出口截断阀及超压切断阀阀位应设有限位开关，并具远传功能，以便配合 SCADA 系统进行阀门开和关的状态监测。

(11)截断阀门应采取双隔中疏设计。

(12)在调压装置的一些特定位置，安装直径 50 mm 支管，并装有阀门作调压路压力校正用途，特定位置如下：

1)出口截断阀的后方位置。

2)出口截断阀及工作调压器间的位置。

3)进口截断阀及超压切断阀间的位置。

二、管网系统的隔离保护装置与措施

1. 市政燃气管道的隔离

发生管道泄漏燃气事故或计划检修、旧燃气系统改造，可将漏气管段或维修、改造管段与系统截断；由于城镇燃气管网多是环形布置，起隔断作用的阀门的布置、位置、数量、质量、材料、开启方式等都对运行的稳定、持续有直接的影响，同时也影响运行管理的经济性。一些城镇燃气经营企业在建设期，一味强调经济性，使得阀门设置和阀门选型存在较多问题，导致后期运行成本增加，这是得不偿失的做法。

在城镇的特殊地段必须设置隔离截断阀门，来保护该地段燃气运行管理的顺利进行。如过流阀，在公用设施多、人群多的地段当下游的管道设施受到(第三方、地震、管子裂损、失火时燃气流量变大等)损害时，截断管道，避免逸入大气的燃气超过一定的范围。对燃气支管要设置隔离阀门，是为了控制支管事故和调度供气的需要。在穿越河流、铁路、公路、大型构筑物等时，管道两边都要有带监测孔的阀门，采用套管保护的燃气管道，如发生泄漏、计划维修时就可以切断管道。

起隔离作用的阀门是管网除管道外数量最大、种类最多的管网设施，又分为直埋阀和井室安装。基于城镇比较复杂的地面环境、井盖丢失的事故追责、泄漏检查、井室施工质量控制、运行管理方式和路面交通顺畅等综合考虑，为减少阀门重量对钢质管道的弯应力和对软质管道的剪、扭应力，不让阀室动载荷传至阀门，城镇燃气的阀门采用直埋式更为适宜。对阀门的维护、维修、检查是管网运行管理的重要内容，国际上对燃气系统的统计表明，在相同条件下阀门的寿命只有管道寿命的一半左右。运行因素对阀门的可靠性影响见表5-2。

表5-2 运行因素对阀门的可靠性影响

因素	周期性的负荷波动	机械损伤	疲劳损伤	衰退	腐蚀
比例	31%	21%	19%	17%	12%

不谈第三方损害、其他地下设施的相互影响等原因，加强阀门管理、减少维修投入、提高阀门使用寿命、保证隔离功能的前提，是选择质量优良、符合气质的阀门，必须研究待选型阀门的技术资料和数据。

2. 用户设施的隔离装置

用户设施的隔离阀门分为单位用户设施的隔离阀门和居民用户设施的隔离阀门。单位用户设施的阀门多数由使用单位自行管理，城镇燃气经营企业定期检查，予以指导，或者有合同关系来确定管理、维护责任。对于城镇燃气行业来说，由于历史原因和"传统"观念，住户单元建筑燃气公共配气管（立管）的隔离装置是目前城镇燃气运行安全管理不能忽视的一个要素。很多住宅、楼房单元的燃气公共配气管（立管）没有设置阀门，或者放在一楼的住户家中，或者放在高层楼房的裙房商业建筑内，还有阀门类型林林总总、质量良莠不齐、安装位置千奇百怪等，给供气安全和用户安全管理带来隐患。要使居民用户的供气管理流畅，一些阀门是不能缺少的，特别是对于列入问题的用户和无人居住的建筑。

第六节 燃气泄漏报警和监检技术简介

目前，我国燃气行业常用的燃气泄漏检测定位技术，主要是人工泄漏巡查与泄漏报警和监控系统联合使用的模式。尽管方法较多，但没有一种方法能检测出城镇燃气系统的实际泄漏率。漏气的检测也受到许多因素的干扰。管道内检测技术主要是通过装有无损检测设备及数据采集、处理和存储的智能清管器在管道中运行，完成对管体的逐级扫描，达到对缺陷大小、位置的检测目的。环状管网的检测需要利用干线之间的阀门分段截断来实施。

一、SDACA 系统

SDACA 系统利用 GPRS 无线传输系统与燃气检测技术相结合，实现燃气管网泄漏的自动检测和报警。其主要由现场检测设备（燃气探头）、信号采集设施、无线传输模块、终端程序四部分组成，也可结合人工测量的结果反馈及定位，实现固定检测和流动检测相结合的管理模式。

国内很多公司都采取 SDACA 系统，其优点是准确、安全、可靠地提供燃气管网运行工况数据，实现供气生产过程的可视化和信息化；其缺点是固定场所内检测的燃气浓度限制是预先设定的，且不具备泄漏源定位功能。如能与 GIS 系统结合，则可以解决定位问题。

二、利用声音、频振技术检测的声学系统

利用噪声与振动技术进行检测是法国燃气行业多用的 LDS 系统。这种技术的优点是灵敏度高，定位准确，相应时间短，具有泄漏和真震击双重监测功能；其缺点是对泄漏音波的捕捉具有时限性，对已经存在的泄漏不具感知能力。

有的国家对泄漏燃气的声音用敏感的扩音设备来捕获，建成区域性系统可检测出针头大小的泄漏点。

三、声波识别技术

利用声波的传播特性检测燃气泄漏技术最早是美国在输油气系统采用的 ASI 系统。其原理是利用输油、气管线在爆裂的瞬间，引起的音波震荡，达到不同传感器位置的时间差，计算出泄漏点的位置。现有的超声波、声脉冲和声发射检测技术都有用在燃气泄漏检测实践中。

该技术的缺点是对泄漏音波的捕捉具有时限性；对已经存在的泄漏不具感知能力；受温度、黏度等多种因素的影响，且检测精度为 ±30 m。

随着物联网技术的发展，目前基于物联网技术的燃气泄漏定位系统已经在研究和尝试中，意在解决以上三种系统的缺点，使燃气泄漏检测定位系统具备对已经存在的泄漏源的感知能力。

四、目前常用的检漏方法

(1)火焰离子化原理的检漏仪几乎大多数国家都采用。燃气中的碳-氢组成可以离子化，检测元件是与直流电源相连接的两个电极之间燃烧的氢火焰。只要有碳、氢存在就会在火焰中燃烧，碳原子形成正负离子，在火焰电场中，离子流向电极，形成信号。

(2)催化燃烧原理的检漏仪。可燃组分燃烧的火焰对催化电加热丝加热，使温度变化形成信号。

(3)半导体原理的检测仪是基于对气体组分十分敏感的半导体丝在气体组分变化时，电阻变化形成信号。

(4)热导体原理的检测仪是利用燃气的热传导性能与空气不一样的性能对比来检测。

(5)红外线检测技术，主要是利用燃气与外界环境的温差的红外热像技术。

(6)激光检测技术，主要利用激光束通过燃气时，激光波长与燃气吸收波长在光学元件上，与燃气浓度成比例地产生检测信号，通过相关软件处理。现在已有飞行、车载、步行和手持式的检测设备来实施不同需要的泄漏检测。

五、燃气安全警示标识

安全警示标识是城镇燃气对社会的重要警示，对于动员社会参与城镇燃气安全管理有直接的心理暗示效果。国家规定的安全标识中，禁止标志有 25 个、警告标志有 18 个、指令标志有 12 个、提示标志有 5 个、管线标志有 8 个、设施名称有 20 个、工艺管道颜色有 12 种，不同的设施对应不同的标识种类。城镇燃气设施安全警示标识是保障公共安全的公共设施，具有保护燃气设施不受第三方损害、提示社会公众参与监督、保护燃气设施安全运行的重要功能。

为了规范城镇燃气图形标志及其制作、使用和维护管理，发挥标志的安全警示、提示作用，《城镇燃气标志标准》(CJJ/T 153—2010)对城镇燃气生产、输配系统及各类燃气相关场所图形标志及其制作、使用和维护管理做了相应规定。城镇燃气图形标志及其制作、使用和维护管理除应符合该标准外，还应符合国家现行《安全标志及其使用导则》(GB 2894—2008)的规定。

城镇燃气标志可分为安全标志和专用标志两类。安全标志应能明确表达特定的安全信息，可由图形符号、安全色、几何形状和文字构成。安全标志可分为禁止标志、警告标志、指令标志、提示标志四种类型。专用标志应能明确表达燃气设施特有的信息，可包含图形符号、文字和管道定位装置等。专用标志可分为燃气输配管线标志、燃气设施标志和燃气厂站内地上工艺管道标志三种类型。

例如，燃气容器的标识，就要遵守《气瓶颜色标志》(GB/T 7144—2016)的规定。气瓶还要有钢印标识。充装常用气体的气瓶颜色标志见表 5-3。

表 5-3　充装常用气体的气瓶颜色标志

序号	充装气体	化学式(或符号)	体色	字样	字色	色环
1	空气	Air	黑	空气	白	$P=20$，白色单环 $P \geqslant 30$，白色双环
2	氩	Ar	银灰	氩	深绿	
3	氟	F_2	白	氟	黑	
4	氦	He	银灰	氦	深绿	$P=20$，白色单环 $P \geqslant 30$，白色双环
5	氪	Kr	银灰	氪	深绿	
6	氖	Ne	银灰	氖	深绿	
7	一氧化氮	NO	白	一氧化氮	黑	$P=20$，白色单环 $P \geqslant 30$，白色双环
8	氮	N_2	黑	氮	白	
9	氧	O_2	淡(酞)蓝	氧	黑	
10	二氟化氧	OF_2	白	二氟化氧	大红	
11	一氧化碳	CO	银灰	一氧化碳		
12	氘	D_2	银灰	氘		
13	氢	H_2	淡绿	氢	大红	$P=20$，大红单环 $P \geqslant 30$，大红双环
14	甲烷	CH_4	棕	甲烷	白	$P=20$，白色单环 $P \geqslant 30$，白色双环
15	天然气	CHG	棕	天然气	白	
16	空气(液体)	Air	黑	液化空气	白	
17	氩(液体)	Ar	银灰	液氩	深绿	
18	氦(液体)	He	银灰	液氦	深绿	
19	氢(液体)	H_2	淡绿	液氢	大红	
20	天然气(液体)	LNG	棕	液化天然气	白	
21	氮(液体)	N_2	黑	液氮	白	
22	氖(液体)	Ne	银灰	液氖	深绿	
23	氧(液体)	O_2	淡(酞)蓝	液氧	黑	
24	三氟化硼	BF_3	银灰	三氟化硼	黑	
25	二氧化碳	CO_2	铝白	液化二氧化碳	黑	$P=20$，黑色单环
26	碳酰氟	CF_2O	银灰	液化碳酰氟	黑	
27	三氟氯甲烷	CF_3Cl	铝白	液化三氟氯甲烷 R-13	黑	$P=12.5$，黑色单环

序号	充装气体	化学式(或符号)	体色	字样	字色	色环
28	六氟乙烷	C_2F_2	铝白	液化六氟乙烷 R-116	黑	
29	氯化氢	HCl	银灰	液化氯化氢	黑	
30	三氟化氮	NF_2	银灰	液化三氟化氮	黑	
31	一氧化二氮	N_2O	银灰	液化笑气	黑	$P=15$，黑色单环
32	五氟化磷	PF_5	银灰	液化五氟化磷	黑	
33	三氟化磷	PF_3	银灰	液化三氟化磷	黑	
34	四氟化硅	SiF_4	银灰	液化四氟化硅 R-764	黑	
35	六氟化硫	SF_6	银灰	液化六氟化硫	黑	$P=12.5$，黑色单环
36	四氟甲烷	CF_4	铝白	液化四氟甲烷 R-14	黑	
37	三氟甲烷	CHF_3	铝白	液化三氟甲烷 R-23	黑	
38	氙	Xe	银灰	液氙	深绿	$P=20$，白色单环 $P\geqslant30$，白色双环
39	1.1二氟乙烯	$C_2H_2F_2$	银灰	液化偏二氟乙烯 R-1132a	大红	
40	乙烷	C_2H_6	棕	液化乙烷	白	$P=20$，白色单环 $P\geqslant30$，白色双环
41	乙烯	C_2H_4	棕	液化乙烯	淡黄	
42	磷化氢	PH_3	白	液化磷化氢	大红	
43	硅烷	SiH_4	银灰	液化硅烷	大红	
44	乙硼烷	B_2H_6	白	液化乙硼烷	大红	
45	氟乙烯	C_2H_3F	银灰	液化氟乙烯 R-1141	大红	
46	锗烷	GeH_4	白	液化锗烷	大红	
47	四氟乙烯	C_2F_4	银灰	液化四氟乙烯	大红	
48	二氟溴氯甲烷	$CBrClF_2$	铝白	液化二氟溴氯甲烷 R-12B1	黑	
49	三氯化硼	BCl_2	银灰	液化三氯化硼	黑	
50	溴三氟甲烷	$CBrF_3$	铝白	液化溴三氟甲烷 R-13B1	黑	$P=12.5$，黑色单环
51	氯	Cl_2	深绿	液氯	白	
52	氯二氟甲烷	$CHClF_2$	铝白	液化氯二氟甲烷 R-22	黑	
53*	氯五氟乙烷	$CF_3\text{-}CClF_2$	铝白	液化氟氯烷 R-115	黑	
54	氯四氟甲烷	$CHClF_4$	铝白	液化氟氯烷 R-124	黑	
55	氯三氟乙烷	$CH_2Cl\text{-}CF_3$	铝白	液化氯三氟乙烷 R-133a	黑	
56*	三氯二氟甲烷	CCl_2F_2	铝白	液化三氯二氟甲烷 R-12	黑	
57	二氯氟甲烷	$CHCl_2F$	铝白	液化氯氟烷 R-21	黑	
58	三氧化二氮	N_2O_2	白	液化三氧化二氮	黑	
59*	二氯四氟乙烷	$C_2Cl_2F_4$	铝白	液化氟氯烷 R-114	黑	
60	七氟丙烷	CF_3CHFCF_3	铝白	液化七氟丙烷 R-227c	黑	
61	六氟丙烷	C_3F_6	银灰	液化六氟丙烷 R-1216	黑	
62	溴化氢	HB_r	银灰	液化溴化氢	黑	
63	氟化氢	HF	银灰	液化氟化氢	黑	
64	二氧化氮	NO_2	铝白	液化氟化氢 R-C318	黑	

序号	充装气体	化学式(或符号)	体色	字样	字色	色环
65	八氟环丁烷	C_2H_3	铝白	液化氟氯烷 R-C318	黑	
66	五氟乙烷	$CH_2F_2CF_3$	铝白	液化五氟乙烷 R-125	黑	
67	碳酰二氯	$COCl_2$	白	液化光气	黑	
68	二氧化硫	SO_2	银灰	液化二氧化硫	黑	
69	硫酰氟	SO_2F_2	银灰	液化硫酰氟	黑	
70	1,1,1,2 四氯乙烷	CH_2FCF_3	铝白	液化四氟乙烷 R-134a	黑	
71	氨	NH_2	淡黄	液氨	黑	
72	锑化氢	SbH_3	银灰	液化锑化氢	大红	
73	砷烷	AsH_3	白	液化钊化氯	大红	
74	正丁烷	C_4H_{10}	棕	液化正丁烷	白	
75	1-丁烯	C_4H_8	棕	液化丁烯	淡黄	
76	(顺)2-丁烯	C_4H_8	棕	液化顺丁烯	淡黄	
77	(反)2-丁烯	C_4H_8	棕	液化反丁烯	淡黄	
78	氯二氟乙烷	CH_2CClF_2	铝白	液化氯二氟乙烷 R-142b	大红	
79	环丙烷	C_3H_6	棕	液化环丙烷	白	
80	二氯硅烷	SiH_2Cl_2	银灰	液化二氯硅烷	大红	
81	偏二氟乙烷	CF_2CH_3	铝白	液化偏二氟乙烷 R-152a	大红	
82	二氟甲烷	CH_2F_2	铝白	液化二氧化甲烷 R-32	大红	
83	二甲胺	$(CH_3)_2NH$	银灰	液化二甲胺	大红	
84	二甲醚	C_2H_6O	淡绿	液化二甲醚	大红	
85	乙硅烷	SiH_6	银灰	液化乙硅烷	大红	
86	乙胺	$C_2H_6NH_3$	银灰	液化乙胺	大红	
87	氯乙烷	C_2H_5Cl	银灰	液化氯乙烷 R-160	大红	
88	硒化氢	H_2Se	银灰	液化硒化氢	大红	
89	硫化氢	H_2S	白	液化硫化氢	大红	
90	异丁烷	C_4H_{10}	棕	液化异丁烷	白	
91	异丁烯	C_4H_3	棕	液化异丁烯	淡黄	
92	甲胺	CH_3NH_2	银灰	液化甲胺	大红	
93	溴甲胺	CH_3Br	银灰	液化溴甲胺	大红	
94	氯甲烷	CH_3Cl	银灰	液化氯甲烷	大红	
95	甲硫醇	CH_3SH	银灰	液化甲硫醇	大红	
96	丙烷	C_3H_8	棕	液化丙烷	白	
97	丙烯	C_3H_6	棕	液化丙烯	淡黄	
98	三氯硅烷	$SiHCl_8$	银灰	液化三氯硅烷	大红	
99	1,1,1 三氟乙烷	CHF_3CH_2	铝白	液化三氟乙烷 R-143a	大红	
100	三甲胺	$(CH_3)_3N$	银灰	液化三甲胺	大红	

序号	充装气体		化学式（或符号）	体色	字样	字色	色环
101	液化石油气	工业用		棕	液化石油气	白	
		民用		银灰	液化石油气	大红	
102	1.3丁二烯		C_4H_6	棕	液化丁二烯	淡黄	
103	氯三氟乙烯		C_2F_3Cl	银灰	液化氯三氟乙烯 R-1113	大红	
104	环氧乙烷		CH_2OCH_2	银灰	液化环氧乙烷	大红	
105	甲基乙烯基醚		C_3H_6O	银灰	液化甲基乙烯基醚	大红	
106	溴乙烯		C_2H_3Br	银灰	液化溴乙烯	大红	
107	氯乙烯		C_2H_3Cl	银灰	液化氯乙烯	大红	
108	乙炔		C_2H_2	白	乙炔 不可近火	大红	

注 1. 色环栏内的 P 是气瓶的公称工作压力，单位为兆帕（MPa）；车用压缩天然气钢瓶可不涂色环。

2. 序号加 * 的是 2010 年后停止生产和使用的气体。

3. 充装液氧、液氯、液化天然气等不涂敷颜色的气瓶，其体色和字色指瓶体标签的底色和字色。

标识对于城镇燃气运行安全有重要的作用，不仅是燃气场站、燃气设施要有标识来警示员工和周边社会，城镇燃气运行过程中，标识的使用也是保障安全、履职免责的关键环节。同时，也是宣传的一种重要方式，有利于城镇燃气行业的规范管理。城镇燃气经营企业要把燃气警示标识的管理作为设施管理的一项重要内容。做到"五要"。

1. 设立的位置要正确

安全警示标识的设立位置不恰当，起不到应有的作用，还会因为位置不当，造成燃气设施被损坏。这样的教训很多。燃气维修、抢修场所的施工打围标识、夜间灯光警示；地下管道的标识是在管道上方，还是一边的规定距离；穿越河流两边的出堤防段的标识位置；调压箱、柜的颜色和标识等都与位置相关。城镇燃气经营企业要把本企业范围内的设施设置位置研究明白，不能安装在看不到、看不清的地方或者让物体遮挡，要让社会上的人一目了然地注意到该警示提示，让警示标识确实发挥作用。

2. 设立的数量要适当

警示标识的数量是保证标识能发挥作用的基础，太多会造成视觉污染，城镇环境不容许，经济、运行管理方面也有问题，太少则无用。例如，管道上面多远距离一个，多大的面积、颜色、材料、安装方式等都需要有一个规定。

3. 标识的质量要合规

与所有产品一样，标识的质量直接影响使用效果和经济运行，城镇燃气经营企业在这方面也不能掉以轻心。标识大多在露天环境，日照、雨雪、污染物、飞鸟等都会损害标识，质量不好会导致警示失效。质量还包括警示标识的正确使用，安装的高低、材料、与保护要求的一致性，如加气站内的警示标识与液化石油气场站的警示标识就有区别。

4. 标识的维护要及时

警示标识的日常管理要列入设备设施巡查的内容，按照设置的时间、地段、质量等因素制订维修计划。对不适用的警示标识及时补充、完善、清洁、修缮，保证警示标识能正常发挥功能，不要出现事故，以及不要追责时出现标识不全、不清、不正确的误导责任。

5. 标识的保护要严格

城镇燃气警示标识是公共设施，同样也是燃气设施保护范围内要保护的对象。对于损坏燃气警示标识的行为要制止，接到举报要采取行动，按照《城镇燃气管理条例》(2016 年修订)的规定进行处置。

▶ 本章小结

对已经投入运行的燃气管道，根据运行管理中的问题，应当有计划地对燃气管道进行技术维护，以便管道的运行适应已经变化了的运行条件，或对由于长期运行所暴露出的技术缺陷予以弥补或纠正。本章主要介绍管道阴极保护系统的维护，防雷、放静电设备的维护，调压器的维护，燃气预热系统的维护等内容。

▶ 思考题

1. 阴极保护系统的日常维护内容有哪些？
2. 燃气管线的阴极保护系统的注意事项有哪些？
3. 常用的电绝缘方法有哪些？
4. 静电产的原因有哪些？静电的防护措施有哪些？
5. 调压器的作用是什么？调压器分为哪两种？
6. 选择调压器应考虑的因素有哪些？
7. 调压器按在输配系统中的位置与作用分为哪些？

第六章 燃气管道的抢修

1. 了解燃气安全事故分类及原因分析；熟悉燃气供应企业专项预案的实施、演练、修订与更新。
2. 掌握燃气管道抢修的现场处理、善后处理等。
3. 熟悉抢修现场安全管理要求；掌握抢修现场燃气中毒、爆燃事故的防范处理。

1. 能根据城镇燃气设施抢修制定应急预案。
2. 能根据要求进行燃气安全事故应急处置设施的布局、规模、配置、物质保障等。
3. 能处理燃气泄漏现场的安全处置、燃气火灾与爆炸现场的安全处置。

第一节 燃气安全事故分类及原因分析

随着城市燃气的快速发展、供气范围的不断扩大以及用户数量的增长，与燃气有关的各类风险因素不断增加，用气安全问题日益突出，燃气事故造成的人员伤亡、财产损失事件屡见不鲜。分析历史数据，燃气事故的主要类别包括燃气泄漏、着火、爆炸或爆燃、中毒或窒息、意外供气中断。

视频：天然气安全

燃气事故形成的原因错综复杂，涉及燃气设备、设施及其使用和管理等诸多方面。按照主要事故类别分析，其原因见表6-1。

表6-1 燃气事故原因分析表

序号	事故类别		原因分析	备注
1	燃气泄漏	室内燃气器具泄漏	使用不当	排气点火
2			间断供火	
3			供气压力异常（调压器异常、管道故障）	
4			燃气器具泄漏、接头泄漏	
5			安全装置失效	
6			阀门泄漏	
7			燃烧器具穿孔	火头质量问题

序号	事故类别		原因分析	备注
8	燃气泄漏	室内燃气系统泄漏	管道腐蚀穿孔、管道接头泄漏	
9			计量表具或接头泄漏	
10			调压设施或接头泄漏	瓶装燃气或中压进户管道气
11			软管老化、脱落、意外受损(安装不规范、小动物咬破等)	
12			电气短路等击穿	
13			超压	
14			维修后置换不当	
15			钢瓶角阀、连接处或钢瓶本体泄漏	瓶装 LGP
16		室外燃气积聚	引入管腐蚀穿孔、断裂、接头密封失效,燃气泄漏后扩散、渗透	管道燃气
17			管网遭第三方破坏、腐蚀穿孔、断裂,燃气泄漏后扩散、渗透	
18			违规倒残液	瓶装 LPG
19	着火		连接管安装不规范,管道不符合要求	
20			超压(调压器故障)导致火源异常等	
21			燃气泄漏(浓度超过爆炸极限)遇到明火	
22			室内其他火源引起的供火系统着火	
23			户外他室泄漏燃气窜入	
24			用户不良行为	自杀或开关阀
25	爆炸或爆燃	化学性爆炸	通风不良,泄漏的燃气积聚达到爆炸极限	
26			用户不良行为	
27			他室泄漏燃气窜入	自杀或开关阀
28		物理性爆炸	不合格钢瓶	瓶装 LPG、LNG、CNG
29			超装、温度超高导致钢瓶超压	
30			保温层失效导致钢瓶、管道超压	LNG
31	中毒或窒息	一氧化碳中毒	通风不良,燃烧器具安装不规范,燃烧不完全	
32			燃气器具不合格,燃烧不完全,烟气排放室内	
33			含有一氧化碳的燃气泄漏	人工燃气
34		氧气浓度不足造成窒息	安装、使用不当,造成密闭空间内氧气含量偏低	
35				
36	供气故障或意外供气中断		输配管网(调压设施、管网及其阀门)故障	管道燃气
37			人为因素造成阀门切断	
38			供气管道堵塞(水堵、冰堵等)	
39			自然灾害(对上述事故原因也适用)	
40			第三方行为损坏燃气管道	

注:备注栏中未特别注明的,事故原因适用于各种供气方式。

　　燃气事故虽然因素很多,但从事故后果看,用气场所通风不良是造成人员伤亡事故的最主要原因。在燃气事故预防方面,用气场所是否具备安全使用燃气的条件(尤其是通风要求),应作为重点防控目标。在设计、安装、通气环节,应严格控制,防止用气场所存在先天不足,例如，室内安装非平衡式热水器；地上暗厨房（无直通室外的门和窗）或通风不良的工商用户用气场所未设置燃气浓度检测报警器、自动切断阀和机械通风设施，未采取燃气浓度检测报警器与自动切断阀和机械通风设施的连锁措施。在室内燃气使用环节，应加强宣传及检查，指导用户养成良好的用气习惯及定期检查用气设施和用气场所的通风状况，定期实施入户安检，及时发现用气设施及用气场所的不安全因素并督促整改。在发生燃气泄漏、中毒事故时，应及时指导报警人切断表前阀的同时，采取措施做好通风及火种控制。

第二节　抢修应急救援预案

城镇燃气设施抢修应制定应急预案，并应根据具体情况对应急预案及时进行调整和修订。应急预案应报有关部门备案，并定期进行演习，每年不得少于 1 次。

一、燃气供应企业专项预案

燃气供应企业应根据《生产经营单位安全生产事故应急预案编制导则》（AQ/T 9002—2006）在对危险源辨析及应急能力分析的基础上，编制用户燃气事故应急专项预案（方案），编制应急预案应做好以下准备工作：

（1）全面分析本单位危险因素、可能发生的事故类型及事故的危害程度。

（2）排查事故隐患的种类、数量和分布情况，并在隐患治理的基础上，预测可能发生的事故类型及其危害程度。

（3）确定事故危险源，进行风险评估。

（4）针对事故危险源和存在的问题，确定相应的防范措施。

（5）客观评价本单位应急能力。

（6）充分借鉴国内外同行业事故教训及应急工作经验。

二、事故处置状态下保证正常供气的方案

事故处置状态下保证正常供气是预案内容的组成部分，对于供气合同约定不允许出现供气中断的特殊用户，还应制定事故处置状态下保证正常供气的方案。供气方案应包括以下内容：

（1）应急供气对象的基本信息：包括应急供气对象地址、用气负荷、用气设施情况、供气管线情况、用户应急组织及其联系人和联系方式等。

（2）应急供气资料准备及安全防护设施配置。

1）应急供气设施：包括应急供气方式（如瓶组供应、CNG 减压撬供气或撬装 LNG 应急供气系统等）、应急设备及其设施清单、设备设施存放位置及管理人联系方式。

2）安全防护：应急供气人员个体防护及现场安全警戒、警示的用品清单。

3）作业工具：实施应急供气的工作器具清单，如活扳手、管钳、螺钉旋具、钳子、U 形测压表、检漏仪、交通工具等。

4）常用材料：如生料带、密封胶、表前阀、表后阀和管道常用配件、除锈剂、查漏液等。

（3）临时供气前的安全检查工作及准备工作。

（4）临时供气点火操作规程。

（5）恢复供气操作规程。

三、应急预案的实施

应急预案签署发布后，应做好以下工作：

（1）企业应广泛宣传应急预案，使全体员工了解应急预案中的有关内容。

（2）积极组织应急预案培训工作，使各类应急人员掌握、熟悉或了解应急预案中与其承担职责和任务相关的工作程序、标准内容。

（3）企业应急管理部门应根据应急预案的需求，定期检查落实本企业应急人员、设施、设备、物资的准备状况，识别额外的应急资源、需求，保持所有应急资源的可用状态。

四、应急预案的演练

为保证事故发生时，可迅速组织抢修和控制事故发展，应急预案应定期进行演练。通过演练可发现应急预案存在的问题和不足，提高应急人员的实际救援能力，使每一位应急人员都熟知自己的职责、工作内容、周围环境，在事故发生时，能够熟练按照预定的程序和方法展开救援行动。通过演练应重点检验应急过程中组织指挥和协同配合能力，发现应急准备工作的不足，及时改正，以提高应急救援的实战水平。

应急演练必须遵守相关法律、法规、标准和应急预案的规定，结合企业可能发生的危险源特点、潜在事故类型、可能发生事故的地点和气象条件及应急准备工作的实际情况，突出重点，制订演练计划，确定演练目标、范围和频次、演练组织和演练类型，设计演练情景，开展演练准备，组织控制人员和评价人员培训，编写演练总结报告等。

五、预案的修订与更新

企业应适时修订和更新应急预案。当发生以下情况时，应进行预案的修订工作：

（1）危险源和危险目标发生变化。

（2）预案演练过程中发现问题。

（3）组织机构和人员发生变化。

（4）救援技术的改进。

第三节　燃气管道的抢修过程

实行每日24 h值班制度，发现燃气事故或者接到燃气事故报告时，立即组织抢修。抢险是燃气供应企业的法定职责，对于室内燃气事故，燃气供应企业事故应对与处置的环节主要包括：报警信息的处理、应急响应等级判断及应急出动、现场应急处置、善后处理等。燃气经营企业的燃气安全事故应急处置设施的布局、规模、配置、物质保障等要适应燃气用户结构、规模、区域、布局和城镇地理、交通等环境的要求。

一、报警信息处理

1. 报警信息处理流程

燃气供应企业应建立事故信息处理制度、流程，确保所有报警信息得到闭环管理。接警人员接到报警后应做好记录，并按规定的流程做好信息接收与传递工作，相关流程如图6-1所示。

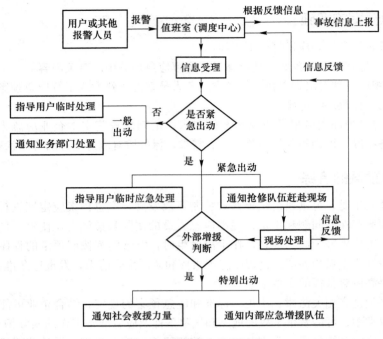

图 6-1　事故信息处理流程

2. 报警信息受理

用户报警时一般情绪较为惊慌，接警人员应该耐心应对、劝其冷静。

（1）受理报警时应了解并正确记录如下信息：

1）接警（受理）时间。

2）报警人姓名、联系方式。

3）事发地点［建筑物名称、路名、门牌、周边标志性建（构）筑物等］。

4）确认报警内容（燃气泄漏或闻到异味，燃烧、爆炸、中毒等事故，供气中断或故障等）。

（2）通过电话指导用户实施现场初步处理。出现下列情况，应要求并指导报警人或通知泄漏区域管理单位（如物业部门）进行现场初始应急处置：关闭阀门、控制火源（严禁使用烟火、禁止开闭电器的开关）、加强通风（打开门窗等），必要时撤离、疏散并设置警戒区。

1）出现着火、爆炸、中毒等室内事故。

2）地下建（构）筑物、重要公共建筑或人员密集场所出现燃气泄漏，燃气喷出，大范围内有异味等。

3）关闭阀门后，户内燃气泄漏仍无法消除。

3. 事故信息上报

《生产安全事故报告和调查处理条例》第九条规定："事故发生后，事故现场有关人员应当立即向本单位负责人报告；单位负责人接到报告后，应当在 1 h 内向事故发生地县级以上人民政府安全生产监督管理部门和负有安全生产监督管理职责的有关部门报告。"

《生产安全事故信息报告和处置办法》第六条规定："生产经营单位发生生产安全事故或者较大涉险事故的，其单位负责人接到事故信息报告后应当在 1 h 内报告事故发生地县级安全生产监督管理部门、煤矿安全监察分局。发生较大以上生产安全事故的，事故发生单位在依照第一款规定报告的同时，应当在 1 h 内报告省级安全生产监督管理部门、省级煤矿安全监察机构。发生重大、特别重大生产安全事故的，事故发生单位在依照本条第一款、第二款规定报告的同时，可以立即报告国家安全生产监督管理总局、国家煤矿安全监察局。"

（1）燃气生产安全事故的上报。由供气设施问题引发的室内燃气事故及较大涉险事故属于生产安全事故，燃气供应企业应根据事故造成的后果进行判断，符合事故上报条件的，应在规定的期限内及时报告安全生产监督管理部门和负有安全生产监督管理职责的有关部门（如燃气主管部门、质量技术监督局等）。

一般情况下，出现下列情况应上报政府有关部门：

1）事故等级为较大及以上的室内燃气事故。

2）发生燃气着火、爆炸、中毒事故或出现人员伤亡、财产较大损失的其他一般事故。

3）大面积停气事故。

4）较大涉险事故：主要为涉险 10 人以上的事故；或造成 3 人以上被困或者下落不明的事故；或紧急疏散人员 500 人以上的事故；或因生产安全事故对环境造成严重污染的事故；或危及重要场所和设施安全（电站、重要水利设施、危化品库、油气站和车站、码头、港口、机场及其他人员密集场所等）的事故。

事故上报可采用书面报告及电话快报。使用电话进行快报，应当包括下列内容：事故发生单位的名称、地址、性质；事故发生的时间、地点；事故已经造成或者可能造成的伤亡人数（包括下落不明、涉险的人数）。

（2）对于用户自杀事故，应及时报告公安部门。

（3）燃气供应企业内部事故报告。燃气供应企业应建立健全事故报告制度，明确企业内部事故报告流程、时限、上报层级等内容。当出现人员死亡、多人受伤、较大财产损失的室内事故或较大涉险事故、有严重负面影响的事故时，应立即报告单位负责人及有关股东方。

二、响应等级判断及应急出动

针对事故危害程度、影响范围和单位控制事态的能力，将事故分为不同的等级。按照分级负责的原则，明确应急响应级别。

1. 应急响应分级标准

针对室内事故、险情的特性，其应急出动响应等级可分为一般出动、紧急出动和特别出动三个级别，见表 6-2。

表 6-2　室内事故应急响应分级标准

应急响应分级	定义	触发条件	响应队伍
一般出动	虽然出现了燃气泄漏、故障等情况，但判断并不会导致事故的发生，由燃气供应企业维修人员赶往现场处置	1. 个别用户供气故障； 2. 通过切断户内燃气阀，泄漏得到控制； 3. 小范围闻到燃气异味	维修人员或抢修值班人员
紧急出动	当事故已发生或有可能发生时，派出抢修组组，开启抢险车警灯、鸣响警笛，迅速赶往现场，采取紧急处理措施	1. 出现着火、爆炸、中毒事故； 2. 室内外多处出现燃气泄漏、燃气喷出、大范围内有异味等； 3. 关闭表前阀后，户内管道燃气泄漏仍无法消除或关闭阀门无法控制瓶装燃气泄漏的情况	抢修值班人员（不少于 2 人）

应急响应分级	定义	触发条件	响应队伍
特别出动	当实施紧急措施需要多人出动，影响范围很大或超出值班抢修力量处理能力时，应根据应急预案联动机制，依靠应急资源（必要时，请求社会应急资源增援），采取特别应急措施	出现较大范围供气异常中断，或重要用户、特殊用户（如不允许供气中断的）供气故障	内部增援 增援队伍，燃气用户管理应急、输配部门应急队伍，燃气企业应急指挥机构
		符合"紧急出动"触发条件，且超出抢修值班人员处理能力的情况： 1. 出现人员伤亡的着火、爆炸、中毒等事故； 2. 影响范围大的燃烧爆炸事故； 3. 需要大面积查漏或切断输配管道阀门影响大面积供气中断的情况； 4. 室内事故地下建（构）筑物、重要公共建筑或人员密集场所出现燃气泄漏； 5. 其他严重影响到周边人员生命、财产安全的泄漏事件或燃烧爆炸事故	需内、外部增援 内部：燃气用户管理应急，输配应急队伍燃气企业应急指挥机构（根据燃气供应企业综合应急预案要求分级响应） 外部 1. 消防（火灾、爆炸、大面积泄漏时）； 2. 公安（自杀事件或需交通管制、警戒、紧急疏散、现场秩序维持）； 3. 120急救中心（人员伤亡、窒息、中毒时）； 4. 相关部门、单位、社区、物业（需远程切断电源、环保、紧急疏散、秩序维持）

2. 应急出动等级判断流程

应急出动等级判断流程如图6-2所示。

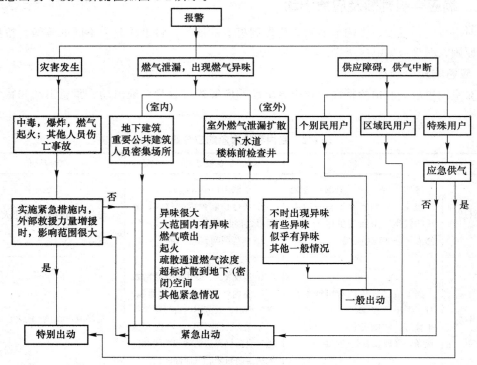

图6-2 应急出动等级判断流程

3. 紧急出动及其装置配备要求

应急抢修值班应配备紧急抢险车辆，抢险车应根据地方政府应急规定配备警灯、警笛。紧急出动时应开启抢险车警灯、鸣响警笛，迅速赶往现场。

抢险车应随车配备抢险工具及必要的材料、个体安全防护用品。主要包括：

(1)检测仪器：高、低浓度燃气检漏仪；有辨识功能的燃气检漏器(用于辨别漏出的气体是否为燃气)。

(2)其他检测工具：水压计、压力表、检漏液、风向标等。

(3)地图、图纸(或装有相应电子版资料的笔记本电脑)：包括管道图、管道阀门位置图、管道阀门管理图等。

(4)安全警示设施：抢险标志牌、警戒牌、警戒绳、安全警示锥形筒、疏散指示旗等。

(5)个体安全防护用品：反光背心、安全帽、防冻手套(针对 LNG、LPG)、防静电工作服及工作鞋、空气呼吸器等。

(6)工具：管钳、活动扳手、锁闭阀开闭器、阀门开闭器、井盖拉钩、打眼机、发电机、防爆排风机、防爆手电筒、防爆照明灯、灭火器等。

(7)材料：必要的堵漏材料或工具、常用户内设施零配件等。

三、现场处置

1. 进入现场

抢险车辆有可能成为着火源，应从上风处或侧风处进入；抢险车辆不得过于靠近泄漏点或驶入已可以闻到燃气异味的区域；停车应避开下风处、井盖或消防通道、疏散通道等部位；无线电通信器材或移动电话等可能成为着火源，应在安全的位置使用。

进入现场时，如消防或公安人员已先到时，应向其负责人报告。

2. 现场信息传递

(1)抢险人员抵达现场之后，应进一步向报警人了解情况，必要时进行笔录，并就所汇集的信息及处理状况，随时同调度中心值班负责人(或安全负责人)进行联络，使现场的信息得以共享化。

(2)当现场情况超出初始应急力量处理能力时，现场处理人员应及时向调度中心值班负责人(或安全负责人)反馈，必要时还应根据图 6-2 判断并报警请求外部增援。

(3)调度中心值班负责人(或安全负责人)根据从现场传来的信息，作出是否需要应急出动升级的判断，并向现场操作人员下达妥善的指令或处理意见。

3. 现场应急处置

应急队伍到达现场后，应根据下列原则，严格按照安全操作规程实施应急救援行动，进行险情控制及排除。

(1)应急处置一般原则。

1)应急处置作业应统一指挥，严明纪律，并采取安全措施。

2)应急处置(抢险抢修)作业必须超越其他工作，应列为最优先处理的事项。抢险抢修值班负责人接到紧急出动指令，应立即组织力量，尽快赶赴现场。

3)实施事故应急救援，应按以下的先后次序进行：

保障生命→保障财产→控制险情→找出并控制泄漏源→控制消除危险源、点(泄漏)→在现场作最后排查→事故的起因调查分析及预防。

4)按事故性质分类，应按以下的先后次序进行处理：

爆炸、火灾、燃气泄漏→燃气供应中断、供应不稳定、区域压力过高或过低→严重安全隐患的燃气设施及燃气器具→重要用户(如医院、学校)的燃气设施或燃气器具损坏或失效→重要工商用户的燃气设施或燃气器具损坏或失效。

注: 险情处置的先后次序应根据专业知识和经验进行判断,有些事件不属以上任何一类,但只要危及人员、周边环境的险情,均需作优先处理。

(2)室内燃气泄漏、爆炸事故处置。

1)原则。

①用户室内发现少量泄漏,应打开门窗通风,在安全的地方切断电源,检查用户设施及用气设备,准确查出漏点,按安全操作规程执行维修作业。

②用户室内燃气泄漏发生火灾爆炸,应立即在室外切断气源。发生泄漏应视情况在安全的地方切断电源。大量通风稀释后,检查用户设施及用气设备,准确查出漏点,按安全操作规程执行维修作业。

2)单户供气故障处理流程。对于个别用户出现供气故障的,可按照图 6-3 所示的处置流程进行异常部位调查、处理。

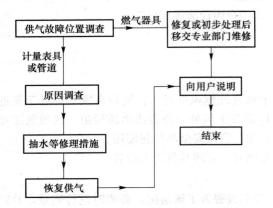

图 6-3　供气故障处理流程

3)成片用户供气故障处理以住宅小区多个用户发生供气故障为例,供气故障处理措施主要包括:

①向报警人问询供气故障的状况。

②走访咨询附近的用户,了解发生供气障碍的大致范围。

③根据受供气障碍影响的用户户数,视情况可以请求特别出动。

④停气、限制用气:根据具体情况,发出停气或限制用气的通告。通过发布通知或上门等方式,关闭公共配气(立)管停气区域内的所有用户的燃气表前阀。

⑤供气故障的原因调查。

(3)临时供气措施。燃气事故或供气故障可能造成用户的供气中断,对于部分特殊用户(例如,使用燃气熔炼炉的工业用户;特殊时段承担重要接待的酒店、宾馆;其他不允许供气中断的重点用户),供气中断可能带来巨额经济损失或严重的社会影响,为此必须采取临时供气的应急措施,确保特殊用户的应急供气。

应急供气的方式主要包括:LPG 瓶组气化供气;LNG 气化供气(撬装或瓶组供气);CNG 减压供气(减压撬)等。

实施临时应急供气应遵守以下安全注意事项:

1)应急供气气源必须与用户燃气器具适配,避免由于气质问题引发事故。

2) 对于熔炼炉，由于其热负荷大，熔炼炉能源供应适用双燃料(如油、气)供应，应急供气一般仅适用于窑炉的保温，为能源供应切换赢得时间。

3) 应急供气时，应确保故障管道系统的有效切断、隔离，应确保用气端至应急供气设施之间的管路系统完好、有效。

四、善后处理

善后处理的主要内容包括残留燃气清除、故障检查与修复、原因调查、媒体应对、恢复供气等内容。善后处理工作一般在险情得到控制之后开展，但对于事故原因调查，部分取证工作可能需结合现场应急处置实施。

1. 残留燃气的清除

采取了停供燃气的措施之后，如室内等处仍残留有少量燃气，应清除干净。

(1) 可以用打开门窗放进室外空气的方法来清除室内残余的燃气。

(2) 放入室外空气时，尽可能地在多个位置打开门窗换气。

(3) 地下商业街或地下室内有残留燃气时，应利用楼梯间的紧急出口等进行自然通风。另外，进行强制性的通风时，应使用防爆型的排风机来清除残留燃气，严禁使用非防爆排风扇。

(4) 通风换气如需打碎门窗玻璃时，应使用圆形木棒等，尽量避免由此而产生火花等起火源头。

2. 故障检查与修复

经过充分的通风换气后，应通过专用仪器进行可燃性气体浓度、氧气浓度测试。在确认已无爆炸、中毒的危险，并且确认无缺氧的危险性后，现场处置人员应穿戴合适的个体安全防护用品，方可进入室内或受限空间进行故障检查与修复。故障的检查与修复，应严格按照安全操作规程进行。

图 6-4 所示是以室内发现燃气异味泄漏为例的故障检查维修流程。

对于室内燃气事故，无论是否为责任事故，燃气供应企业均应主动进行事故调查，查明原因并采取防范措施。

事故原因的调查一般在应急处置后开展，但由于现场应急处置会带来事故现场状况的变化，并可能导致引起事故的原因判断失真或带来不必要的法律风险，为此，现场处置人员在应急处置过程中同时注意关键证据的保全或固化，可以通过拍照、录音、笔录(经第三方签字确认)或请在场的第三方人员(消防、警察等)共同确认等方式固化关键证据，如阀门状态、管道设施状况、燃气器具状态或状况、火灾或爆炸后的现场初始情况等。

五、恢复供气

对于影响成片用户用气的室内事故，即使故障已经排除，但在接到恢复供气的指令之前，不得向户内燃气管道通气。对此，现场人员应向用户做好解释工作。这是因为成片用户中存在不同使用的情况，部分用户长期不在家，出差、旅游、出租、空置房、临时进住等会使成片用户停气后的恢复供气工作更为复杂。要考虑联合公安、社区和物业等单位共同实施进户安检；也要考虑公共配气(立)管改造、户内燃气燃烧器具熄火保护、连接管种类和连接方式等问题。

停气复供过程存在较多不安全因素，作业人员应严格按照安全操作规程要求实施恢复供气作业程序，避免意外事件发生。

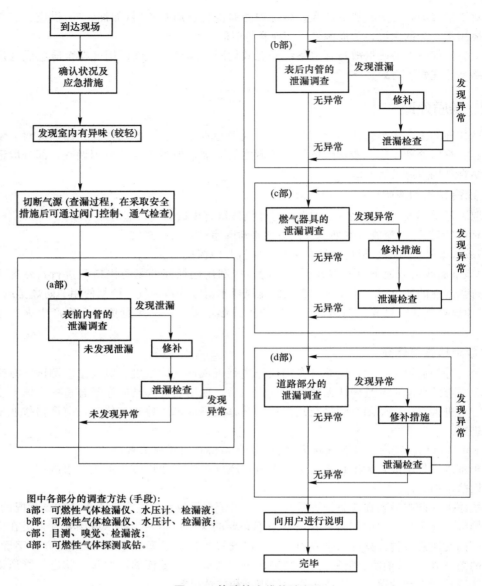

图中各部分的调查方法 (手段):
a部: 可燃性气体检漏仪、水压计、检漏液;
b部: 可燃性气体检漏仪、水压计、检漏液;
c部: 目测、嗅觉、检漏液;
d部: 可燃性气体探测或钻。

图 6-4　故障检查维修流程

第四节　抢修现场安全管理要求

一、确定抢修工程的"轻、重、缓、急"等级原则

在城市燃气管网的抢险维护工作中,抢修队伍会遇到诸多情况。例如,在全国大、中城市年关时节烟花爆竹开禁后,一个公司的抢修值班室可能在短时间内会接到几个不同地点报来的抢修电话。例如,第一处反映当地有很浓的天然气味,则很有可能要发生燃烧或爆炸事故;第二处急迫地反映家里的燃气灶不但点不着火,还冒出水来,第三处可能轻描淡写地反映,附近

电缆沟冒出大量天然气味。在这种情况下，抢修队应先去哪一处呢？若按先报先去的原则到达第一处，很可能只是调压箱旁的安全水封因缺水在放散天然气，只需加水到位就算修复；若按谁反映得急迫就先去第二处，很可能是某用户误接燃气热水器使自来水堵塞了低压管道，抢修队就得花大量时间去查明原因，停气排水。然而第三处漏入电缆沟的燃气有可能已达到爆炸极限，随时可能遇火爆炸。如果按这种不分"轻、重、缓、急"的方法派出抢修队伍，则很有可能延误战机，造成重大损失，另一方面也会使抢修人员处于连续工作的疲劳状态，给整个抢修工作造成无序和混乱局面。

为了防止上述情况发生，抢修队伍应根据所管理的区域燃气泄漏的潜在危险性，重特大事故的预测等预先制定抢修的"轻、重、缓、急"等级。另外，为防止几起地方同时发生重大泄漏事件，抢修队伍还应预留抢修第二梯队。当发生重特大燃气事故，必须启动《重特大安全事故应急抢险救援预案》进行抢险救灾。

燃气泄漏事故按"轻、重、缓、急"可定义如下：

(1)"轻"是指燃气泄漏轻微，影响面积不大的事故。如庭院低压管道微漏，燃气引入管漏气，这些漏气可用黏土、肥皂、胶带、管箍等临时堵漏，待错过晚间或用气高峰后，出动抢修队正式修复。

(2)"重"是指重特大燃气事故。如大口径高压燃气管道被施工机械挖裂，高压燃气大量喷出；过江管道突然断裂，引起大面积停气等。

(3)"缓"是指燃气泄漏点虽被发现，但因故不能立即停气修复的事故。如阀门阀杆盘根、法兰盘垫圈漏气等，这些情况可在做好安全措施的基础上，选择适当时机停气修复。

(4)"急"是指燃气管网发生危及安全的泄漏及引起中毒、火灾、爆炸等紧急事故。例如，燃气泄漏到电缆沟的爆炸；燃气泄漏引起的居民楼火灾；燃气泄漏引起人员中毒或窒息等事故。

制定"轻、重、缓、急"等级的依据可参照以下原则：

(1)供气区域漏气存在的潜在危险。

(2)供气区域管径的大小。

(3)供气区域管道压力的大小。

(4)供气管道及用气户的性质。

(5)供气区域的人口密度。

(6)供气区域的交通状况。

(7)供气设施的重要性质(如贮配站、配气站、过江管线、过桥管线、主干管控制阀门等)。

制定"轻、重、缓、急"抢修等级，主要体现在抢修的优先原则、抢修的效率原则和抢修的灵活性原则。

抢修的优先原则是指在同时接到几起燃气泄漏事故报告时，重大的、紧急的优先出动。

抢修的效率原则是指对泄漏情况不明或漏点暂时未挖到的，抢修队伍暂不出动，在挖到漏点或查明原因后再出动。

抢修的灵活性原则体现在对用气高峰时低压管或引入管漏气，进行临时堵漏等，并派专人现场监护，等待用气低峰出现，再出动抢修队伍正式修复。

二、抢修作业现场规定

(1)根据燃气泄漏程度确定警戒区，进入警戒区的抢修人员应按规定着装，设立警示标志和防护装置；在警戒区内严禁明火，管制交通，严禁无关人员入内。

(2)当燃气发生泄漏时应立即控制气源，再实施抢修。

(3)当泄漏的燃气未发生燃烧时，应消除现场火种，防止发生火灾、爆炸事故；在调压箱、柜处切断气源，抢修时，应在调压箱、柜上悬挂"正在抢修严禁通气"的警示牌。

（4）要做好紧急情况的人员疏散工作和及时救护伤员工作。

（5）在警戒区内不得使用非防爆型机电设备及仪器、仪表、手机、传呼机，严禁使用能产生火花的铁器等工具进行敲击。

（6）应严格按规范进行现场施工作业，施工作业时应有专人监护，严禁单独作业。

（7）供气管道和设备修复后，应做全面检查，防止燃气窜入通信电缆沟、电力电缆沟、排水管道、窖井、烟道等不易察觉的场所。

（8）供气管道、设备抢修完毕，应按规定进行现场清理、检查，确认不存在安全隐患，并有效置换后方可恢复供气，通气后 30 min 抢修人员方可撤离现场；重大的抢修施工现场 2 d 内应安排进行复查，抢险完毕，应按规定填写抢险登记表；严禁夜间施工及停气后恢复供气。

（9）当事故隐患未消除时不得撤离现场，应采取安全措施，直至查清事故原因并消除安全隐患为止。

（10）抢修完毕，现场负责人应把抢修情况及时向所属调度值班员和单位领导报告。基层调度部门应向本公司燃气调度中心汇报，重大事故按预案规定办理。

三、抢修施工现场安全管理

抢修作业施工现场管理可包括作业进度管理、劳动力管理、物资工具管理、质量管理、安全管理、设备管理等内容。其中，安全管理是关注的重点，在抢修现场应特别注意下列问题：

（1）警戒区的设定一般根据泄漏燃气的种类、压力、泄漏程度、风向及环境等因素确定。同时应随时监测燃气浓度变化、一氧化碳含量变化、压力变化。警戒区设置一般可以布置警戒绳、隔离墩、警示灯、告示牌等。在警戒区内应严格禁止火种、管制交通，不允许机动车通行，严格禁止无关人员进入。

（2）在警戒区内作业的安全防护。进入抢修作业区的人员应按规定穿防静电服、带防护用具，包括衬衣、裤均应是防静电的。而且不应在作业区内穿、脱防护用具（包括防护面罩及防静电服、鞋），以免在穿、脱防护用具时产生火花，作业现场操作人员还应互相监督。

（3）在警戒区内燃气浓度未降至安全范围时，如使用非防爆型的机电设备及仪器、仪表等有可能引起爆炸、着火事故；因此，特别指出如需要在警戒区内使用电器设备、仪器仪表等用具时，一定要保证混合气浓度在安全范围之内。

（4）燃气泄漏后，有可能窜入地下建（构）筑物等不易察觉的位置，因此，事故抢修完成后，应在事故所涉及的范围内做全面检查，避免留下隐患。如果有燃气泄漏点且又一时没有找到泄漏点时，作为接报检查，抢修人员一定不得撤离现场，应扩大寻找范围，直至找到根源，处理之后才可撤离现场，特别提醒注意。

第五节　抢修现场燃气中毒、爆燃事故的防范处理

城镇燃气是易燃、易爆气体，有的还含有毒有害成分，如焦炉煤气、重油催化裂解气等含有大量一氧化碳，人吸入后就会中毒；有的燃气虽然无毒性，如天然气、液化石油气，但人吸多了，会造成呼吸困难，甚至窒息。在管道抢险维护工作中，难免遇到燃气泄漏情况，泄漏的燃气在遇明火或静电火花时就会易燃易爆。因此，抢修人员必须掌握必要的防毒、防窒息、防燃爆的安全技术，以避免不必要的人员伤亡事故发生。

一、燃气泄漏现场的安全事故处置方法

（1）抢修人员进入泄漏现场后，应立即控制气源，驱散积聚燃气。严禁启用非防爆型电器（如电灯、电话、排风扇、对讲机、电子照相机等），在室内应开启门窗加强自然通风。地下燃气管泄漏时，可挖坑或钻孔，散发聚积在地下的燃气，必要时可采用防爆风机强制排风。

（2）地下室和地下燃气设备泄漏时，抢修人员进入前，应遵守下列规定：

1）打开门、窗通风或用防爆风机强制通风，排除积存的混合气体。

2）检测泄漏燃气浓度，在确认其浓度在爆炸下限的20%以下及混合气体中一氧化碳浓度小于0.05%时，方可进入。

（3）当泄漏燃气渗入地下管沟（如电力管沟、通信管沟、下水道等）时，首先应揭开数块（个）沟盖板或井盖，散发聚积在里面的燃气，并禁止四周烟火，严禁接打手机，尽快疏散无关人员。

（4）在燃气泄漏现场探管时，严禁进行直接法或充电法作业。

二、燃气火灾与爆炸现场的安全处置方法

（1）发生燃气火灾、爆炸等事故，危及燃气管道和设备的安全时，抢修人员应会同消防部门共同抢险。

（2）燃气火灾的抢险，应采取切断气源或降低压力等方法控制火势，并应防止燃气管内产生负压。

（3）火势得到控制后，应迅速扑灭火焰，加强现场通风，再对泄漏点、段进行抢修。

（4）燃气管道及设备发生爆炸后，抢修人员应迅速控制气源，防止次生灾害发生，保护事故现场。

三、深阀井内作业出现人员窒息的简易救护方法

（1）立刻将窒息者抬到新鲜空气充足处。

（2）对窒息者进行人工呼吸救护。

（3）拨打120急救电话求救。

（4）向上级领导汇报情况。

四、对一氧化碳中毒者的简易救护方法

发现有人因一氧化碳（可能是人工煤气泄漏或是使用燃气热水器不当）中毒时，应立即打开门窗通风换气，迅速切断气源，将中毒者抬到空气流通的地方，一方面尽快拨打120急救电话求救，同时对中毒者按以下方法进行简单有效的救护：

（1）解开中毒者衣扣、腰带，清除其口内异物及假牙。

（2）将中毒者平放使之仰卧，垫高其颈部，使其头向后仰，以免喉部受到阻塞。

（3）抢救者用双手有规律地压迫中毒者的胸部，或者捏住中毒者鼻孔，以每分钟16次的速率向中毒者吹气，进行口对口的人工呼吸。

（4）条件具备时，可向中毒者输氧气或使用呼吸兴奋剂、升血压药物等。

（5）可以用新针疗法针刺中毒者的人中、百会、合谷等穴位。

➤ 本章小结

由于燃气具有易燃、易爆、有毒和压力高的特点，在生产、输配、供应及使用过程中极有可能发生泄漏和引爆事故，因此，必须制定抢修应急救援预案。本章主要介绍抢修应急救援预案的制定、燃气管道的抢修过程、抢修现场中毒，以及爆炸事故的处理方法的内容。

➤ 思考题

1. 燃气供应企业专项预案应包括哪些内容？
2. 应急预案签署发布后，应做好哪些工作？
3. 燃气供应企业事故应对与处置的环节主要包括哪些？
4. 抢修作业现场的规定有哪些？
5. 燃气泄漏现场的安全事故处置方法有哪些？
6. 简述对一氧化碳中毒者的简易救护方法。

第七章　燃气场站运行、维护的安全技术

1. 了解燃气门站的作用与布置；熟悉燃气储配站的作用与生产工艺流程；掌握门站和储配站总综合运行试验、安全事故原因分析及处理。

2. 了解储气罐的分类；掌握储气罐安全与维修、安全故障分析与排除。

3. 了解压缩机的种类；熟悉压送机房的工艺流程、压缩机的选型；掌握压缩机安全维护管理、安全故障的分析与排除。

4. 了解燃气场站 SCADA 系统的组成和功能；熟悉 SCADA 系统的维护管理及故障处置。

1. 能在门站和储配站各部分试验合格的基础上，对整个站进行综合运行试验，并能对运行中可能发生事故的原因进行分析，以便及时对事故进行处理。

2. 能对储气罐进行安全运行与维修，并能进行储气罐的安全事故分析与排除。

3. 能进行压缩机室布置、压缩机安全维护管理及安全事故的分析与排除。

第一节　燃气门站、储配站

一、燃气门站的作用与布置

(一)燃气门站的主要作用

燃气门站负责接受长输管线输入城镇使用的天然气，进行计量、质量检测，按城镇供气的输配质量要求，控制与调节向城镇供应的燃气流量与压力，必要时还需对燃气进行净化、加臭。根据实际需要门站中可建有储气罐，也可不建(未建有储气罐的门站又称为配气站)。

(二)燃气门站站址选择

燃气门站站址的选择应符合下列要求：

(1)站址应符合城市规划的要求。

(2)门站站址应具有适宜的地形、工程地质、供电、给水排水和通信等条件。

(3)门站和储配站，应少占农田、节约用地，并应注意与城市景观等的协调。

(4)门站站址，应结合长输管线的位置确定。

(5)根据输配系统具体情况，储配站与门站可合建。

(6)站内的储气罐与站外的建筑物、构筑物的防火间距应符合现行国家标准《建筑设计防火规范(2018 年版)》(50016—2014)的规定。

(三)燃气门站的工艺设计及计量仪表设置

燃气门站的工艺设计及计量仪表设置应符合下列要求:

(1)门站功能应满足输配系统输气调峰的要求。

(2)站内应根据输配系统调度要求分组设置计量和调压装置,装置前应设过滤器;门站进站总管上宜设置分离器。

(3)调压装置应根据燃气流量、压力降等工艺条件确定设置加热装置。

(4)站内计量调压装置和加压设置应根据工作环境要求露天或在厂房内布置,在寒冷或风沙地区宜采用全封闭式厂房。

(5)进、出站管线应设置切断阀门和绝缘法兰。

(6)当长输管道采用清管工艺时,其清管器的接收装置宜设置在门站内。

(7)站内管道上应根据系统要求设置安全保护及放散装置。

(8)站内设备、仪表和管道等安装的水平间距和标高均应便于观察、操作和维修。

(9)站内宜设置自然化控制系统,并宜作为输配系统的数据采集监控系统的始端站。

(四)燃气门站总平面布置

总平面应分区布置,即分为生产区、辅助生产区和生活区。站内的各建筑物与构筑物之间及站外建筑物的耐火等级,不应低于国家现行标准《建筑设计防火规范(2018年版)》(50016—2014)的有关规定。站内建筑物的耐火等级,不应低于国家现行标准《建筑设计防火规范(2018年版)》(GB 50016—2014)中二级的规定。

1. 生产区

门站生产区内构筑物包括收球装置、计量间、稳压间、调压间、储气罐、加臭间和集中放散装置等。

(1)储气罐。

1)门站采用高压球罐时,罐室布置在站的出入口的另一侧。

2)罐与球罐之间的距离及球罐与其他建筑物、构筑物之间的距离应符合《建筑设计防火规范(2018年版)》(GB 50016—2014)中有关规定。

3)罐区应有环形防火通道及消防设施,消防通道宽度不应小于3.5 m。

4)考虑到城镇的发展,用气量的增加,罐区内应预留有增设储气罐的场地。

(2)调压间。

1)调压间的位置应尽量靠近储气罐,并应考虑便于管道连接。

2)调压间面积应满足调压器距墙的安全距离。

3)集中放散的位置应考虑当地主导风向,使放散时不会对门站产生不利影响和安全隐患。

4)站内生产用房应符合现行的国家标准《建筑设计防火规范(2018年版)》(GB 50016—2014)的"甲类生产厂房"设计的规定,其建筑耐火等级不应低于"二级"。

2. 辅助生产区

辅助生产区内构筑物包括远程信息接收室、稳压自动化控制室、消防水池、消防泵房、消防车库、调度室、配电室、维修车间和大气环境监控室等。门站的消防设施和器材的配置,应符合现行的国家标准《建筑灭火器配置设计规范》(GB 50140—2005)的规定。

3. 生活区

门站的生活区由综合楼、食堂、宿舍和浴室等组成。

二、燃气储配站的作用与生产工艺流程

(一)燃气储配站的主要作用

燃气储配站的主要作用如下：

(1)接受气源来气。

(2)储存燃气，以调节燃气生产与使用之间的不平衡。

(3)控制输配系统供气压力。

(4)进行气量分配。

(5)测定燃气流量。

(6)检测燃气气质。

另外，当气源为天然气等无气味的可燃气体时，还需设置加臭装置。

(二)燃气储配站的主要任务

燃气储配站的主要任务是燃气储存、加压，以及向城镇燃气输配管网输送燃气。

(三)燃气储配站站址选择

燃气储配站站址选择应符合下列要求：

(1)储配站与周围建筑物、构筑物的防火距离，必须符合现行的《建筑设计防火规范(2018年版)》(GB 50016—2014)的规定，并应远离居民稠密区、大型商业用户、重要物资仓库及通信和交通枢纽等重要设施。

(2)储配站站址应具有适宜的地形、工程地质和供电与给水排水等条件。

(3)储配站应少占农田，节约用地，并应注意与城镇景观等的协调。

(4)储配站应符合城镇总体规划和燃气规划的要求。

当城镇燃气供应系统中只设一个储配站时，该储配站应设在气源厂附近，称为集中设置。当设置两个储配站时，一个设在气源厂，另一个设置在管网系统的末端，成为对置设置。根据需要，城镇燃气供应系统可能有几个储配站，除一个储配站设在气源厂附近外，其余均分散设置在城镇其他合适的位置，称为分散设置。

储配站的集中设置可以减少占地面积、节省储配站投资和运行费用，便于管理。分散布置可以节省管网投资、增加系统的可靠性，但由于部分气体需要二次加压，就需要多消耗一些电能。

(四)燃气储配站生产工艺流程

燃气储配站的生产工艺流程一般按燃气的储存压力分类，可分为高压储配站工艺流程和低压储配站工艺流程两大类。按照调压级数和输出压力的不同，可再分成几种类型。

1. 高压储配站工艺流程

高压储配站工艺流程分为高压储存一级调压、中压或高压输送流程及高压储存二级调压、高压或中压输送流程两种。

(1)高压储存一级调压、中压或高压输送储配站流程。高压储存一级调压、中压或高压输送储配站工艺流程如图7-1所示。

燃气自气源经过滤器进入压缩机加压，然后经冷却器冷却后通过油气分离器，经油气分离的燃气进入调压器，使出口燃气压力符合城镇输气管网输气起点压力的要求，计量后输入管网。

当城镇供气量低于低峰负荷时，气源来的燃气经油气分离器分离后直接进入储气罐；当城

镇用气量处于高峰负荷时，储气罐中的燃气则利用罐内压力输出，经调压器调压并经计量后送入城镇输配管网。

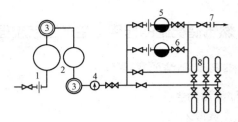

(2)高压储存二级调压、高压或中压输送储配站工艺流程。高压储存二级调压、高压或中压输送储配站工艺流程如图7-2所示。

来自气源的燃气过滤后，经流

图7-1　高压储存一级调压、中压或高压输送储配站工艺流程

1—进口过滤器；2—压缩机；3—冷却器；4—油气分离器；
5—调压器；6—止回阀；7—出口计量器；8—高压储气罐

量计计量，进入压缩机加压，再经冷却器和油气分离器冷却分离后进入一级调压器调压，调压后的燃气进入储气罐，或经二级调压器并通过计量器计量后直接送往城镇输配管网。在城镇用气量处于高峰负荷时，储气罐中的燃气以自身压力输入二级调压器调压，并经计量后送入管网。

高压储配站调压工艺流程如图7-3所示。

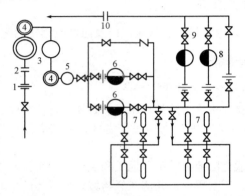

图7-2　高压储存二级调压、高压或中压输送储配站工艺流程

1—过滤器；2—进口计量器；3—压缩机；4—冷却器；5—油气分离器；
6—一级调压器；7—高压储气罐；8—二级调压器；9—止回阀；10—出口计量器

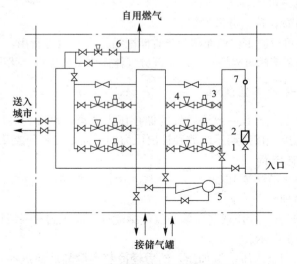

图7-3　高压储配站调压工艺流程

1—阀门；2—止回阀；3—安全阀；4—调压器；5—引射器；6—安全水封；7—流量孔板

高压储配站只需调压工艺，而不需经压缩机加压。

在燃气进入储配站的入口处需装设阀门和止回阀，止回阀的作用是为了在燃气干管停止供气时，防止燃气从储气罐中倒流回去。储配站调压室应有足够数量的旁通管，以便进行检修时使用。

在入口处的直管段上安装流量孔板以测定流量。

2. 低压储配站工艺流程

低压储配站工艺流程分为低压储存、中压输送储配站工艺流程及低压储存、低压和中压分路输送储配站工艺流程两种。

(1)低压储存、中压输送储配站工艺流程。低压储存、中压输送储配站工艺流程如图7-4所示。

来自人工煤气气源厂的燃气首先进入低压储气罐，再自储气罐引出至压缩机加压至中压，经流量计计量后送入城镇中压管网。

(2)低压储存、低压和中压分路输送储配站工艺流程。低压储存、低压和中压分路输送储配站工艺流程如图7-5所示。

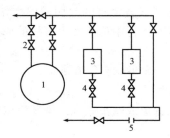

图7-4　低压储存、中压输送储配站工艺流程
1—低压湿式储气罐；2—水封阀门；3—压缩机；4—止回阀；5—出口计量器

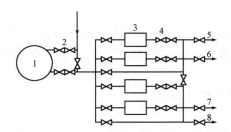

图7-5　低压储存、低压和中压分路输送储配站工艺流程
1—低压湿式储气罐；2—水封阀门；3—压缩机；4—止回阀；5～8—分路输送管道

来自人工煤气气源厂的低压燃气首先在储气罐中储存，再由储气罐引出至加压机加压至中压，送入中压管网。当需要低压供气时，则可不经加压直接由储气罐至低压管网供气。

当城镇需要低压、中压同时供气时，可采用此流程。

三、门站和储配站综合运行试验

在门站和储配站各部分试验合格的基础上对整个站进行综合运行试验，综合运行试验的目的是检验全站的各项技术经济指标是否满足设计要求，安全运行是否有保障，环境保护有无问题。具体应注意以下问题。

(1)门站和储配站的主要技术经济指标为供气规模、储气规模、总储气量、可调度容积、容积利用系数、进站与出站压力、储罐的储存压力、最大供应流量，对在进行综合运行试验时，应对以上数据进行核实。

（2）门站和储配站在综合运行试验中应检查全站工艺系统各部位的安全防护措施是否正常有效，安全阀是否在给定条件下工作，安全放散装置是否能在紧急状态下可靠运行。

（3）应对站区内的工艺阀门进行全面检查，开启、关闭是否方便，是否关闭严密，自动控制阀门是否满足要求。

（4）站区的消防是门站和储配站安全运行的重要保证，应在综合运行试验时对站区消防系统进行检验，检查消防系统与消防水量是否符合《建筑设计防火规范（2018年版）》（GB 50016—2014)的要求。

（5）在进行全站综合运行试验中，应检查是否有大气污染与噪声超标等环保方面的问题，应按有关环境保护要求进行整改。

四、门站、储配站运行安全事故原因分析及处理方法

门站、储配站在运行过程中由于设备本身的问题或误操作等原因可能会出现漏气、火灾、爆炸与机器损坏等事故。因此，应对运行中可能发生事故的原因进行分析，以便及时对事故进行处理。

燃气门站、储配站可能出现的安全事故应急措施如下：

1. 燃气管道断裂，发生大跑气

其主要防范目的有两点：一是避免或减小燃气污染环境以致造成火灾和中毒事故；二是避免或缩小对生产和人们生活的影响。

（1）在燃气管道断裂附近加强防范，在消防范围内，严禁一切明火，严禁机动车辆等一切机械和电器设施的启动与运转。立即报告公安消防部门、行政部门，立即组织人力加强事故范围内的警戒工作，杜绝明火及机械电器的操作，严禁烟火。

（2）立即关闭管道跑气点上游和下游的阀门。

（3）在现场已污染的范围内，设置消防危险标志牌和执勤警戒人员。

（4）当跑气停止，经安全部门、技术部门用燃气检漏仪检查，确认燃气污染解除后，方可结束现场的紧急状态。

2. 加压机房主要输气设施破坏大跑气

其应急措施如下：

（1）立即切断电源，停止机房内一切设备运转。

（2）关闭跑气点前后的阀门。

（3）打开门、窗通风，并打开防爆排风扇通风。

（4）在压送站范围内，严禁一切室外明火作业。

（5）立即报燃气公司调度室，采取临时措施，平衡市内供气。

（6）由站内安防人员、技术人员应用燃气检漏仪检查，确认燃气污染消除后，经站长同意，可恢复开机运行。

视频：燃气站
爆炸

3. 重要站房发生火灾爆炸

重要站房如压送站、配气站的调压配气间发生火灾爆炸，应立即切断电源，扑灭火灾并争取尽快恢复供气。

其应急措施如下：

（1）在站房外部进出口方向切断一切电源，关闭阀门，切断气源，同时采用干粉灭火器等扑

灭火焰。

（2）立即组织人员在现场周围 20 m 范围（下风向 50 m）进行值勤警戒。

（3）根据单位负责人或安全、技术等部门的决定，打开站外旁通，人工监视压力表和调节阀门恢复供气。对于居民区，不得夜间恢复供气。

（4）通过检测，燃气污染解除，经单位负责人或有关部门决定后，可解除紧急状态，撤除警戒或减小值勤警戒范围。

第二节　储气罐

一、储气罐的分类

燃气储罐是燃气输配系统中经常采用的储气设施之一。合理确定储罐在输配系统中的位置，使输配管网的供气点分布合理，可以改善管网的运行工况，优化输配管网的技术经济指标，解决气源供气的均匀性与用户用气不均匀性之间的矛盾。

燃气储罐按照工作压力可分为以下两种：

（1）低压储罐。低压储罐的工作压力一般在 10 kPa 以下，储气压力基本稳定，储气量的变化使储罐容积相应发生变化。

（2）高压储罐。高压储罐的几何容积是固定的，储气量变化时，储罐储气压力相应变化。

（一）低压储气罐

1. 湿式储气罐

低压湿式储气罐有直立罐和螺旋罐两种，直立罐抗风压性能良好，但钢材耗量大且不够美观，所以，现在低压湿式罐中螺旋罐的应用要远多于直立罐。

图 7-6 所示为螺旋导轨式储气罐，俗称螺旋罐。其罐体靠导轮（安装在上一塔节侧板上）与导轨（安装在下一塔节侧板上）相对滑动而螺旋升降。图 7-7 所示为导轮和导轨示意。

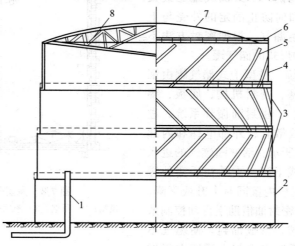

图 7-6　螺旋罐示意

1—进（出）气管；2—水槽；3—塔节；4—钟罩；5—导轨；6—平台；7—顶板；8—顶架

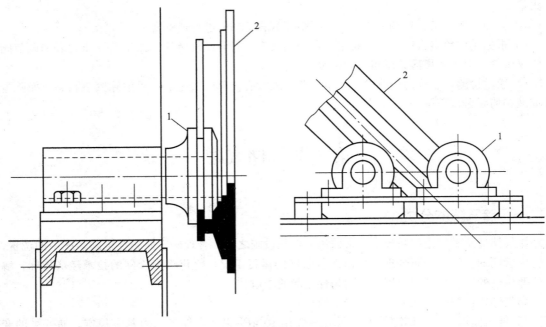

图 7-7　导轮和导轨示意

1—导轮；2—导轨

2. 干式储气罐

低压干式储气罐主要由外壳、沿上壳壁上下运动的活塞、底板及顶板组成。燃气储存在活塞以下部分，随活塞上下移动而增减其储气量。干式储气罐不像湿式罐那样设有水封槽，故可大大减少罐的基础荷载，这对于大容积储气罐的建造是非常有利的。干式储气罐的最大问题是密封，也就是如何防止固定的外壳与上下活动的活塞之间产生漏气。根据密封方法不同，目前采用以下三种形式的储气罐。

(1)曼型干式储气罐。曼型干式储气罐由钢质正多边形外壳、活塞、密封机构、底板、罐顶(包括通风换气装置)、密封油循环系统、进出口燃气管道、安全放散管、外部电梯和内部吊笼等组成，如图7-8所示。活塞随燃气的进入与排出在壳体内上升或下降。支承在活塞外缘的密封机构紧贴壳体侧板内壁同时上升或下降，如图7-9所示。其中的密封油借助于自动控制系统始终保持一定的液位，形成油封，使燃气不会逸出。燃气压力由活塞自重与在活塞上面增加的配重所决定。目前最高压力可达 6 kPa。

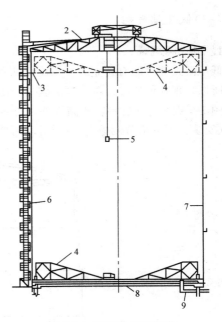

图 7-8　曼型干式储气罐

1—风帽；2—顶架；3—密封机构；4—活塞；5—吊笼；
6—电梯；7—侧板；8—底板；9—燃气管道

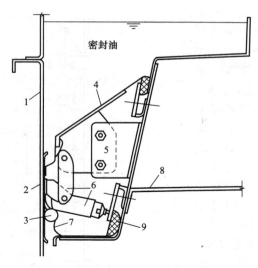

图 7-9　曼型干式储气罐密封机构示意

1—侧板；2—滑板；3—木质挡板；4—分隔帆布；5—支托；6—压紧装置；7—主帆布；8—活塞底板；9—压板

(2)可隆型干式储气罐。可隆型干式储气罐以润滑脂(干油)作密封介质，其外形为圆筒式，如图 7-10 所示。密封机构由橡胶与棉织品制造的密封垫圈、连杆和平衡重物组成，如图 7-11 所示。借助杠杆原理，平衡重物通过压紧杠杆使密垫圈始终在一定的压力下接触侧板。即使由于地震、风载和温度变化导致储气罐暂时变形也能充分保证气密性能。为使活塞升降灵活，往润滑脂供应管注入润滑脂，同时，也因此使密封性能更好。目前最高储气压力可达 12 kPa。

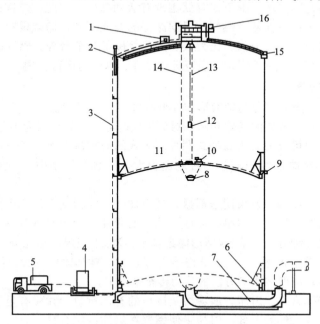

图 7-10　可隆型干式储气罐

1—密封油供给；2—系统控制装置旋转平台；3—润滑油；4—润滑脂地上罐；5—润滑脂专用槽车；
6—活塞支墩；7—燃气管；8—缓冲器；9—密封；10—供油泵；11—活塞；12—内部吊笼；
13—润滑脂软管；14—空气胶管；15—柜顶栏杆；16—内部升降机

(3)威金斯型干式储气罐。威金斯型干式储气罐的密封机构由橡胶夹布帘和套筒式护栏组成。其工作原理是：无气时，活塞全部落在底板上，当充气达到一定压力值后，活塞上升，带动套筒式护栏同时上升，活塞与护栏之间的橡胶夹布帘随活塞及护栏的升降做卷上卷下的变形，起密封气体的作用。这种密封方式要求钢质圆筒形外壳侧板自下部起 1/3 高度必须气密。但其余 2/3 高度不要求气密，可根据需要灵活设置洞口，既可作为通风罩使用，又可以进入活塞上部检查保养，便于管理。由于护栏的自重，在升降过程中不可避免地产生压力变化，但其压力变化值远较多节湿式储气罐小，一般在 500 Pa 左右。

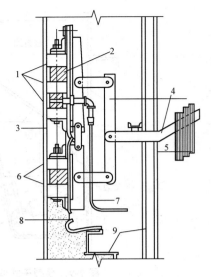

图 7-11　可隆型干式罐密封机构示意

1—密封垫圈；2—木衬垫；3—侧板；4—压紧杠杆；5—平衡重物；
6—密封垫圈；7—润滑脂供应管；8—可挠性垫板；9—活塞构件

（二）高压储气罐

高压储气罐中燃气的储存原理与低压储气罐不同，其几何容积固定不变，靠改变燃气的压力来储存燃气，故称定容储罐。由于定容储罐没有活动部分，因此，结构比较简单。定容储罐可以储存气态燃气，也可储存液态燃气。根据储存的介质不同，储罐设有不同的附件，但所有燃气储罐均设有进出口管、安全阀、压力表、人孔、梯子和平台等。燃气高压储罐属于压力容器，因此，应按压力容器的有关规定、规范进行设计、制作与运行管理。

1. 高压储气罐的分类

高压燃气储罐按其形状可分为圆筒形和球形两种。

圆筒形罐是由钢板制成的圆筒体和两端封头构成的容器。封头可为半球形、椭圆形或蝶形。圆筒形罐根据安装情况可分为立式和卧式两种。立式圆筒形罐的运行管理不方便，一般采用卧式储罐。由于圆筒形储罐的容积较小，占地面积大，一般常用于中、小型的液化石油气储配站中。

城镇燃气中的高压储罐一般采用球形罐，其由球壳、球罐支撑件、进出气管与球罐附件组成。球壳是由分瓣压制的钢板拼焊组装而成。球壳的瓣片一般为足球分瓣法、橘瓣分瓣法与足球、橘瓣混合分瓣法三种方式。根据《球形储罐基本参数》中规定，球壳分为二带、五带、七带。分别为南、北极板，南、北寒带，南、北温带与赤道带。球形罐的支撑件一般采用赤道正切式支柱、拉杆支撑体系，以便将水平方向的外力传至基础上。

设计时应考虑罐体自重、风压、地震力及试压的充水重量，并应有足够的安全系数。燃气的进出气管一般安装在罐体的下部，但为了使燃气在罐体内混合良好，有时也将进气管延长至罐顶附近。为了防止罐内冷凝水及尘土进入出气管内，进、出气管应高于罐底。

罐内的冷凝水等污物，在储罐的最下部，应安装排污管。在罐的顶部必须设置安全阀。储罐除安装就地指示压力表外，还要安装远传指示控制仪表。另外，根据需要可设置温度计。储罐必须设防雷静电接地装置。储罐上的人孔应设在维修管理及制作储罐均较方便的位置，一般在罐顶及罐底各设置一个人孔。燃气球形储罐的结构如图 7-12 所示。

2. 高压储气罐储气量计算

高压储气罐的有效储气容积可按下式计算：

$$V = V_C \frac{P - P_C}{P_0} \qquad (7\text{-}1)$$

式中　V——有效储气量（m^3）；

　　　V_C——储气罐的几何容积（m^3）；

　　　P，P_C——最高、最低使用绝对压力（MPa）；

　　　P_0——标准状态的压力（MPa）。

储气罐的容积利用系数，可用下式表示：

$$\varphi = \frac{V P_0}{V_C P} = \frac{V_C (P - P_C)}{V_C P} = \frac{P - P_C}{P} \qquad (7\text{-}2)$$

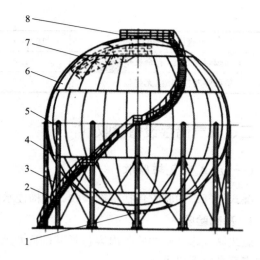

图 7-12　燃气球形储罐的结构
1—人孔；2—下部支柱；3—拉杆；4—耳板、翼板；
5—上部支柱；6—球壳板；7—内部转梯；8—外部梯子平台

通常储气罐的工作压力已定，欲使容积利用系数提高，只有降低储气罐的剩余压力，而后者又受到管网中燃气压力的限制。为了提高储气罐的利用系数，可以在高压储气罐站内安装引射器，当储气罐内燃气压力接近管网压力时，就开动引射器，利用进入储气罐站的高压燃气的能量把燃气从压力较低的罐中引射出来，这样可以提高整个罐站的容积利用系数。但是利用引射器时，要安设自动开闭装置，否则管理不当会破坏正常工作。

3. 球形和圆筒形储气罐壁厚计算

球形储气罐壁厚计算公式为

$$S_b = \frac{PD}{4[\sigma]^t \varphi - P} + C \qquad (7\text{-}3)$$

圆筒形储气罐壁厚计算公式为

$$S_e = \frac{PD}{2[\sigma]^t \varphi - P} + C \qquad (7\text{-}4)$$

$$C = C_1 + C_2 + C_3$$

式中　S_b，S_e——球形和圆筒形储气罐实际壁厚（mm）；

　　　P——设计压力（Pa）；

　　　D——球形或圆筒形储气罐内径（mm）；

　　　$[\sigma]^t$——设计温度下的许用应力（Pa）；

　　　φ——焊缝系数，按表 7-1 选取；

　　　C——壁厚附加量（mm）；

　　　C_1——材料负公差量，一般 C_1 不大于 1 mm；

　　　C_2——根据介质对材质的腐蚀性能及使用寿命确定的腐蚀裕量，一般地上储气罐 $C_2 =$ 1 mm，地下钢壁储气罐 $C_2 = 3$ mm；

　　　C_3——封头或罐体球片冲压加工减薄量，通常取计算厚度的 10%，但不大于 4 mm。

表 7-1　焊缝系数

焊缝接头形式	100%无损探伤	局部无损探伤	不做无损探伤
双面焊对接焊缝	$\varphi = 1.0$	$\varphi = 0.9$	$\varphi = 0.7$

焊缝接头形式	100%无损探伤	局部无损探伤	不做无损探伤
单面焊对接焊接(有全长垫板)	$\varphi=0.9$	$\varphi=0.8$	$\varphi=0.65$
单面焊对接焊缝(无垫板)		$\varphi=0.7$	$\varphi=0.6$

二、燃气储存设备验收

(一)湿式储气罐验收

湿式储气罐的验收包括基础验收、水槽注水试验、升降试验、罐体气密性试验。

1. 基础验收

湿式储气罐基础的验收内容包括基础底板直径、坡度和标高、防水层和干铺黄砂层。以上各项应符合以下要求：

(1)环梁基础的内径偏差小于±25 mm，环梁基础的宽度偏差小于±25 mm。

(2)环梁基础的标高偏差不超过±10 mm。

(3)环梁基础表面用水泥砂浆找平后，其表面水平偏差在±5 mm以内。

(4)基础底板坡度应符合设计要求。

(5)圆形底板中心拱起高度不得大于水槽直径的1.5%。

(6)阀门井标高的偏差在±10 mm以内，其他尺寸的偏差应在±20 mm以内。

(7)底板防水层平滑均匀，无裂纹、无皱褶，所有防水材料标号和配比符合设计规定。

(8)干铺黄砂层厚度符合设计要求，并要求干燥、密实；无有机杂质，黄砂粒度不大于4 mm。

(9)基础周围排水通畅，砂层必须有防潮措施。

2. 水槽注水试验

钢水槽注水试验检查的主要项目是焊缝质量、水槽倾斜度、基础沉陷程度。

注水前，沿水槽侧壁周围设8个对称测点，用以观测水槽沉降情况。

注水过程中应严格控制分级注水，以逐渐增加水槽负荷。

(1)充水分12次，若地基土质较好，可减少次数。

(2)第1次至第4次的加水量，每次为水槽高度的1/8。第5次至第12次的加水量，每次为水槽高度的1/16。

(3)每次充水时间不得小于8 h，两次充水的时间间隔为16 h。

(4)每次充水后应观测焊缝质量和沉降量，如在24 h内的沉降量大于5 mm，应放慢充水速度或暂停充水。在以后24 h内，沉降量减少到小于5 mm时，可继续充水。

(5)水槽全部充满水后静置数日，每天观测记录两次沉降量，如在规定的静置天数内，每24 h沉降量小于5 mm，则到静置限期时即可开始放水，放水也应分级，其程序与充水程序相反。

(6)水槽倾斜度以小于或等于水槽直径的3/1 000为合格。否则，应采用高压泵向底板下面充灌干砂，将水槽调平，再重新充水试验。

(7)所有焊缝不得有渗水、漏水现象。

3. 升降试验

升降试验的主要检查项目是：各塔体的升降平稳性、导轨和导轮的运转正确性和可靠性罐整体气密性。试升和试降过程均应检查这三项内容。

(1)试升。

1)试验介质为空气、用鼓风机吹入空气，使各级塔节逐级缓慢上升。

2)上升试验速度为 0.9 m/min，或不低于运行时设计上升速度。

3)上升过程中导轨与导轮之间接触良好、运转平稳顺当为合格。

4)各级塔节上升时，罐顶 U 形压力计计测的罐内的气体压力与计算压力相符为合格。

各级塔节上升时，塔内气体计算压力以施工实际用料的质量为依据，按下式计算

$$P = 1\,000\,\frac{W}{A} \tag{7-5}$$

式中 P——罐内气体计算压力(Pa)；

W——已升起的塔体实际施工材料质量，包括挂圈内的水封水质量(kg)；

A——已升起的塔节截面面积(cm^2)。

(2)试降。

1)所有塔节全部升到规定高度后，逐渐开启放散管阀门，使塔节逐级缓慢下降，下降速度以 0.9 m/min 或等于实际运行设计下降速度为试验速度。

2)下降时的导轨与导轮的接触要求与试升时相同。

3)各级塔节下降过程中，罐内气体压力应与计算压力相符。升降试验连续进行 3 次并符合以上要求，则升降试验合格。

4. 罐体气密性试验

罐升降试验合格后，应重新鼓入空气，关闭出口阀门和罐顶放散阀门，并全部关闭进口阀门(进出口阀门和放散阀门安装前应进行气密性试验，并经试验合格)，使罐体稳定在稍低于升起最高高度的位置，开始进行气密性试验。

(1)充满气量为全部容积储气量的 90%(0 ℃，101 325 Pa 时标准容积)。

(2)从充满气量的时刻起，静置 7 d，记录静置开始和结束时刻的大气压、气体容积、气体温度和罐内气体压力。

折算标准容积的计算公式为

$$V = V_t\,\frac{273 \times (B + P - P_w)}{760 \times (273 + t)} \tag{7-6}$$

式中 V——标准容积(m^3)；

V_t——计测时储罐内空气体积(m^3)；

B——储气罐 1/2 升起的全高高度处计测时的大气压(Pa)；

P——计测时罐内压力(Pa)；

P_w——计测时罐内空气饱和水蒸气分压(Pa)；

t——计测时的罐内空气温度，0 ℃。

(3)静置 7 d 后的结束时刻测定并折算成标准状态的容积，如果等于或大于初始时刻充入气量的标准体积的 98%，即泄漏量不超过 2%，则气密性为合格。

采用涂肥皂水直接试验严密性，方法简单，可作为以上试验的辅助手段。

(二)曼型干式储气罐验收

曼型干式储气罐的验收包括基础验收、罐体钢结构验收、密封机构、总调试(试升降)与气密性试验。

1. 基础验收

(1)柱基中线与轴线切向、径向不应有过大偏差。

(2)保证轴向环梁外缘径向尺寸。

(3)基础宽度应按图样尺寸。

(4)基础顶部与活塞承托处标高要保证，并应平整。

(5)柱脚锚固横梁，底板标志预埋板、活塞承托处预埋螺栓的位置均应在允许偏差内。

2. 罐体钢结构验收

罐体钢结构包括底板、基柱、活塞、壁板和顶架等。

(1)底板应平整，不应出现局部凹凸面。

(2)基柱应保证柱间距、垂直度、顶部标高的尺寸要求。

(3)活塞要保证中心环尺寸。活塞桁架中心线要保证在精度要求范围内。导辊与导辊座应安装精确，应保证活塞油槽尺寸。

(4)侧壁板连接处应平顺。

(5)顶架中心环标高的允许值为±30 mm。

3. 密封机构

(1)滑板应与壁板贴紧。

(2)滑板端头与滑轨板接合处应保证严密，间隙应在准确度范围内。

4. 总调试(试升降)

(1)活塞运行无异常声响。

(2)升降中导辊位置应与滑轨面接触。

(3)各仓油位高度一致无显著差异。

(4)升降中压力波动±300 Pa。

(5)活塞倾斜度晴天时 2 ‰D，阴天时 1 ‰D。

(6)调试后油泵平均每小时开启 2~3 次为宜，每次开泵时间为 5~10 min。

5. 气密性试验

气密性试验与湿式罐基本相同。

(三)燃气球形储气罐验收

燃气球形储气罐的验收主要包括基础验收、零部件检查与安装验收、焊接与焊缝检查、热处理、压力试验与气密性试验。球罐的制造、检验与验收应符合《钢制球形储罐》(GB 12337—2014)和《球形储罐施工规范》(GB 50094—2010)的要求。

1. 基础验收

(1)基础中心圆直径应在允许偏差内。

(2)各支柱基础及其地脚螺栓均应准确。

(3)基础标高应在规定的允许偏差内。

(4)单个支柱基础上表面水平度应符合要求。

2. 零部件检查与安装验收

(1)球罐的球壳板、人孔、接管、法兰、补强件、支柱及拉杆等零部件均应有出厂证明书。

(2)球壳的结构应符合设计图样要求，每块球壳板不得拼接。球壳板不得有裂纹、气泡、结疤、折叠和夹渣等缺陷。球壳板厚度应进行抽查，球壳板的几何尺寸、坡口等均应严格符合图样与规范要求。

(3)球壳板组建错边量不应大于球壳板名义厚度的 1/4，且不得大于 3 mm。

(4)支柱、拉杆安装应符合规范中的规定，支柱安装应找正，保证垂直度，拉杆应对称均匀拧紧。

（5）人孔及接管等受压元件安装应保证准确度。

3. 焊接与焊缝检查

（1）球罐焊接前应进行焊接工艺评定。

（2）正确选择焊接材料并应妥善保管。

（3）焊接前应检查坡口，并在坡口表面和两侧至少 20 mm 范围内清除铁锈、水分、油污等。

（4）球罐在制造、运输和施工中所产生的各种缺陷应进行修补。

（5）焊缝应进行外观检查，应重点检查有无裂纹、气孔、咬边、夹渣、凹坑和未焊满等缺陷，以及焊缝高度、坡口宽度等尺寸是否符合要求。

（6）球罐对接焊缝必须 100％射线检测，并应用超声检测复验，其长度为焊缝全长的 25％。Ⅱ级为合格。

4. 热处理

（1）球罐全部焊缝及与球罐相焊的其他焊缝焊前须进行预热，焊后进行后热处理。

（2）应根据球罐名义厚度与材质确定球罐是否进行焊后整体热处理。在确定整体热处理后应做好热处理前的准备，并确定热处理工艺，热处理温度应符合设计要求。

（3）热处理后不得再行施焊。

5. 压力试验与气密性试验

（1）压力试验一般采用气压试验，试验压力为 1.15 倍设计压力。

（2）气密性试验压力为设计压力。

（四）储气罐置换

储气罐在启用前必须进行置换。置换方法分为以燃气直接置换和用惰性气体间接置换两大类。以燃气直接置换时，混合气体必将经过从达到爆炸下限到超越爆炸上限的过程。在这一过程中，由于混合气体处于爆炸范围之内，因此存在发生爆炸的危险；另外，以燃气直接置换必将向大气中放散大量燃气，会对周围环境造成严重污染。而采用间接置换不会产生爆炸和污染，是安全可靠的方法。

1. 惰性气体选用

（1）瓶装氮气。

（2）瓶装二氧化碳。

（3）惰性气体发生器产生的烟气。

（4）水煤气制气装置产生的吹风气。

在确定选用惰性气体时，应掌握因地制宜和就地取材的原则。如果同时具备两种以上的惰性气体来源，则应通过技术经济比较确定。还要注意到密度大的惰性气体适用于置换密度较小的燃气，密度较小的惰性气体适用于置换密度较大的燃气这一原理。当采用水煤气制气装置产生的吹风气时，吹风气应单独制取，并与水煤气正常生产所用的管道及设备分开。如有可能利用惰性气体发生装置产生的烟气，置换的费用会显著降低。

2. 确定安全经济的惰性气体置换浓度

当惰性气体的种类和燃气的成分确定后，即可用实测或计算的方法求出燃气、空气、惰性气体混合气的不同爆炸范围。

实际应用的惰性气体置换浓度应略高于上述实测或计算值。但惰性气体置换浓度过高则不经济。

3. 置换注意事项

(1)置换所用的气体密度大于被置换气体时，进气口应设在罐的底部。反之，应设在上部。

(2)进气速度不宜过大，完全置换方式进气速度不应超过 1 m/s；完全混合（稀释）方式，置换开始阶段进气速度不超过 1 m/s。当气体送入量达到置换空间的一半后，进气速度提高到 5 m/s 左右。

(3)在置换过程中，罐内始终保持正压。内压降低时，关闭放散管上的阀门，继续充入置换气体，直到内压恢复。在输入燃气以前，为防止因内压下降吸入空气或损坏罐体，应采用输入惰性气体的办法维持一定压力（维持正压的数值可根据当地气温变化情况进行计算并留有余地）。

(4)应备有足够数量的惰性气体或保证能连续产生惰性气体。各种仪器、仪表必须经过校验。

(5)置换时应有安全防范措施，确保工作人员和周围环境的安全。

4. 湿式储气罐投入使用前的置换要点

(1)将出气管水封灌满水。

(2)连接惰性气体输气管与罐的进气管。

(3)关闭罐顶放散阀，送入惰性气体，通过调节放散阀使钟罩内压力上升至 1 500 Pa。保持罐内为正压。

(4)从罐顶放散管取样分析，当确认氧含量达到要求值后，关闭放散阀。继续充入惰性气体，使钟罩升高 2 m，然后将进气管水封灌满水。

(5)排除出气管水封中的水，置换出气管内的空气。置换完成的同时，再次将出气管水封灌满水。

(6)用惰性气体置换各塔节水封环内的空气。

(7)取出进、出气管阀门处的盲板。并预先在阀门附近设空气放散口，排除水封中的水，用罐内惰性气体对阀门以内的进出气管中的空气进行置换。

(8)调节罐顶放散阀，使罐内压力下降至 1 500 Pa，撤掉惰性气体连接管。

(9)开启进气阀，送入燃气，在罐顶放散管取样分析。达到外供燃气含量要求时，关闭放散阀。

(10)将储气罐升至最高位置，静置一段时间再开始正式投入使用。

对于高压储气罐，一般其单罐几何容积比湿式罐小得多，置换介质可根据具体情况选用氮气、水蒸气或水置换方法，步骤及合格标准与低压储气罐基本相同。

三、储气罐安全运行与维修

(一)储气罐的安全运行管理

(1)低压湿式储气罐钟罩升降的幅度应在规定允许的红线范围内，如遇大风天气，应使塔高不超过两塔半。要经常检查储水槽和水封中的水位高度，防止燃气因水封高度不足而外漏。宜选用仪表装置控制或指示其最高、最低操作限位。

(2)储罐基础不均匀沉陷会导致罐体的倾斜。对于湿式罐，倾斜后其导轮、导轨等升降机构易磨损失灵，水封失效，以致酿成严重的漏气失火事故；对于干式储罐，倾斜后也易造成液封不足而漏气。因此，必须定期观测基础不均匀沉陷的水准点，发现问题及时处理，处理办法一般可用重块纠正塔节（或活塞）平衡或采取补救基础的土建措施。

高压固定罐虽然没有活动部件，但不均匀沉降会使罐体、支座和连接附件受到巨大的应力，轻则产生变形，重则产生剪力破坏，引起漏气等事故。因此，高压罐的基础也应定期观测，并在设备接管口处设补偿器或从设计上采取补偿变形措施。

(3)储气罐都是露天设置，由于日晒雨淋，不可避免会带来罐的表皮腐蚀，一般要安排定期检修，涂漆防腐。

由于燃气本身有某种程度的化学腐蚀性，所以，储气罐不可避免会有腐蚀穿孔现象发生。

在有关规范规定允许修补的范围内，采取措施后，修补现场已确认不存在可爆气体时，方可进行补漏。补漏完毕，应作探伤、强度和气密性试验验收检查，并备案。

(4)冬季，尤其寒冷地区，对于湿式罐要注意水封、水泵循环系统的水冻问题，并加强巡视。对于干式储气罐，应在罐壁内涂敷一层防冻油脂。对于高压固定罐，应设防冻排污装置，避免排污阀被冻坏。

(5)高压储气罐的安全阀工作压力应为：当储罐只安装一个安全阀时，安全阀开启压力不大于设计压力；当储罐安装多个安全阀时，其中一个安全阀的开启压力不大于设计压力，其余安全阀的开启压力可适当提高，但不得超过设计压力的 1.05 倍。只要储气罐已投入运行，安全阀必须处于与罐内介质连通的工作状态，以便在储气罐内出现超压时能及时放散而保全罐体不致被破坏。因此，必须在安全阀上系铅封标记，加强巡视检查。

(二)储气设备维修

1. 低压湿式罐的维修

(1)日常维修。

1)测定储气罐的倾斜度和水槽内的水位情况，做好记录。

2)定期检查溢水管运行、水槽、钟罩和塔节水封高度及指示灯完好情况，并做好记录。当气罐各塔全升起时，各挂杯中的水位比挂杯顶面减低的高度应不大于 150~200 mm，如果挂杯中水位比挂杯面低到 200 mm，必须及时补水。

3)定期检查钢板接缝、焊缝、铆钉及螺钉接头的密封情况，并做好记录。

4)春、秋季各测一次气罐接地电阻，其电阻不得大于 4 Ω，避雷系统每年检查一次。

5)气罐蒸汽管道及阀门每年秋季检修一次。

6)气罐除锈刷油每两年一次。

7)检查放气阀、循环水泵(定期维修，时间可为一年)。

8)确保大小燃气阀门启闭灵活。

9)气罐巡视，每班不少于两次，巡视内容如下：

①每班检查一次导轮及导轨的滑动情况，如发现脱轨和卡住问题要及时处理。

②导轮油盅每周加黄油一次，发现油盅损坏应立即修理或更换。

③保持气罐罐顶、罐体、梯子、平台、栏杆及气罐周围整齐，不得有杂物。

④水封阀及其他闸门井内不应有积水。

⑤冬季要注意防冻，如有冻结现象应用蒸汽加热解冻。

⑥冬季加强对蒸汽胶管、阀门、喷嘴等设施的检查。如发现堵塞、冻裂、脱落等情况应及时处理。

⑦冬季测量水槽及挂杯水温，并应保持其不低于 4 ℃。

(2)小修。

1)储气罐钟罩和塔节壁板腐蚀小洞的修补，修补面积不大于 200 mm×300 mm。

2)面积在 2 m² 以内的局部敲铲油漆。

3)调整个别导轮与导轨的位置，调换导轮座后盖。

4)局部栏杆、扶梯有损坏的调换、修复。

(3)中修。

1)储气罐钟罩和塔节壁板腐蚀面积较大、修补面积大于 200 mm×300 mm。

2)检修水封挂圈和杯圈，并进行修补。

3)面积大于 2 m² 的局部敲铲油漆。

4)因导轮与导轨长期磨损而需调换或加工修复在 5 对以上的。

(4)大修。

1)储气罐钟罩、塔节壁板或水槽壁板因严重腐烂穿孔须停用，并置换待修。

2)储气罐因倾斜 200 mm 或基础不均匀沉陷，严重影响正常运行，须置换待修。

3)储气罐壁板因腐蚀或已到三年一次的大修周期，需敲铲油漆，重新上漆。

4)其他意外事故须停用，应置换待修。

2. 高压储气罐的维修

(1)日常维修。

1)巡视检查运行罐的调节阀门、安全阀、压力表和温度计等，并作记录。

2)定期(按周或月)活动各开关阀门一次，包括排污罐除锈上漆。

3)定期检漏一次(按周)。

4)定期放排污罐污水一次(按周)。

5)定期检查安全阀动作灵敏情况(按月)。

(2)小修(一年一次)。

1)切断气源。

2)与运行设备连接部位加盲板。

3)放气；并外观检查罐体腐蚀情况。

4)拆罐充气管、补偿器等管件进行清管除锈，罐体涂漆防腐等，并测量基础有无沉陷。

5)安装管件、拆盲板。

6)置换并化验合格后投入运行。

(3)中修(三年一次)。

1)切断气源。

2)与运行设备连接部位加盲板。

3)导气和放气。

4)拆卸补偿器和管件，启开要检修罐的人孔盖，外观检查罐体腐蚀情况，清管除锈，罐体涂漆防腐，并测量基础沉陷值是否已稳定。

5)安装管件，拆盲板。

6)置换并化验合格后投入运行。

(4)大修(五年一次)。

1)切断气源。

2)与运行设备连接部位加盲板，置换罐内的燃气，并化验合格。

3)检修罐内加固圈、内梯、人孔和管法兰，检查有罐壁焊缝裂纹或较严重的腐蚀，应根据钢质焊接压力容器技术条件进行补焊或焊接修复，并按《承压设备无损检测　第 1 部分：通用要求》(NB/T 47013.1—2015)和《焊缝无损检测　射线检测　第 1 部分：X 和伽玛射线的胶片技术》(GB/T 3323.1—2019)提出的技术要求验收。

4)清除罐内所有杂物。

5)更换所有法兰垫圈。

6)进行阀件(包括安全阀)气密性试验。

7)对罐进行强度试验和系统气密性试验。

8)对罐进行除锈涂漆防腐。

9)拆盲板,置换罐内空气,化验合格后可投入运行。

四、储气罐的安全故障分析与排除

储气罐在运行过程中容易出现的故障主要是储气罐漏气、水封冒气、卡罐与抽空等。

1. 储气罐漏气

储气罐漏气主要原因是由于罐体钢板被腐蚀造成穿孔而漏气,当发现漏气以后应根据罐体腐蚀情况进行修补。在平时保养过程中,定期进行罐体防腐处理,以避免事故发生。

2. 水封冒气

湿式储气罐的塔节之间靠水封进行密封,当水封遭到破坏时,则罐内煤气将从水封中冒至大气,形成漏气。造成水封破坏的原因主要有:由于大风使罐体摇晃,水封遭破坏。下部塔节被卡,上部塔节在下落时造成脱封冒气。地震使储罐摇晃倾斜,水封水大量泼出,引起漏气。

为了防止水封冒气,遇有大风天气,需将储气罐降至一塔高度,最高不得超过一塔半。并应经常检查导轮导轨运行情况,及时发现问题进行处理。

3. 卡罐

湿式储气罐在运行时有时出现卡罐现象。卡罐现象的原因有很多,主要是罐体垂直度与椭圆度不符合要求,使导轮导轨不能很好地配合工作,也有可能是因为导轮工作不良,造成卡罐。当出现卡罐现象应及时分析原因,进行修复,避免重大事故发生。

当导轮导轨配合不良时,也可采取调整导轮位置使之与导轨紧密配合。当罐体垂直度不合要求时,应检查罐体沿周边的沉降情况是否均匀,若由于储罐基础沉降不均匀造成的罐体倾斜,则应将罐体调平,以保证罐体垂直度,使储罐能正常运行。

4. 抽空

当储气罐下降至最低限位时,此时应立即停止压缩机工作,以免继续抽排罐内燃气,使储气罐抽空形成负压而遭到破坏。平时在储罐运行过程中应随时注意储气罐的高度,使压缩机工作与储气罐的进气与排气协调配合,特别要注意储气罐最高与最低限位的报警,避免发生储气罐冒顶与抽空现象。

第三节　压缩机

一、压缩机的种类

压缩机按其工作原理可分为容积型压缩机和速度型压缩机两大类。在城镇燃气输配系统中,常见的容积型压缩机主要有活塞式、滑片式、罗茨式和螺杆式等;速度型压缩机主要有离心式。

(一)活塞式压缩机

活塞式压缩机应用十分广泛,这种压缩机的吸气量随着活塞缸直径的增大而增加。但从制造、管理及操作角度来看,吸气量 $250 \ m^3/min$ 是最大的极限了。另外,其压力越大,压缩时引起的升温及功率消耗越大,所以,高压排气的活塞式压缩机,多半为带有中间冷却器的多级压缩形式。

在活塞式压缩机中，气体是依靠在气缸内做往复运动的活塞进行加压的。

压缩机的排气量通常是指单位时间内压缩机最后一级排出的气体量，换算成第一级进口状态时的气体体积值，常用单位为 m^3/min 或 m^3/h。

(二)滑片式气体压缩机

滑片式气体压缩机是一种没有曲轴、连杆、气阀等零件的单转子回转式压缩机，与同类活塞式压缩机相比，滑片式气体压缩机具有结构简单、体积小、质量轻、零部件少、排气温度适中、振动小、噪声低、运转平稳、易损件少和维护操作便利等特点。

滑片式气体压缩机的主机部分由气缸、转子和滑片等组成。气缸呈圆筒形，而转子偏心安装在气缸内，滑片呈径向或斜向对称地布置在转子上。当转子旋转时，滑片受离心力的作用而紧贴气缸内壁；相邻滑片之间与气缸及两端盖构成一基元容积，随着转子的旋转，这些容积周期性地变化，而在气缸圆周特定的位置上开设吸入和排出孔口，从而完成气体的吸入、压缩和排出过程。

滑片式气体压缩机的滑片分为用自润材料和非自润滑材料制成的两种，前者可保证压缩气体洁净、干燥；后者则采用内喷油，起到冷却气体、润滑和密封作用。其性能参数：输气量为 $22\sim35\ m^3/min$；吸入压力为 $0.01\sim0.05\ MPa$；输出压力为 $0.35\ MPa$；单级压缩，水冷却，油泵压力润滑；采用电动机直联，转数为 $1\ 470\ r/min$，功率为 $72\ kW$。

(三)罗茨式压缩机

罗茨式压缩机是回转压缩机的一种。其特点是在最高设计压力范围内，管网阻力变化时流量变化很小，工作适应性强，故在流量要求稳定而压力波动幅度较大的工作场合可自行调节。其结构简单，主机由机壳、主动和从动转子所组成，如图 7-13 所示。

在椭圆形机壳内，有两个由高强度铸铁制成的二叶渐开线叶形转子，它们分别装在两个互相平行的主、从转轴上，并有滚动轴承作二支点支承。轴端装配了两个大小及式样完全相同的齿轮配合传动。当原动机

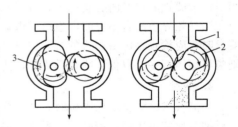

图 7-13 罗茨式压缩机工作原理图
1—机壳；2—转子；3—压缩室

带动两齿轮作相反的旋转时，则两个转子也做相反方向的转动。两转子相互之间、转子与机壳之间具有一定的间隙而不直接接触，使转子能自由地运转，而又不引起气体过多地泄漏。如图 7-13 所示，左边的转子作逆时针旋转，则右边的转子作顺时针旋转，气体由上边吸入，从下部排出。利用下面压力较高的气体抵消了一部分转子与轴的质量，使轴承受的压力减少，因而减少磨损。

罗茨式压缩机的转速一般是随着尺寸加大而减少。小型压缩机的转数可达 $1\ 450\ r/min$，大型压缩机的转数通常不超过 $960\ r/min$。它的壳体可分为成风冷和水冷式两种结构，排气压力小于 $0.05\ MPa$ 的产品多为风冷式结构，排气压力大于 $0.05\ MPa$ 的产品多为水冷式结构。

根据两转子中心线的相对位置，将罗茨式压缩机区分为以下两种形式：

(1)立式。即两转子中心线在垂直于地面的平面内，进、出气口分别在机壳两侧。一般转子直径在 $50\ cm$ 以下者均为立式。

(2)卧式。即两转子中心线在平行于地面的平面内，进气口在机壳的顶部，出气口在机壳下部一侧。转子直径在 $50\ cm$ 以上者均为卧式。

（四）螺杆式压缩机

螺杆式压缩机的主要结构是由机壳（气缸和缸盖）与机壳内一对阳、阴转子所组成。原动机通过联轴器与压缩机的主动转子（阳转子）连接，当阳转子旋转时，阴转子也随之旋转，如图7-14所示。转子采用对称型线和非对称型线两种，国产压缩机多用钝齿双边对称圆弧型线为转子的端面型线。阳转子有四种凸而宽的齿，为左旋向；阴转子有六个凹而窄的齿，为右旋向。阳转子和阴转子的转数比为1.5∶1。压缩机外壳的两端，设有进气口和排气口。由于两个具有不同齿数的螺旋齿相互啮合，旋转时使处于转子齿槽之间的气体，不断产生周期性的容积变化，且沿着转子轴线由吸入侧输送至压出

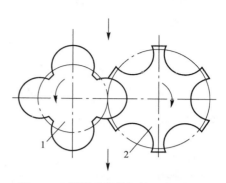

图 7-14　螺杆式压缩机转子端面型线
1—阳转子；2—阴转子

侧，这样就实现螺杆压缩机的吸入、压缩和排气的全部过程。

目前生产的螺杆式压缩机的优点是质量轻，体积小，易损零部件少，输出气体无脉冲现象等；其缺点是功率消耗大，噪声大，制造工艺要求高，不适用于高压。

使用这种压缩机时，应注意按规定方向旋转，不可使之反转。它有一级和二级压缩两个机种。气体冷却方式包括直接向气体喷油及在机壳水套内用循环水冷却两种。油的冷却也分为水冷和风冷两种。

（五）离心式压缩机

离心式压缩机的工作原理及结构如图7-15所示。

当原动机传动轴带动叶轮旋转时，气体被吸入并以很高的速度被离心力甩出叶轮而进入扩压器中。由于扩压器的形状，使气流部分流动动能转变为压力能，速度随之降低而压力提高。这一过程相当于完成一级压缩。当气流接着通过弯道和回流器经第二道叶轮的离心力作用后，其压力进一步提高，又完成第二级压缩。这样，依次逐级压缩，一直达到额定压力。提高压力所需的动力大致与吸入气体的密度成正比。当输送空气时，每一级的压力比 P_2/P_1 最大值为1.2，同轴上安装的叶轮最多不超过12级。由于材料极限强度的限制，普通碳素钢叶轮叶顶周速为200～300 m/s；高强度钢叶轮叶顶周速则为300～450 m/s。

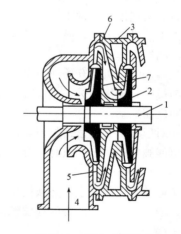

图 7-15　离心式压缩机
1—转动轴；2—叶轮；3—机壳；
4—气体入口；5—扩压器；6—弯道；7—回流器

离心式压缩机的优点是排气量大、连续而平稳；机器外形小，占地面积小；设备轻，易损件少，维修费用低；机壳内不需要润滑；排出气体不被污染；转速高，可直接与电动机或汽轮机连接，故传动效率高；排气侧完全关闭时，升压有限，可不设安全阀。其缺点是高速旋转的叶轮表面与气体磨损较大，气体流经扩压器、弯道和回流器的局部阻力也较大，因此，效率比活塞式压缩机低，对压力的适应范围较窄，有喘振现象。

离心式压缩机在使用中会发生异常现象。喘振又称为飞动，是离心式压缩机的一种特殊现象。任何离心式压缩机按其结构尺寸，在某一固定的转数下，都有一个最高的工作压力，在此

压力下有一个相应的最低流量。当离心式压缩机出口的压力高于此数值时，就会产生喘振。

从图 7-16 可以看出，OB 为飞动线，A 点为正常工作时的操作点，此时通过压缩机的流量为 Q_1。

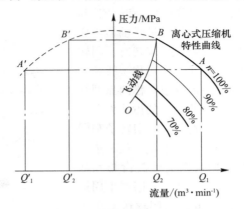

图 7-16   离心式压缩机的喘振原因分析

由于进口流量过小或出口压力过高等因素使工作点 A 沿操作曲线向左移动到超过 B 点时，则压力超过了离心式压缩机最高允许的工作压力，流量也小于最低的流量 Q_2，这时的工作点就开始移入压缩机的不稳定区域，即喘振范围。压缩机不能产生预先确定的压力，在短时间里发生了气体以相反方向通过压缩机的现象，这时压缩机的操作点将迅速移至左端操作线的 A' 点，使流量变成了负值。由于气体以相反方向流动，使排气端的压力迅速下降，而出口压力降低后，压缩机就又可能恢复正常供气量，因此，操作点又由 A' 点迅速右移至右端正常工作点 A。如果操作状态不能迅速改变，操作点 A 又会左移，经过 B 点进入不稳定区域，这样的反复过程就是压缩机的喘振过程。

发生喘振时，机组开始强烈振动，伴随发生异常的吼叫声，这种振动和吼叫声是周期性发生的；与机壳相连接的进、出口管线也会随之发生较大的振动；入口管线上的压力表和流量计发生大幅度的摆动。

喘振对压缩机的迷宫密封损坏较大，严重的喘振很容易造成转子轴向窜动，烧坏止推轴瓦，叶轮有可能被打碎。极严重时，可使压缩机遭到破坏，损伤齿轮箱和电动机等，并会造成各种严重的事故。

为了避免喘振的发生，必须使压缩机的工作点离开喘振点，使系统的操作压力低于喘振点的压力。当生产上实际需要的气体流量低于喘振点的流量时，可以采用循环的方法，使压缩机出口的一部分气体经冷却后，返回压缩机入口，这条循环线称为反飞动线。由此可见，在选用离心式压缩机时，负荷选得过于富裕是无益的。

二、压送机房的工艺流程

压送机房的工艺流程随选择的压缩机类型而异。

(一)活塞式压送机房的工艺流程

活塞式压送机房的工艺流程如图 7-17 所示。

低压燃气先进入过滤器，除去所带悬浮物及杂质，然后进入压缩机。在压缩机内经过一级压缩后进入中间冷却器，冷却到初温再进行二级压缩并进入最终冷却器冷却，经过油气分离器最后进入储气罐或干管。

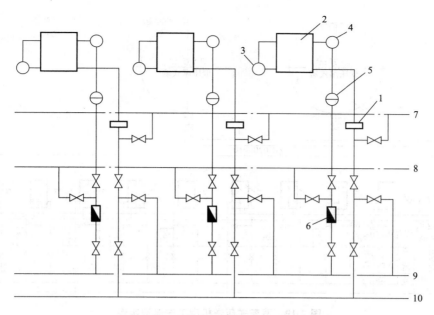

图 7-17　活塞式压送机房的工艺流程

1—过滤器；2—压缩机；3—中间冷却器；4—最终冷却器；5—油气分离器；6—止回阀；
7—高压水蒸气管；8—放散管；9—高压燃气管；10—低压燃气管

另外，压送机房的进、出口管道上，应安设阀门和旁通管。高压蒸汽主要用于清扫管道与设备。工艺流程实例如图 7-18 所示。

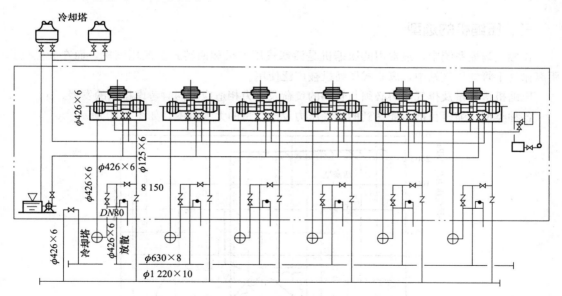

图 7-18　活塞式压送机房的工艺流程实例

(二)罗茨式压送机房工艺流程

罗茨式压送机房工艺流程实例如图 7-19 所示。

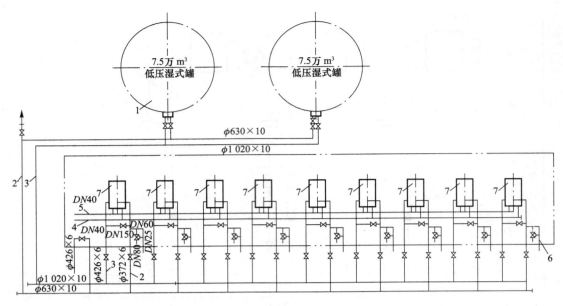

图 7-19　罗茨式压送机房工艺流程实例

1—储气罐；2—中压燃气管道；3—低压燃气管道；4—出水管；5—进水管；6—蒸气管；7—罗茨压缩机

（三）离心式压送机房的工艺流程

离心式压送机房无论驱动方式和压缩机级数如何，其工艺流程可概括为串联、并联和串并联三种形式，以适应不同的压缩比、流量和机组的选择条件。

三、压缩机的选型

在燃气输配系统中，最常用的压缩机是活塞式压缩机和回转式罗茨压缩机，而在天然气远距离输气干管的压气站中，离心式压缩机被广泛使用。

压缩机排气量及排气压力必须与管网的负荷及压力相适应，同时考虑将来的发展。

各种类型压缩机目前所能达到的排气压力及排气量的大致范围，如图 7-20 所示。

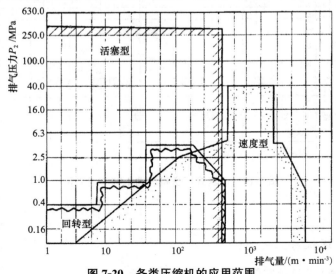

图 7-20　各类压缩机的应用范围

燃气输配系统内，排气压力相近的各储配站宜选用同一类型的压缩机。排气压力小于0.07 MPa时，一般选用罗茨式压缩机；排气压力大于0.07 MPa时，选用活塞式压缩机。如果排气量较大，宜选用排气量大的机组。若选用多台小排气量的机组，会增加压缩机室的建筑面积及机组的维修费用。通常，一个压缩机室内相同排气量的压缩机不超过5台。在负荷波动较大的压缩机室，可选用排气量大小不同的机组，但不宜超过两种规格。

四、压缩机室布置

压缩机在室内宜单侧布置，当台数较多，单排布置使压缩机过长时，可双排布置，但两排的间距应不小于2 m。室内主要通道，应根据压缩机最大部件的尺寸确定，一般应不小于1.5 m。

为了便于检修，压缩机室一般都设有起重机，其起重量按最大机件质量确定。

压缩机室内应留有适当的检修场地。一般设在室内的发展端。当压缩机室较长时，检修场地也可以考虑放在中间，但应不影响设备的操作和运行。

布置压缩机时，应考虑观察和操作方便。同时，也需考虑到管道的合理布置，如压缩机进气口和末级排气口的方位等。

对于带有卧式气缸的压缩机，应考虑抽出活塞和活塞杆需要的水平距离。

设置卧式列管式冷却器时，应考虑在水平方向抽出其中管束所需的空间。立式列管式冷却器的管束既可垂直吊出，也可卧倒放置抽出。

辅助设备的位置应便于操作，不妨碍门、窗的开启，不影响自然采光和通风。

压缩机之间的净距及压缩机和墙之间的距离不应小于1.5 m，同时，要防止压缩机的振动影响建筑物的基础。

关于压缩机室的高度的规定：当不设置起重机时，为临时起重和自然通风和需要，一般屋架下弦高度不低于4 m，对于机身较小的压缩机可适当缩小。当设置起重机时，起重机轨顶高度可参照下列参数确定：吊钩自身的长度、吊钩上限位置与轨顶间的最小允许距离及设备需要起吊的高度。

压缩机排气量和设备较大时，为了方便操作、节省占地面积和更合理地布置管道，压缩机室可双层布置。压缩机、电动机和变速器设在操作层（二层），中间冷却器和润滑油系统均放在底层。

五、燃气加压机房验收

（一）加压机房设备一般检查

（1）压缩机及附属设备应有产品合格证书，并应有注明产品规格、性能、生产厂名、生产日期的产品铭牌。

（2）压缩机房燃气工艺流程应符合设计要求。

（3）压缩机的润滑系统和设备是否满足工艺要求。

（4）压缩机冷却系统和设备是否满足工艺要求。

（5）压缩机房各管道系统是否完整，有无错安与漏接。

（6）压缩机房起重设备是否能满足设备维修需要。

（二）压缩机试运转

1. 压缩机试车前的准备工作

（1）电动机与起动设备、配电开关柜应单独调整试验好。

(2)检查压缩机各部件连接、地脚螺栓与联轴器等情况，如不符合要求，应立即调整和修整。

(3)检查压缩机关键部位是否安装正常。

(4)检查压缩机安全防护装置是否良好。

(5)检查压缩机的油路与冷却水系统是否通畅正常。

(6)检查压力表、温度计等是否装置妥当。

(7)人工扳车转动压缩机可转动附件，检查各运动机构有无卡住及碰撞记录。

2. 压缩机无负荷试车

(1)先将电动机启动开关点动几次，检查是否正常，并检查冷却水系统、润滑油系统、压缩机的运转系统是否正常，各连接部分是否松动，有无振动。

(2)无负荷试车 5 min，停车检查。

1)各处温度是否正常。

2)各运动部件摩擦表面情况。

3)检查机器各部位正常后，再连续空转 10 min、15 min、30 min、60 min 等，分别停车检查，若无问题，可连续空转 8 h，检查内容同前。

3. 压缩机吹洗

(1)先人工清洗压缩机。

(2)拆卸机器利用空气吹扫。

(3)整机空气吹扫，直至清洁为止。

4. 压缩机负荷试车

负荷试车用压缩空气进行，在负荷试车同时进行气密性试验，并了解压缩机在正常工作压力情况下的气密性，生产能力(排气量)以及各项性能是否符合规定要求。

(1)负荷试车前的准备工作。

1)再次全面检查设备、管道、阀门。

2)再次检查连接件与运动机构，并用扳手再次将所有连接螺栓拧紧。

3)冷却水路总管与支管应畅通无阻。

4)油路畅通，压力正常，各注油点工作正常。

5)压力表、温度计安装完好，工作正常。

6)电动机工作正常，带动压缩机正常工作。

(2)半负荷试车。在调节压缩机负荷时，逐步关闭排气阀门，使压缩机的排气压力为额定压力的 1/4、2/4、3/4 分别运转 1 h、2 h、2 h，在运转时分别检查：

1)压缩机运行平稳，设备不正常振动与响声，各连接处无松动。

2)油路压力在额定范围内。冷却水流正常，水温在规定范围内。

3)各管路无泄漏与异常振动。

4)各级排气压力、温度在正常范围内，各级冷却水排水温度小于 40 ℃。

5)电动机温升与电流强度在规定范围内。

(3)各阶段半负荷试车停车检查。

1)主轴与轴承的温度应不超规定值。

2)各处油温应不超过允许值。

3)运动部件所见摩擦表面情况良好，无烧痕、擦伤、劣痕等。

(4)第一阶段满负荷试车。运转 10~20 min，停车检查，项目同前。

(5)第二阶段满负荷试车。分别运转 30 min、1 h、2 h、4~8 h、24 h 分别停车检查，项目同前。

(6)负荷试车完毕拆开检查。

1)检查各摩擦面情况。

2)对于活塞式应检查各级阀组的贴合情况，气缸上下死点间歇有无变动及机力、气缸、曲轴的水平、垂直度等。

3)更换润滑油。

(7)试车运行记录。每小时记录一次压力、温度、电流和电压等，其数值均应在规定范围之内。压缩机经过上述步骤试车运转、平衡可靠、一切正常，则可投入生产运行。

(三)附属设备检查

燃气加压机房的附属设备与所选机型、升压要求等因素有关，一般应有过滤器、冷却器、油气分离器及润滑油系统和动力系统。在对压缩机进行检查的同时，应对附属设备按产品要求进行认真检查。

(四)管路系统吹扫及试压

(1)吹扫。

1)将工艺管道与加压站内工艺设备用盲板隔开。

2)使工艺管道上阀门处于全开状态。

3)吹扫管道。

(2)强度试验。强度试验与调压站试验相同。

(3)气密性试验。气密性试验与调压站试验相同。

(4)置换。

六、压缩机安全维护管理

压缩机的安全维护管理包括三个方面的内容：严格遵守安全操作规程；例行日常的检查制度；建立设备的维修周期。

(一)安全操作规程

压缩机的操作规程应根据机型和所使用的燃气特性来确定，但它不包括启动、润滑、冷却及停车。

活塞式压缩机在启动前应先通入冷却水，检查储油器及润滑轴承的油箱内油质及油量，再启动油泵检查注油情况，并盘转两下。启动时，先打开旁通阀(或卸荷装置)，使压缩机处于空载，再启动电动机。当电动机达到额定转速而油压升至所需压力时，开启出口阀，并同时关闭旁通阀，然后渐渐开启进口阀。停车程序与启动程序相反，先关闭进口阀，再停电动机，然后关小出口阀，待压缩机停止转动时，全关出口阀。冷却水阀门需在气缸冷却后才能关闭，并打开各冷却器的排水阀，把机内存水放尽。

离心式压缩机起动前也应先通入冷却水，并用手摇泵或电动泵注油至所需压力，再盘动电动机无故障时方可正式起动。转速达规定转数，并无杂声、振动等异常现象，即可迅速打开进口阀和出口阀，再逐渐增大到所需负荷。停止运转时，应先关闭出口阀和进口阀，然后关停电动机，在压缩机完全停止回转时才停止注油。

(二)巡视检查

压缩机室运行过程中，值班人员应按时巡视压缩机各机械摩擦部分的注油润滑情况，注意注油量的调整，并检查有无杂声和不正常的摩擦声。必须经常测试轴承转动部分外壳的温度，如温度超出正常值或发生异常音响时必须立即停车；如发生冷却水源中断供应、气缸密封箱及管道接头严重漏气等情况，也应停止运行；检查故障原因，并及时排除。冷却水的出口温度一般不得超过 35 ℃～40 ℃，如超过此温度时，应增加冷却水量，以防止机件过热。

（三）维修

燃气中的焦油、胶状灰尘、游离碳等会污损压缩机的叶轮、壳体、气阀、气缸等部件。单一组分的燃气污损机件相对轻一些，混合燃气污损机件则较重。污损情况严重时，往往使压缩机产生振动，这时就需要更换轴承，或重新调整部件间隙，或修补密封间隙等。

为了延长压缩机的寿命，一般规定在下列使用周期内应对压缩机进行清扫和检修：

（1）使用污损较严重燃气的压缩机为 700～1 000 h（使用于发生炉煤气、油制气、混合燃气的压缩）。

（2）使用污损较轻燃气的压缩机为 2 000～3 000 h。

燃气经净化后，对压缩机件的污损一般较轻。对离气源较远的长输管道上中继压缩机，其污损主要原因就不是焦油和灰尘，而是管道中的铁锈，因此，需按 1 000～3 000 h 的检修周期进行清扫。大修可按每 3 000 h 进行一次，但运转情况良好时，可适当延长时间。

在习惯上，压缩机室都根据设备情况和检修内容安排大、中、小修。如果不是因为故障或其他原因进行临时性检修，一般情况下均按期执行检修计划。例如，约超过 1 000 h 一小修；约超过 2 000 h 一中修；约超过 3 000 h 一大修。

七、压缩机安全故障的分析与排除

在燃气门站、储配站中使用的压缩机种类较多，现以活塞式压缩机为例分析其故障及排除。

1. 不正常的响声

压缩机在正常运转过程中，各部运动机构都有一种正常的响声，当某些机件发生故障时，压缩机将发出不正常的响声，可以根据这些不正常的响声，找出发生故障的部位，以便排除故障。

2. 油压降低、增高、油温升高

为保证压缩机正常运转，必须有足够的润滑油供给各运动机构进行润滑。用于压缩机曲轴-连杆运动机构的正常润滑油压力为 0.1～0.3 MPa，也有的压缩机规定为 0.1～0.5 MPa，如果超出这个范围，则对压缩机润滑不利。低于 0.1 MPa 时油压太低影响润滑，则使运动机构发热以致造成故障或引起重大事故。

油温过高也给压缩机润滑带来影响，使油的黏度降低，不能保证正常润滑，一般机身油池内的油温不应超过 60 ℃。

当油压和油温不正常时，应找寻原因，加以排除。

3. 过度发热

压缩机在正常运转过程中，对燃气进行压缩，产生大量热量。由气缸水套的冷却水把热量带走，虽然经过冷却，但一级、二级气缸排出的气体仍然允许在 160 ℃ 以内。

压缩机中的运动件、曲轴、连杆、活塞及排气阀等，由于运行摩擦，不可避免地产生一定的热量，致使某些机件和润滑油温度升高，一般的正常压缩机各部运动机件温度不应超过 60 ℃。如果超过这个温度即是过度发热，有发生故障的可能或已经发生了故障。必须及时停车进行处理，不然就会引起严重的机械事故。

过度发热可以通过安装在压缩机上的仪表、温度计和自动警报信号观察，也可以通过手摸来试探。例如，检查轴承瓦的温度时多用手来试探，也可以通过察看发热部分是否变色，特别是有油的地方，发生过热时产生油泡和发生油烟味道。例如，十字头与机身导轨之间由于缺油而干摩擦引起过度发热，同时沿曲轴箱呼吸器出现油烟。活塞与填料函中缺油，也会发生过度发热，在曲轴箱向外冒油烟。当发现过度发热时，应及时排除。

4. 排气量降低

压缩机排气量降低就会降低它的生产能力，即直接影响了压缩机的工作效率。发现后如不及时处理，也会使压缩机造成严重的机械事故。

5. 漏气

漏气是压缩机不正常的现象，特别是经过压缩的气体压力，其轻微漏气也会影响压缩机的排气量。漏气严重时压缩机将不能工作。因此，对于漏气必须及时处理。

检查漏气的方法：在外部管路或阀盖、安全阀等处漏气时能听到"吱吱"的响声，还可以用手试找漏气的部位和方向。一般轻微的漏气可以用水或肥皂水来试找，在漏气处有水泡产生，检查压缩机的吸、排气阀应注入煤油进行气密性试验，渗漏应不超过规定标准，活塞环应放在气缸中作漏光检查(即用灯光检查)，或用塞尺检查。

6. 折断和断裂

压缩机由于日常维护不到位，违章操作，常常造成运动机构(如曲轴、连杆、十字头、连杆轴瓦、活塞、气缸、活塞环等)拉伤、咬住、折断、断裂、冻裂等，重大机械事故隐患应及时处理，避免造成重大事故。

第四节　城镇燃气运行遥测遥控系统的维护

城镇燃气运行管理的科技水平是城镇燃气经营企业责任和义务履行的保障，从科学技术上实现燃气场站的监测、监控和遥测、遥调、遥控，能综合发挥城镇燃气系统的最佳功能，能提高供气的稳定性、持续性和安全性，实现运行管理的安全性和经济性目标。目前，城镇燃气经营企业多以 SCADA 系统作为平台来实现技术升级、管理升级。SCADA 系统是以计算机技术和远程通信技术为基础，满足城镇燃气测控点十分分散、分布范围广泛的生产过程或设备的远程监控。城镇燃气的迅速扩张，测控现场多、广，设施无人或少人值守，海量数据的统计、分析，实现精细管理、远程数据采集、远程监测控制及过程控制，对 SCADA 系统功能和结构都提出了更高的要求。不仅要求 SCADA 系统的稳定性高，还要求对实时采集的数据进行综合、分析、决策，通过远程控制来优化生产，提高效率和效益。

一、燃气场站 SCADA 系统的组成和功能

燃气场站 SCADA 系统是城镇燃气经营企业 SCADA 系统的重要子系统，是分布于燃气场站现场的数据采集与测控控制系统，通过下位机的各智能节点——安装在现场的电子、机电一体化设备如远程智能终端、控制设备、智能仪表和传感器等，完成燃气场站不同工艺流程上每个工步的数据采集，同时接受现场或控制中心的指令完成调压、计量、净化、储存、充装等操作和这些运行过程参数的直接控制，包括对运行现场和重点部位(出入口、巡查点、监控报警紧急控制设施等)的视频影像实时传输。

视频：SCADA
是什么？

其次是连接上、下控制系统的远程通信网络和计算机系统。城镇燃气场站监控点广大、分

散、量多、干扰因素多，调度和预测需要的海量数据的处理、分析及传输需要通信网络扮演的作用更为重要，远程通信网络选择和使用的好坏在一定程度上决定了 SCADA 系统的成败。

燃气场站的远程智能终端通过现场通信方式与现场的温度、流量、压力、气质传感器仪表和阀门开启、调压指挥的控制设备连接，实时感知各种参数的状态、工艺参数值，并将这些信号转换成数字信号，将数据传递到上位机系统。同时，也接受上位机的控制指令，将指令信号发送到各现场控制设备。远程智能终端也可以根据预先编写设定的控制程序实现本地的过程控制。

在有人值守的城镇燃气场站，为方便值守工作人员对场站的有效管理，会有一台或多台计算机对现场生产状况进行监测和控制；无人值守场站则安装有现场触摸屏，方便巡检人员对现场的设备进行监测，而一些很小的站点（如中压或低压计量调压撬等）则没有现场显示设备。对于许多常年无人值守的城镇燃气场站，远程控制是安全生产的重要保障措施。远程监控的实现不仅表现在管理设备的开、关及其工作方式上（如手动还是自动），还可以通过修改下位机的控制参数来实现对场站运行的管理和监控。

遥测遥控系统可自动实施报警和报警处理，可尽早发现和排除测控现场的各种故障，对保证系统正常运行起着重要的作用。上位机可以以多种形式显示发生报警信号的名称、等级、位置、时间和报警信息的应答情况。上位机系统可以同时处理和显示多点同时报警，并对报警的应答做好记录。

视频：监控及
数据获取

SCADA 系统可以很方便地实现城镇燃气场站历史数据的记录管理，会完整地记录报警与报警处理、设备控制操作、重要参数配置、系统运行状态等信息。这些记录对于分析系统和生产设备故障，查找事故原因并找到恢复生产的最佳方法是十分重要的。

城镇燃气场站、燃气管网、燃气用户管理三个子系统（下位机）和企业调度管理中心系统（上位机）组成城镇燃气经营企业的SCADA 系统，实现整个企业生产管理的优化运行（图 7-21）。

图 7-21　调度系统架构图

二、城镇燃气经营企业 SADA 系统的特点

城镇燃气相对于石油化工行业来讲，发展得较晚。城镇燃气的 SCADA 系统建设主要是借鉴、参照石油化工行业和国际标准，如《工业自动化系统和集成开放系统应用集成框架》(ISO15745)等，根据城镇燃气经营企业运行实践和现行技术标准逐步形成本行业专有的标准规范。具有独有的特性。

1. 实时性与多任务性
实时性与多任务性是 SCADA 系统应该具备的基本特质。

2. 开放性
SCADA 系统大多遵循国际标准或行业标准，满足开放性的要求。系统的软件多采用全开发式的体系结构，系统具有良好的扩展能力，也有利于更好地与其他相关系统的连接与集成。

3. 分布性
良好的分布性可以极大地提高 SCADA 系统的冗余和抗灾能力。

4. 可靠性与安全性

SCADA 系统的关键节点以及重要的功能单元采用冗余配置,保证整个系统功能的可靠性不受单个节点或单元故障影响。系统具有高度的安全保障和完善的权限管理,保证数据的安全和保密性。

5. 可维护性

SCADA 系统应当维护方便、操作简单,使得系统出现故障时可快速判断故障,使用简易的操作就可使系统的部分或全部功能及时恢复。这对生产运行是一个重要的保障。

三、SCADA 系统的维护管理

SCADA 系统是城镇燃气安全运行的重要保障,SCADA 系统运行状况的好坏对城镇燃气经营企业的经营活动有很直接的影响。做好 SCADA 系统的维护、保养,是生产运行管理中一项重要的工作。

(一)SCADA 系统日常维护的主要工作

1. 计算机设备管理

计算机在城镇燃气经营企业经营活动中的地位和作用日益重要,计算机的管理已是设备管理的重要组成部分,加强计算机的管理,对于燃气运行调度、气量预测、设置操作、管理决策和信息保护等的安全运作至关重要。计算机的维护、维修、备份、热备、供电、更新、使用、安全保护等都是要研究和提上议事日程的。作为典型的电子设备,在使用过程中,防止雷击、浪涌,防黑客及保密是基本要注意的问题。

2. 上位系统和网络系统的日常巡检

上位系统和网络系统的日常巡检主要对 SCADA 软件系统、SCADA 系统服务器、操作员工作站的日常运行状况进行检查,以及对 SCADA 系统的整个网络状况进行检查。重点是做好运行数据库的数据备份,若有可能做到每天对数据库进行离线备份。

3. 下位系统的日常巡检

下位系统的日常巡检是场站工作人员对下位系统中的 RTU/PLC、通信设备、自控配电系统(包含 UPS)、场站操作员站等自控设备进行日常的检查。

(1)阀门远程控制的定期联合操作检测。

(2)紧急切断阀的定期联合操作检测。

(3)压力和温度变送器的定期校验。

(4)燃气泄漏报警器的日常自检和探头的定期校验。

(5)SCADA 系统辅助设施的检测维护(UPS 维护、电池检测定期放电等)。

(6)防雷接地检测。燃气场站下位系统的防雷接地和仪表设备接地共用仪表间建筑物的接地,这就要求仪表间建筑物接地的接地电阻小于 1 Ω。

(7)防浪涌、电子干扰等检测。

以上这些巡检和检测工作的周期可根据故障出现的频率、实际运行的情况来确定。一般来讲,各种检测工作每年至少一次。主要的检查项目有:燃气场站各状态参数上、下位是否一致;电动球阀的开、关等状态显示与现场设备状态是否一致;进、出口压力的变送器输出值与现场仪表是否一致;进、出口温度的变送器输出值与现场仪表是否一致;流量计运行是否正常;PS运行是否正常;各显示仪表是否正常;电源进线防雷是否正常;通信调制解调器运行是否正常;控制室及控制柜是否有鼠患;控制室的温度是否保持在正常范围内;电气设备有无过热;各相关设备是否有明显的标示。

SCDAD 系统场站、中低压控制柜点检表可参考表 7-2 和表 7-3。

表 7-2　SCDAD 系统×××场点检表

表位号	设备名称	工艺位号	检查内容	结果	处理意见	备注
电源柜	输入电压表		数显			
	输入电流表		数显			
	UPS 输出电压表		数显			
	UPS 输出电流表		数显			
	直流输出电压表		数显			
	直流输出电流表		数显			
	面板空开状态		是否在要求的开关状态			
	电源进线防雷器		指示灯			
UPS 应急电源	UPS 主机		指示灯			
	UPS 报警		连接情况			
	UPS 风扇		是否运转,运转声音正常否			
	蓄电池		是否有氧化情况			
RTU	RTU 主机		指示灯			
控制柜接地	万用表测接地电阻		电阻			
无线路由器	RUN 状态		指示灯			
	ONLINE 状态		指示灯			
ED305	工作状态		指示灯			
光调制解调器	光调制解调器		指示灯			
HV-XX01	电动球阀	HV-01	就地显示同调度中心 SCADA 系统是否一致			
HV-XX02	电动球阀	HV-02	就地显示同调度中心 SCADA 系统是否一致			
HV-XX03	电动球阀	HV-03	就地显示同调度中心 SCADA 系统是否一致			
HV-XX04	电动球阀	HV-04	就地显示同调度中心 SCADA 系统是否一致			
HV-XX05	电动球阀	HV-05	就地显示同调度中心 SCADA 系统是否一致			
HV-XX06	电动球阀	HV-06	就地显示同调度中心 SCADA 系统是否一致			
HV-XX07	电动球阀	HV-07	就地显示同调度中心 SCADA 系统是否一致			
HV-XX08	电动球阀	HV-08	就地显示同调度中心 SCADA 系统是否一致			
紧急停车系统控制箱	紧急停车系统控制开关		就地状态/站控状态			
			远程			
	RTU 机柜环境		有无鼠患,有无灰尘,柜内布线是否符合规范			
	电源柜环境		有无鼠患,有无灰尘,柜内布线是否符合规范			
	燃气报警器正常否					
	加湿机运行正常否					
其他						

检查人:　　　　　　　　　　　　　　　　　　　　　　　　　年　　月　　日

表 7-3 SCDAD 系统中低压控制柜点检表

站点名称					
设备名称	检查内容		结果	处理意见	备注
控制柜	是否有被撬痕迹				
	是否严重腐蚀				
柜内环境	是否有灰尘				
	是否漏水				
	是否有浸渍				
柜内线路	是否规范				
日光灯	是否正常				
风扇	是否正常				
路由器	信号是否正常				
连接站点线路	是否有破损				
外接电源	是否正常				
防小动物	地下、管沟、门窗处的防护				
其他					

检查人：　　　　　　　　　　　　　　　　　　　　　　　日期：　　年　　月　　日

（二）SCADA 系统的专项安全维护

(1)防止网络攻击。

(2)电子系统防电涌—信息安全获取的保护。

（三）常见故障

(1)通信网络故障。

(2)供电故障。

(3)雷击造成的设备损坏。

(4)计算机硬件故障。

(5)SCADA 系统软件故障。

(6)RTU/PLC 软硬件故障。

(7)现场通信线路故障。

(8)变送器和自控设备故障。

针对这些故障发生的频率和危害的大小，就可以制定日常巡检维护的工作内容和周期。

四、SCADA 系统故障处置

SCADA 系统故障主要分为两部分，一是现场仪表、区域控制系统、现场控制系统故障；二是监控中心监控软件、系统通信、服务器硬件故障。

（一）现场仪表、区域控制系统、现场控制系统的故障处置

工艺现场装设有各种仪表和传感器，一般包含压力变送器、差压变送器、温度变送器、切断阀状态传感器、电动球阀、流量计、水露点测试仪、组分分析仪等，还有自动加臭、自动限流等区域控制系统。

现场控制系统和区域控制系统设备包含 PLC、RTU、工控机等。

(1)现场变送器的故障表现。现场压力、温度变送器是采集现场工艺管线的压力、温度等物理量，然后将物理的压力、温度等工艺参数转换成相应的电流信号输出到 RTU 或 PLC 等控制器的输入电路，再由 RTU 或者 PLC 等控制器对该电流信号进行采样和数模转换，将该对应电

流信号转换成一定位数的二进制数字量，由 RTU 或 PLC 等控制器的中央处理器依据编制的程序进行处理，完成监控量的上传、超限报警，进行逻辑控制及连锁等功能。

现场压力、温度等变送器如果出现故障和异常，将导致调度中心的监控软件人机界面上的监控参数异常，产生异常报警，还有可能产生误动作的逻辑控制输出。所以，在有人值守的场站应对现场压力、温度等变送器进行定时检查；对无人值守的场站应进行定期巡检。所有场站的现场压力、温度等变送器由国家计量管理部门定期进行校验。

1）压力变送器的故障检查：如果是现场显示型压力变送器，首先检查压力变送器显示界面是否正常，非现场显示型的，则检查现场压力变送器的供电是否符合仪表规定，初步判断是否是变送器本体故障；如果显示界面和供电正常，再检查输出电流和压力值是否对应，如果不对应，检查压力变送器的相关设置和压力传感器是否正常，直至排除故障；如供电不正常，检查线路连接和仪表供电回路，直至排除故障。

2）差压变送器的故障可遵循压力变送器的处置方式，需注意的是现场工艺取压通道多了一个，相应的控制阀门也多了，要注意阀组阀门的状态是否正常，以免误判。

3）温度变送器的故障处置：如果是现场显示型温度变送器，首先检查温度变送器显示界面是否正常，非现场显示型的，则检查现场温度变送器的供电是否符合仪表规定，初步判断是否是变送器本体故障，如显示界面和供电正常，再检查输出电流和温度值是否对应，如不对应，检查温度变送器的相关设置和温度传感器（一般是 PT100 热电阻）是否正常，直至排除故障，如供电不正常，检查线路连接和仪表供电回路，直至排除故障。

（2）输入到现场控制系统的还有一类信号类型，就是开关量信号，包含电动球阀的开、关、电机运行、阀门扭矩过大报警、切断阀的状态、紧急关断按钮状态等，SCADA 系统连锁功能的实现主要是以这些设备的状态为依据来判断的，如供气管线的切换、ESD 紧急动作等。所以，对此类设备的状态传感器的检查也非常重要。

1）切断阀状态传感器有两种，一种是无源触点，一种是电子接近开关。对于无缘触点式可以直接检查开关的导通状态是否与现场设备的工艺一致，电子式需要依据传感器的技术要求提供供电和基本测试条件，然后测量电子开关的两个信号输出的状态是否和现场设备的工艺一致。如发现状态不一致，应检查传感器是否正常，导线和连接是否正常，及时排除故障。

2）城镇燃气采用的电动球阀都带有智能控制器，功能较多，可以依据现场的工艺要求和控制需要进行编程和设置，通常电动球阀的电动部分和现场阀门连接后，需要将阀门的开、关位置信息在电动头控制器内进行设置，使电动头智能控制器能依据阀门的位置信息送出正常的阀门状态信号，如有特殊要求，还要设置阀门的正常扭矩值、ESD 工作控制方式、电动控制方式等。电动球阀信号的检查需要查看现场阀门的状态和智能控制器的输出信号是否对应，重点是检查阀门控制器的输出信号，来判断是否出现故障，并逐一排除。

（3）检修中需特别注意的是，在检查或测试现场任何设备时，应通知监控中心人员并保持和监控中心的通信连接，及时通告现场各种情况，以免调度人员误判，进行错误处置。检修人员应充分了解所检修点的信号变化后引起的各种控制器逻辑输出或连锁输出及其能导致的后果，做好维修、检测前的各种应急处置措施，严格按照维修和维护指引的步骤来进行设备的维护和检修。

（4）对现场设备和区域控制系统的维护应形成制度，定期予以检查和考核。由于管线和站点分散，所以，维护的计划性和可控性是重点，须依托科学合理的系统维护和维修数据分析结果进行比对，不断优化维护流程，达到以维护和预先干预来降低故障发生的目的，最大限度地减低系统随机故障所带来的各种不确定性影响。

（二）监控中心软件、系统通信及服务器硬件的故障处置

SCADA 系统监控软件的开发商基本上都有工业自动化控制软件的技术背景，其开发初期对

软件的容错性比一般应用型软件的要求高得多。SCADA 系统建设初期要依据城镇燃气经营企业的具体功能和技术需要，来制定合理的需求，选择适合的系统软件，在实施系统时，对系统进行尽可能的详尽测试，保障系统稳定可靠。在系统完成后，要及时做好 SCADA 系统软件的备份和数据备份，在系统故障时能及时恢复系统。软件的故障表现分为操作系统故障和监控软件故障，操作系统软件的故障可以参考相关系统软件开发公司的软件手册，监控软件的故障应及时进行详尽的现象记录，并记录每次处理的结果和处置方式，不断总结，并形成特定项目的故障处置手册，及时进行更新。

SCADA 系统通信故障的直接表现是监控中心的数据不能刷新或数据无效，如有冗余通信的软件，其监控界面上的通信通道应是切换到可用的备用通道，通信故障发生后，应及时检查网络通信设备，依据设备手册查看设备上各种指示灯的亮、灭状态，有些网络设备可以利用具有同网段 IP 地址的计算机远程登录到设备管理页面进行检查，如发现是租用通信链路故障，应及时和电信服务运营商联系，要求其对线路进行抢修和检查，在故障期间，调度人员应加强和现场的通信联络，及时掌握现场工艺动态，注意监控故障场站的上、下游其他场站的工艺参数。

城镇燃气行业 SCADA 系统的监控中心设置为两个，一个为主控中心，另一个为紧急监控中心。日常运行时，由主控中心负责系统的数据采集和历史数据的生成，在系统或主控中心发生灾害或故障时，可以启动紧急控制中心来继续 SCADA 系统的运行，主控中心和紧急控制中心的数据进行同步，以保证紧急控制中心的历史及实时数据及主控中心一致，其数据同步状态必须着重检查。故障后的具体变化是主控中心和紧急中心的数据不一致，可以利用软件自带的同步工具进行同步或手动将主控中心的数据拷贝到备用中心的服务器上。

本章小结

城镇燃气场站运行、维护是城镇燃气经营企业管理制度的有机组成部分，既有齐全且制度统一管理适用的内容，也有场地独立的专项内容。本章主要介绍了门站、储配站的设备验收、运行与维修；储气罐的安全运行与维修、安全事故分析与排除；压缩机的安全维护管理、安全事故的分析与排除；燃气运行遥测遥控系统的维护。

思考题

1. 燃气门站的主要作用有哪些？燃气门站站址的选择应符合哪些要求？
2. 燃气储配站的主要作用有哪些？燃气储配站的主要任务有哪些？
3. 燃气储配站的生产工艺流程一般分为哪两类？
4. 燃气管道断裂，发生大跑气事故应如何采取措施？
5. 燃气储罐按照工作压力可分为哪两种？
6. 湿式储气罐基础的验收内容包括哪些？其应符合哪些要求？
7. 简述储气罐的安全运行管理。
8. 在城镇燃气输配系统中，常见的容积型压缩机有哪些？
9. 简述压缩机室布置的要求。
10. 压缩机的安全维护管理的内容包括哪些？
11. 简述燃气场站 SCADA 子系统的组成和功能。

参 考 文 献

[1] 中华人民共和国住房和城乡建设部 . CJJ 51—2016 城镇燃气设施运行、维护和抢修安全技术规程[S]. 北京：中国建筑工业出版社，2016.

[2] 中华人民共和国住房和城乡建设部 . CJJ 33—2005 城镇燃气输配工程施工及验收规范[S]. 北京：中国建筑工业出版社，2005.

[3] 中华人民共和国住房和城乡建设部 . CJJ 94—2009 城镇燃气室内工程施工与质量验收规范[S]. 北京：中国建筑工业出版社，2009.

[4] 迟国敬 . 城镇燃气安全运行维护技术[M]. 北京：中国建筑工业出版社，2014.

[5] 李庆林，徐鬺 . 城镇燃气管道安全运行与维护[M]. 北京：机械工业出版社，2014.

[6] 江孝禔 . 城镇燃气与热能供应[M]. 北京：中国石化出版社，2006.

[7] 詹淑慧，李德英 . 燃气工程[M]. 北京：中国水利水电出版社，2007.